"十二五"职业教育国家规划教材　修订版

经全国职业教育教材审定委员会审定

机械加工技能实训

第3版

主　编　王增强

副主编　孙晓飞

参　编　陈开君　高宇飞

主　审　何新林

机械工业出版社

CHINA MACHINE PRESS

本书是"十二五"职业教育国家规划教材修订版,是根据教育部新公布的相关专业教学标准,同时参考车工、铣工、数控车工、数控铣工等国家职业资格标准,在第 2 版的基础上修订的。

本书共分为四个单元,内容包括车工实训、铣工实训、数控车工实训和数控铣工实训。为了突出技能训练,着重培养学生的动手能力,本书遵循由浅入深、实训引领的原则,将专业理论知识尽量地融入相关训练课题,使学生在技能训练过程中能够反复学习、归纳总结,并通过实际操作进一步理解和掌握基础理论和实际操作技能。为方便读者理解相关知识,本书以二维码的形式嵌入了大量视频资源,以达到助学、助教的目的。

为便于教学,本书配套有电子课件,选择本书作为教材的教师可登录 www.cmpedu.com 网站注册、免费下载。

本书可作为高等职业教育院校装备制造大类专业教材,也可作为相关行业的岗位培训教材。

图书在版编目（CIP）数据

机械加工技能实训/王增强主编. —3 版（修订本）. —北京：机械工业出版社，2022.6

"十二五"职业教育国家规划教材

ISBN 978-7-111-70484-3

Ⅰ.①机… Ⅱ.①王… Ⅲ.①金属切削–高等职业教育–教材 Ⅳ.①TG506

中国版本图书馆 CIP 数据核字（2022）第 054172 号

机械工业出版社（北京市百万庄大街 22 号　邮政编码 100037）
策划编辑：王莉娜　　　　责任编辑：王莉娜　赵文婕
责任校对：王明欣　王　延　封面设计：张　静
责任印制：李　昂
唐山三艺印务有限公司印刷
2022 年 8 月第 3 版第 1 次印刷
184mm×260mm・18 印张・445 千字
标准书号：ISBN 978-7-111-70484-3
定价：54.00 元

电话服务　　　　　　　　　网络服务
客服电话：010-88361066　　机　工　官　网：www.cmpbook.com
　　　　　010-88379833　　机　工　官　博：weibo.com/cmp1952
　　　　　010-68326294　　金　书　　　网：www.golden-book.com
封底无防伪标均为盗版　　　机工教育服务网：www.cmpedu.com

前　言

为进一步落实《关于深化职业教育教学改革　全面提高人才培养质量的若干意见》《加快推进教育现代化实施方案（2018—2022 年）》《国家职业教育改革实施方案》等文件精神，对接现行的职业标准、行业标准和岗位规范，紧贴岗位实际工作过程，调整课程结构，更新课程内容，深化课程改革，在保留本书原有特色的基础上，对 2014 年出版的"十二五"职业教育国家规划教材《机械加工技能实训》第 2 版进行了修订。本次修订主要体现了以下特色。

1. 将原教材中的"单元一 安全文明生产教育和机械加工基础知识""单元四 磨工实训"做了删除处理，使教材内容更加符合职业院校机械加工实训教学的实际需求。

2. 淡化了理论，以遵循够用为度、重在应用的原则，力求在文字上准确无误、简明扼要，并配备了大量的图表，使学习更直观、易懂。

3. 为了突出技能训练，着重培养学生的动手能力，遵循由浅入深、实训引领的原则，将专业理论知识融入相关训练课题，使学生在技能训练的过程中能够反复学习、归纳总结，并通过实际操作进一步理解和掌握基础理论，从而促进实际操作技能的提高。

4. 为了适应实训教学要求，对每个实训课题都提出了教学目标和要求，便于教师备课、授课，同时可使学生明确学习目标；配备了一定数量的思考题，可供学生在课堂上和课后继续学习。

5. 设置了实训评定表，表中融入了安全文明生产、工作态度等评定指标，以培养学生的工匠精神和专业素养。

6. 配套有二维码链接的视频资源，并设置了二维码索引，便于扫码观看，以期达到助教、助学的目的。

本书由王增强任主编，孙晓飞任副主编，陈开君、高宇飞参与编写。全书由王增强统稿，何新林主审。在本书编写过程中，编者参阅了国内出版的有关教材和资料，在此对相关作者表示衷心的感谢。

由于编者水平有限，书中不妥之处在所难免，恳请读者批评指正。

编　者

二维码索引

序号	名称	二维码	页码	序号	名称	二维码	页码
1	认识数控车床		192	9	认识数控铣床		241
2	FANUC 系统面板介绍		198	10	FANUC 系统开机与关机		243
3	FANUC 系统机床面板介绍		199	11	FANUC 数控系统面板操作		244
4	FANUC 数控车床开机与关机		200	12	FANUC 数控机床面板操作		244
5	外圆车削循环指令 G71		221	13	机用平口钳的装夹与校正		250
6	外螺纹加工指令 G32		227	14	铣床上工件的装夹方法		251
7	外螺纹加工指令 G92		230	15	G90/G91 指令		256
8	数控铣床日常维护与保养		241	16	FANUC 系统对刀操作		260

目 录

前言
二维码索引

单元一 车工实训 ... 1

课题一 车工基础 ... 1
任务一 卧式车床及操作 ... 1
任务二 切削运动和切削用量 ... 7
思考题 ... 11

课题二 车刀 ... 12
思考题 ... 18

课题三 工件的装夹及钻中心孔 ... 19
任务一 工件的装夹 ... 19
任务二 钻中心孔 ... 25
思考题 ... 27

课题四 车削轴类工件 ... 28
任务一 车削台阶 ... 28
任务二 用两顶尖装夹车削轴类工件 ... 34
任务三 一夹一顶装夹车削轴类工件 ... 38
任务四 车槽和切断 ... 41
任务五 转动小滑板车削圆锥体 ... 48
任务六 综合训练 ... 54
思考题 ... 56

课题五 车削套类工件 ... 57
任务一 钻、车圆柱孔 ... 57
任务二 转动小滑板车削圆锥孔 ... 61
任务三 铰孔 ... 63
任务四 综合训练 ... 65
思考题 ... 66

课题六 车成形面和表面修饰加工 ... 68
任务一 双手控制法车成形面 ... 68
任务二 成形车刀车成形面 ... 70
任务三 表面滚花 ... 73
思考题 ... 76

课题七 车削螺纹 ... 77
任务一 三角形外螺纹车刀的刃磨 ... 77
任务二 车削三角形外螺纹 ... 80
任务三 车削梯形外螺纹 ... 85

　　　　任务四　蜗杆的车削……89
　　　　任务五　多线螺纹的车削……92
　　　　任务六　车削三角形内螺纹……95
　　　思考题……96
　　课题八　车偏心工件……97
　　　思考题……102
　　课题九　考工实例……104

单元二　铣工实训 *109*

　　课题一　铣工基础……109
　　　　任务一　铣工入门知识……109
　　　　任务二　铣刀及其安装……117
　　　　任务三　工件的装夹……121
　　　　任务四　铣削运动和铣削用量……125
　　　思考题……127
　　课题二　铣削平面、垂直面和平行面……129
　　　　任务一　铣平面……129
　　　　任务二　铣垂直面和平行面……134
　　　思考题……136
　　课题三　切断和铣斜面……138
　　　　任务一　切断……138
　　　　任务二　铣斜面……140
　　　思考题……143
　　课题四　铣台阶、直角沟槽和键槽……144
　　　　任务一　铣台阶……144
　　　　任务二　铣直角沟槽……147
　　　　任务三　铣键槽……150
　　　思考题……157
　　课题五　铣特形沟槽……158
　　　　任务一　铣V形槽……158
　　　　任务二　铣T形槽……161
　　　　任务三　铣燕尾槽……163
　　　思考题……166
　　课题六　分度方法……167
　　　　任务一　万能分度头……167
　　　　任务二　等分工件……171
　　　　任务三　铣矩形齿离合器……174
　　　思考题……177
　　课题七　铣齿条……179
　　　思考题……183
　　课题八　综合训练及铣床的保养……184
　　　　任务一　综合训练……184
　　　　任务二　铣床的保养……188

思考题 ……………………………………………………………………………… *190*

单元三　数控车工实训 　　　　　　　　　　　　　　　　　　　　　　　*191*

　课题一　安全文明生产及数控车床概述 ……………………………………… *191*
　　思考题 ……………………………………………………………………………… *196*
　课题二　SSCK20A 数控车床面板及基本操作 ………………………………… *197*
　　思考题 ……………………………………………………………………………… *204*
　课题三　数控车床编程基础 ……………………………………………………… *205*
　　思考题 ……………………………………………………………………………… *214*
　课题四　数控车床的刀具补偿 …………………………………………………… *215*
　　思考题 ……………………………………………………………………………… *216*
　课题五　固定循环功能指令应用 ………………………………………………… *217*
　　思考题 ……………………………………………………………………………… *226*
　课题六　车螺纹 …………………………………………………………………… *227*
　　思考题 ……………………………………………………………………………… *231*
　课题七　综合工件加工实训 ……………………………………………………… *232*

单元四　数控铣工实训 　　　　　　　　　　　　　　　　　　　　　　　*240*

　课题一　数控铣床概述与基本操作 ……………………………………………… *240*
　　思考题 ……………………………………………………………………………… *249*
　课题二　DXK45 数控铣床编程 …………………………………………………… *250*
　　思考题 ……………………………………………………………………………… *255*
　课题三　孔加工循环指令应用 …………………………………………………… *256*
　　思考题 ……………………………………………………………………………… *258*
　课题四　建立工件坐标系并对刀 ………………………………………………… *259*
　　思考题 ……………………………………………………………………………… *263*
　课题五　凸台类工件加工实训 …………………………………………………… *264*
　　思考题 ……………………………………………………………………………… *269*
　课题六　内腔工件及孔系加工实训 ……………………………………………… *270*
　　思考题 ……………………………………………………………………………… *273*
　课题七　凸台、内腔工件综合加工实训 ………………………………………… *274*

参考文献 …………………………………………………………………………… *280*

单元一　车　工　实　训

课题一　车　工　基　础

任务一　卧式车床及操作

一、实训教学目标与要求

1）了解车削加工的工艺范围和作用；了解车床的结构。
2）掌握车床的操作要领；熟悉车工文明生产和安全操作规程。

二、基础知识

1. 车削加工

车削加工是指在车床上利用工件的旋转运动和刀具的直线运动来完成零件切削加工的方法。

2. 车削加工的特点

车削加工过程连续平稳，车削加工的尺寸公差等级可达 IT7～IT9，表面粗糙度值可达 $Ra0.8～12.5\mu m$。

3. 车削加工的工艺范围

车削加工的基本内容有车外圆、车端面、车槽和切断、钻中心孔、钻孔、车（镗）孔、车圆锥体和车螺纹等，如图 1-1 所示。

三、车床

1. 车床型号

车床有许多类型。为了便于使用和管理，按国家标准《金属切削机床　型号编制方法》，对车床型号进行了编号，根据车床的型号就可知道车床的类别、结构特征和主要技术参数等。

车床型号中，用车床的"车"字的汉语拼音（大写）第一个字母"C"表示类别代号；机床的类别和代号见表 1-1；机床的通用特性代号见表 1-2；车床组别、系别代号见表 1-3、表 1-4。

车床的主要技术参数用两位数字表示，也可以用其 1/10 或 1/100 表示。

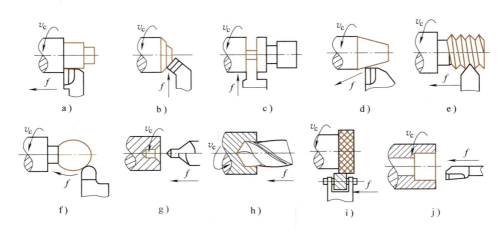

图 1-1 车削加工的范围

a) 车外圆和台阶　b) 车端面和倒角　c) 车槽和切断　d) 车圆锥体　e) 车螺纹
f) 车特形面　g) 钻中心孔　h) 钻孔　i) 滚花　j) 车孔和车内台阶孔

机床结构的改进：现结构比原设计有大的改进，按改进次序用字母 A、B、C 表示。

表 1-1　机床的分类和代号

类别	车床	钻床	镗床	磨床			齿轮加工机床	螺纹加工机床	铣床	刨插床	拉床	锯床	其他机床
代号	C	Z	T	M	2M	3M	Y	S	X	B	L	G	Q
读音	车	钻	镗	磨	二磨	三磨	牙	丝	铣	刨	拉	割	其

表 1-2　机床的通用特性代号

通用特性	高精度	精密	自动	半自动	数控	加工中心（自动换刀）	仿形	轻型	加重型	柔性加工单元	数显	高速
代号	G	M	Z	B	K	H	F	Q	C	R	X	S

表 1-3　车床的组别代号

组别	车床组	组别	车床组
0	仪表小型车床	5	立式车床
1	单轴自动车床	6	落地及卧式车床
2	多轴自动、半自动车床	7	仿形及多刀车床
3	回转、转塔车床	8	轮、轴、辊、锭及铲齿车床
4	曲轴及凸轮轴车床	9	其他车床

表 1-4　落地及卧式车床的系别代号

代号	0	1	2	3	4	5	6
系别	落地车床	卧式车床	马鞍车床	轴车床	卡盘车床	球面车床	主轴箱移动型卡盘车床

车床型号的标注形式：车床类代号 + 通用特性代号 + 组、系代号 + 主参数 + 结构的改进次序代号组成。

例如，CM6132-A。其中，C 表示车床类，M 表示车床为精密型，6 表示落地及卧式车床，1 表示卧式车床，32 表示加工工件最大回转直径为 320mm，A 表示第一次重大改进。

2. 车床的主要部件及作用

为了完成车削加工，车床必须具有带动工件做旋转运动和使刀具做直线运动的机构，并要求两者都能变速和转换运动方向。卧式车床的结构如图 1-2 所示。

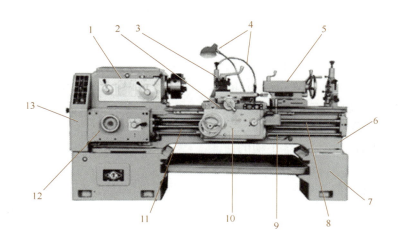

图 1-2　卧式车床的结构

1—主轴箱　2—床鞍　3—刀架　4—冷却与照明装置　5—尾座　6—床身　7—床腿
8—丝杠　9—操纵杆　10—溜板箱　11—光杠　12—进给箱　13—交换齿轮箱

（1）刀架　刀架固定在小滑板上（图 1-3），用以夹持车刀（方刀架上可同时安装四把车刀）。刀架上有锁紧手柄，松开锁紧手柄即可转动方刀架以选择车刀及其刀杆工作角度。进行车削加工时，必须旋紧手柄以固定刀架。

（2）尾座　用以安装顶尖、钻头、铰刀等。尾座的结构如图 1-4 所示。

（3）床身　用来支承和连接其他部件。床身上有四条导轨，床鞍和尾座可沿导轨移动。

（4）床腿　固定在地基上，用于支承床身，内部装有电气控制板和电动机等附件。

（5）主轴箱　用于支承主轴、容纳变速齿轮而使主轴做多种速度的旋转运动。

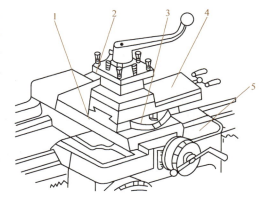

图 1-3　刀架

1—中滑板　2—方刀架　3—转盘
4—小滑板　5—床鞍

（6）交换齿轮箱　用于将主轴的转动传给进给箱。调换交换齿轮箱内的齿轮，并与进给箱配合，可车削不同螺距的螺纹。

（7）进给箱　进给箱内安装有进给运动变速齿轮，用以传递进给运动和调整进给量及螺距。进给箱的运动通过光杠或长丝杠传给溜板箱，光杠使车刀车出圆柱或圆锥面、端面和台阶面，长丝杠用来加工螺纹。

(8) 溜板箱 溜板箱与刀架相连,可使光杠传来的旋转运动变为车刀的纵向或横向直线移动,也可将丝杠传来的旋转运动通过对开螺母直接变为车刀的纵向移动以车削螺纹。

3. 车床各部分传动关系

电动机输出的动力,经过带传动传递给主轴箱,带动主轴卡盘夹持工件做旋转运动。此外,主轴的旋转运动通过交换齿轮箱、进给箱、光杠或丝杠传到溜板箱,带动床鞍、刀架沿导轨做直线运动。车床传动系统如图 1-5 所示。

4. 车床上各部件的调整及各手柄的使用方法

C6132 卧式车床上的手柄和手轮位置如图 1-6 所示。

(1) 主轴起、停和换向 C6132 车床采用操纵式开关,在光杠下面有一操纵杠,其上装有操纵手柄 12,用于主轴的起、停和正、反转。当车床电源开关接通后,向上推手柄 12 就起动主轴正转,向下压手柄 12 就使主轴反转,手柄 12 处于中间位置时主轴停转。

(2) 调整主轴转速 通过主轴箱上的主轴变速手柄 6 与主轴变速短、长手柄 1 和 2 的配合使用,可获得主轴的不同转速。主轴变速手柄 6 有低速 I 和高速 II 两个位置,通过它们的

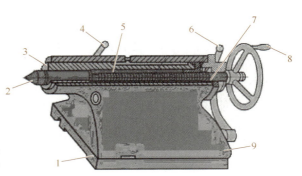

图 1-4 车床尾座的结构
1—底座 2—顶尖 3—尾座套筒 4—套筒锁紧手柄
5—丝杠螺母 6—尾座锁紧手柄 7—丝杠
8—手轮 9—尾座体

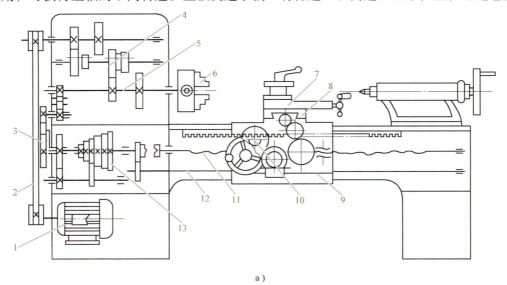

a)

图 1-5 车床传动系统
a) 传动系统示意图
1—电动机 2—传动带 3—交换齿轮 4—滑移齿轮 5—主轴 6—卡盘 7—小滑板 8—中滑板
9—溜板箱 10—齿条 11—丝杠 12—光杠 13—变换齿轮组

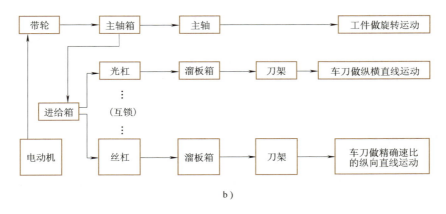

b)

图 1-5 车床传动系统（续）
b）传动框图

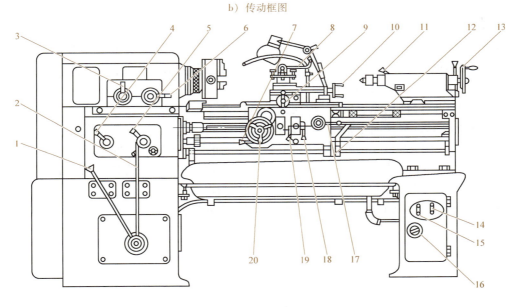

图 1-6 C6132 卧式车床上的手柄和手轮位置
1—主轴变速短手柄 2—主轴变速长手柄 3—换向手柄 4、5—进给量调整手柄
6—主轴变速手柄 7—离合手柄 8—方刀架锁紧手柄 9—中滑板手柄 10—小
滑板手柄 11—尾座套筒锁紧手柄 12—主轴起停和换向手柄 13—尾座手轮
14—冷却泵开关 15—润滑泵电动机开关 16—总电源开关 17—开合螺母手柄
18—横向自动进给手柄 19—纵向自动进给手柄 20—床鞍手轮

组合，主轴转速有 12 个档位，最低转速为 45r/min，最高转速为 1980r/min。主轴转速可按变速箱上的主轴转速表调整。

进行变速操作必须先停车，然后调整主轴变速长、短手柄 2 和 1，再调整主轴变速手柄 6。如果手柄推拉不到正常位置，则要用手扳动卡盘使主轴稍做转动，再推拉手柄到位。

（3）调整进给量 进给箱上的手柄 4 有五个位置，手柄 5 有四个位置，通过两个手柄组合，可获得 20 种纵、横进给量（可从主轴箱上的进给量表查到）。

（4）离合手柄的使用 离合手柄 7 用于控制光杠或丝杠转动。一般车削走刀时使用光杠，把离合手柄 7 向外拉；车螺纹时使用丝杠，把离合手柄 7 向里推。

（5）手动进给手柄的使用　顺时针方向转动床鞍手轮 20，床鞍与其上的中、小滑板和刀架一起沿床身导轨向右滑动；逆时针方向转动床鞍手轮 20，床鞍向左滑动。

顺时针方向转动中滑板手柄 9，中滑板和其上的小滑板及刀架向前移动，反之则向后移动。小滑板手柄 10 用于短距离纵向移动刀架。小滑板在图示方向时，顺时针方向转动小滑板手柄 10，使刀架向主轴箱方向移动。松开转盘螺钉，可使小滑板在水平面内偏转，小滑板便可斜向进给。

顺时针方向转动尾座手轮 13，尾座套筒带动顶尖或辅具向外伸出，反之套筒缩回。尾座套筒锁紧手柄 11 用于限制套筒的伸缩和紧固，顺时针方向扳转，锁紧套筒，反之套筒可伸缩。

方刀架锁紧手柄 8 用于锁紧和松开方刀架。顺时针方向转动该手柄为锁紧；反之为松开。切削、装刀和卸刀时必须锁紧方刀架。当要变换车刀或改变车刀的主偏角时，则要松开方刀架。

（6）自动进给手柄的使用　在光杠转动时，换向手柄 3 处于正向位置（←），抬起纵向自动进给手柄 19，床鞍及其上的刀架等部件就自动向左进给；抬起横向自动进给手柄 18，中滑板及其上的刀架等就自动向前进给。当换向手柄 3 处于反向位置（→）时，抬起纵向自动进给手柄 19，床鞍及其上的刀架等部件就自动向右进给；抬起横向自动进给手柄 18，中滑板及其上的刀架等就自动向后进给。

注意：不能同时使用纵、横向自动进给手柄。

在使用丝杠时，当换向手柄 3 处于正向位置（←）时，向下按开合螺母手柄 17，床鞍及其上的刀架等部件就自动向左车削右螺纹；当换向手柄 3 处于反向位置（→）时，向下按开合螺母手柄 17，床鞍及其上的刀架等部件就自动向右车削左螺纹。为防止纵向自动进给手柄 19 和开合螺母手柄 17 被同时使用，溜板箱内设有互锁装置。

当换向手柄处于空档位置"0"时，纵、横向自动进给机构都处于失效位置。

四、车床的操作方法与步骤

1. 床鞍、中滑板和小滑板手动操作练习

1）使床鞍、中滑板慢速均匀移动，要求双手交替动作自如。

2）分清中滑板的进、退刀方向，要求反应灵活，动作准确。

2. 车床的起动、停止、换向和变速调整操作练习

1）进行车床的起动、停止操作。

2）进行主轴箱和进给箱的变速操作。

3）变换溜板箱的手柄位置，进行纵、横向自动进给换向操作。

五、注意事项

1）操作时要注意力集中；变换车床转速时，应先停机。

2）进行车床运转操作时，注意防止左、右、前、后碰撞，以免发生事故。

3）练习时，必须严格执行安全操作规程。

六、车床的维护和保养

1）每班次结束前应擦净车床导轨面（包括中滑板和小滑板），要求无油污、无切屑，

并加油润滑，使车床清洁和整齐。

2）床鞍、中滑板、小滑板部分、尾座、光杠、丝杠、轴承等，靠油孔注油润滑，每班次加油一次。

3）要求每班次保持车床的三个导轨面及转动部位清洁、润滑油路畅通，油标、油窗清晰，并保持车床和场地整洁等。

任务二　切削运动和切削用量

一、实训教学目标与要求

1）了解车削运动和加工面的形成过程。
2）掌握切削用量的选择方法。

二、车削运动及形成的表面

1. 车削运动

在切削过程中，为了切除多余的金属，必须使工件和刀具做相对运动。在车床上用车刀切除工件上金属的运动，称为车削运动。车削运动可分为主运动和进给运动，如图1-7所示。

（1）主运动　切除工件的表面，使之转变为切屑，从而形成工件新表面的运动，称为主运动。车削时，工件的旋转运动是主运动，其速度高，消耗的切削功率较大。

（2）进给运动　使新的切削层不断投入切削的运动，称为进给运动。

2. 加工表面

在切削过程中，在工件上形成已加工表面、加工表面和待加工表面。已加工表面指已经车去多余金属而形成的新表面；待加工表面指即将被切去金属层的表面；加工表面指车刀切削刃正在车削的表面，如图1-7所示。

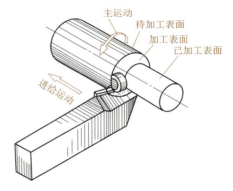

图1-7　车削运动和加工表面

三、切削用量及切削用量的选择

1. 切削用量

切削用量是衡量切削运动大小的参数。它包括背吃刀量、进给量和切削速度。合理选择切削用量是保证加工工件质量、提高生产率、降低成本的有效方法之一。

（1）背吃刀量（a_p）　工件的已加工表面和待加工表面之间的垂直距离（图1-8），称为背吃刀量，常用代号a_p表示，亦即每次走刀时车刀切入工件的深度，其计算公式为

$$a_p = \frac{d_w - d_m}{2} \qquad (1-1)$$

式中　d_w——工件待加工表面的直径（mm）；

d_m——工件已加工表面的直径（mm）。

（2）进给量（f） 工件每转一圈，车刀沿进给方向移动的距离，称为进给量，如图1-8所示。它是衡量进给运动大小的参数。进给量分纵向进给量和横向进给量。纵向进给量是指沿车床床身导轨方向的进给量。横向进给量是指垂直于车床床身导轨方向的进给量。

（3）切削速度（v_c） 主运动的线速度，称为切削速度，它是指车刀在1min内车削工件表面的理论展开直线长度（假定切屑无变形或收缩），如图1-9所示。它是衡量主运动大小的参数，其计算公式为

$$v_c = \frac{\pi d_w n}{1000} \tag{1-2}$$

式中　v_c——切削速度（m/min）；
　　　d_w——工件待加工表面的直径（mm）；
　　　n——车床主轴转速（r/min）。

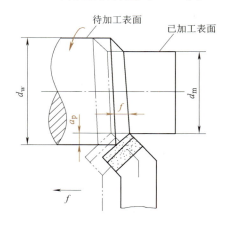
图1-8　背吃刀量和进给量

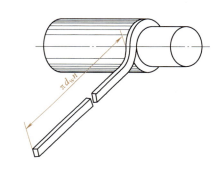
图1-9　切削速度示意图

车削时，工件做旋转运动，不同直径处各点切削速度不同，计算时应以待加工表面直径处的切削速度为准。

在实际生产中，通常是已知工件直径，并根据工件材料、刀具材料和加工性质等因素选定切削速度，再将切削速度换算成车床主轴转速，以便调整机床。如果计算所得的车床主轴转速和车床铭牌上所列的转速有出入，应选取铭牌上和计算值接近的转速。

2. 切削用量的选择原则

粗车时，应考虑提高生产率并保证合理的刀具寿命。首先要选用较大的背吃刀量，然后再选择较大的进给量，最后根据刀具寿命选用合理的切削速度。

半精车和精车时，必须保证工件的加工精度和表面质量，同时还必须兼顾必要的刀具寿命和生产率。

（1）背吃刀量的选择原则　粗车时，应根据工件的加工余量和工艺系统的刚性来选择背吃刀量。在保留半精车余量（1～3mm）和精车余量（0.1～0.5mm）后，其他加工余量应尽量一次车去。

半精车和精车时的背吃刀量应根据加工精度和表面质量要求由粗车后留下的余量来确定。用硬质合金车刀车削时，由于车刀刃口在砂轮上不易磨得很锋利，所以最后一刀的背吃

刀量不宜太小，以 $a_p = 0.1$ mm 为宜，否则很难达到工件的表面质量要求。

常用经验公式

$$a_p = (1/3 \sim 3/4)A$$

式中 A——工件单边加工余量。

（2）进给量的选择原则　粗车时，选择进给量主要应考虑机床进给机构的强度、刀杆尺寸、刀片厚度、工件直径和长度等因素，在工艺系统刚性和强度允许的情况下，可选用较大的进给量，在 $0.3 \sim 1.2$ mm/r 范围内选取（详细数据可参考《车工手册》）。

半精车和精车时，为了减小工艺系统的弹性变形，提高表面质量，一般应选用较小的进给量，在 $0.1 \sim 0.6$ mm/r 范围内选取。

（3）切削速度的选择原则　在保证合理的刀具寿命的前提下，可根据生产经验和《车工手册》确定切削速度。在一般粗加工的范围内，用硬质合金车刀车削时，切削速度可按下列数据选择。

1）车削热轧中碳钢，平均切削速度为 100 m/min。
2）车削合金钢，平均切削速度为 $70 \sim 80$ m/min。
3）车削灰铸铁，平均切削速度为 70 m/min。
4）车削调质钢，切削速度比切削正火钢、退火钢降低 20% ~ 30%。
5）车削非铁金属，平均切削速度为 $200 \sim 300$ m/min。

注意：
1）断续车削、车削细长轴、加工大型偏心工件时，切削速度不宜太高。
2）用硬质合金车刀精车时，一般多采用较高的切削速度（$80 \sim 100$ m/min 及以上）；用高速钢车刀车削时，宜采用较低的切削速度。
3）实训时，由于操作者处在初学阶段，切削速度应选取较低值（比较安全、便于操作）。

四、切削用量的选择实例

例如，工件直径为 $\phi 75$ mm，毛坯直径为 $\phi 80$ mm，材料为 45 钢，车刀材料为硬质合金 YT15，确定主轴转速和进给量的具体方法与步骤如下：

1. 选择背吃刀量 a_p

留精车余量 0.5 mm，$a_p = (d_w - d_m)/2 = (80 - 76)$ mm/2 = 2 mm。

2. 选择进给量 f

根据进给量的选择原则 $f = 0.3 \sim 1.2$ mm/r，取 $f = 0.8 \sim 1.0$ mm/r。

3. 选择切削速度 v_c

根据切削速度的选择原则，粗加工时取 v_c 为 100 m/min。

4. 确定主轴转速 n

根据式（1-2），有主轴转速

$$n = 1000 v_c / (\pi d_w) \tag{1-3}$$

则 $n = 1000 \times 100 / (3.14 \times 80)$ r/min = 398 r/min，选择 $n = 400$ r/min。

上述是粗车时切削用量的选择方法，精车时切削用量的选择方法与粗车基本相同。

五、车削时的冷却与润滑（简介）

车削时，由于金属变形和摩擦会产生大量的热量使车刀发热，加快其磨损，缩短刀具寿命；热量使工件变形，降低工件质量。因此，为了减少热量，在车削过程中应加注切削液。

1. 切削液的作用

（1）冷却作用 切削液能吸收并带走大量的切削热，改善散热条件，降低刀具和工件的温度，从而延长刀具寿命，也可防止工件因热变形而产生尺寸误差。

（2）润滑作用 切削液能渗透到工件与刀具之间，在切屑与刀具之间的微小间隙中形成一层薄薄的吸附膜，从而减小摩擦因数。因此，切削液可减小刀具、切屑与工件之间的摩擦力，使切削力减小，切削热降低，减少刀具的磨损并提高工件的质量。对于精加工，润滑就显得更重要了。

（3）清洗作用 切削过程中产生的微小的切屑易黏附在工件和刀具上，尤其是钻深孔和铰孔时，切屑容易堵塞在容屑槽中，影响工件表面质量，缩短刀具寿命。切削液能将切屑迅速冲走，使切削过程顺利进行。

2. 切削液的种类

车削时常用的切削液有两大类。

（1）乳化液 主要起冷却作用。乳化液是把乳化油用 15～20 倍的水稀释而成的。这类切削液的比热容大，黏度小，流动性好，可以吸收大量的热量。使用这类切削液主要是为了冷却刀具和工件，延长刀具寿命，减小热变形。乳化液中水分较多，润滑和防锈性能较差。因此，乳化液中常加入一些极压添加剂（如硫、氯等）和防锈添加剂，以提高其润滑和防锈性能。

（2）切削油 切削油的主要成分是矿物油，少数采用动物油和植物油。这类切削液的比热容较小，黏度较大，流动性差，主要起润滑作用，常用的是黏度较小的矿物油，如 10 号、20 号全损耗系统用油（机油）及轻柴油、煤油等。纯矿物油的润滑效果较差，实际使用时常加入极压添加剂和防锈添加剂，以提高它的润滑和防锈性能。动、植物油能形成较牢固的润滑膜，润滑效果比纯矿物油好，但容易变质，应尽量少用或不用。

3. 切削液的选用

应根据加工性质、工件材料、刀具材料和工艺要求等具体情况合理选用切削液。选择切削液的一般原则如下：

（1）根据加工性质选用

1）粗加工时，加工余量和切削用量较大，会产生大量的切削热，使刀具磨损加快。这时加注切削液的主要目的是降低切削温度，故应选用以冷却为主的乳化液。

2）精加工时，加注切削液主要是为了减少刀具与工件之间的摩擦，以保证工件的精度和表面质量。因此，应选用润滑作用好的极压切削油或高浓度的极压乳化液。

3）钻孔、铰孔和加工深孔时，刀具在半封闭状态下工作，排屑困难，切削液不能及时到达切削区，容易使切削刃烧伤并损伤工件表面。这时应选用黏度较小的极压乳化液和极压切削油，并应加大压力和流量，一方面进行冷却、润滑，另一方面将切屑冲刷出来。

（2）根据刀具材料选用

1）高速钢刀具：粗加工时用极压乳化液；精加工时，用极压乳化液或极压切削油。

2）硬质合金刀具：一般不加切削液，但在加工某些硬度高、强度好、导热性差的特种材料和细长工件时，可选用以冷却作用为主的切削液，如3%～5%（质量分数）的乳化液。

（3）根据工件材料选用

1）钢件粗加工一般用乳化液，精加工用极压切削油。

2）切削铸铁、铜及铝等材料时，由于碎屑会堵塞冷却系统，容易使机床磨损，所以一般不加切削液。精加工时，为了提高表面质量，可采用黏度较小的煤油或7%～10%（质量分数）的乳化液。

3）切削非铁金属和铜合金时，不宜采用含硫的切削液，以免腐蚀工件。

（4）注意事项

1）油状乳化液必须用水稀释（一般加15～20倍的水）后才能使用。

2）切削液必须浇注在切削区域。

3）用硬质合金刀具切削时，如用切削液，必须一开始就连续充分地浇注，否则硬质合金刀片会因骤冷而产生裂纹。

思 考 题

1. 什么是车削加工？车削加工必须具备哪些运动？车床能加工哪些类型的零件？
2. 车床由哪些主要部分组成？各部分有何功用？
3. 车床的主运动和进给运动是如何实现的？
4. 车床的日常维护、保养有哪些要求？
5. 用文字说明 CA6140、C6132 型机床型号的含义。
6. CA6140、C6132 车床的润滑有哪些具体要求？
7. 什么是切削用量？简述切削用量的选择原则。
8. 已知工件直径为 $\phi 36mm$，毛坯直径为 $\phi 40mm$，材料为 45 钢，车刀材料为硬质合金 YT15。确定主轴转速和进给量。
9. 简述车床的操作方法和注意事项。
10. 切削液有何作用？如何正确选择切削液？如何正确有效地使用切削液？

课题二 车 刀

一、实训教学目标与要求

1) 了解车刀的材料及种类。
2) 初步掌握车刀的刃磨方法与步骤。

二、基础知识

1. 车刀材料

车刀的切削部分要承受很大的切削力、很高的温度和强烈的摩擦和冲击。因此，刀具的材料必须满足以下要求。

1) 硬度高，耐磨性好　车刀材料的硬度应在60HRC以上。硬度越高，通常耐磨性越好，耐磨性好的刀具可承受较大的切削力和较高的切削温度。

2) 足够的强度和韧性　车刀材料必须具有足够的强度和韧性才能承受较大的切削力和冲击力，避免脆裂和崩刃。

3) 热硬性好　热硬性好的刀具材料能在高温时保持比较高的强度，可以承受较高的切削温度，即可适应较大的切削用量。

目前常用的刀具材料有碳素工具钢、合金工具钢、高速工具钢、硬质合金、陶瓷、金刚石等，而高速工具钢和硬质合金是用得较多的车刀材料。车刀的材料、性能和应用范围见表1-5。

表1-5 车刀的材料、性能和应用范围

材料	硬度	维持切削性能的最高温度/℃	工艺性能	应用范围
高速工具钢	62~65HRC	540~600	可通过冷、热加工和磨削成形，需热处理，工艺性能好	用于各种刀具，如钻头、车刀、铣刀、丝锥等
硬质合金钢	89~94HRA	800~1000	压制烧结后镶片，可磨削，不能冷、热加工成形，无须热处理	主要用于车刀、铣刀、钻头等
陶瓷材料	91~94HRA	>1200	同　　上	主要用于车刀，适用于高速、高温连续切削

2. 车刀种类与结构

车刀按其用途可分为外圆车刀、端面车刀、切断刀、内孔车刀、圆头车刀和螺纹车刀等，如图1-10所示。常用车刀的用途如图1-11所示。

1) 外圆车刀（90°车刀，又称偏刀）如图1-10a所示，用于车削工件外圆、台阶和端面。
2) 端面车刀（45°车刀，又称弯头车刀）如图1-10b所示，用于车削外圆、端面和倒角。
3) 切断刀如图1-10c所示，用于切断工件或在工件上车槽。
4) 内孔车刀如图1-10d所示，用于车削工件的内孔。

图 1-10 常用车刀种类

a) 外圆车刀　b) 端面车刀　c) 切断刀　d) 内孔车刀　e) 圆头车刀　f) 螺纹车刀

5) 圆头车刀如图 1-10e 所示，用于车削工件的圆弧面或成形面。

6) 螺纹车刀如图 1-10f 所示，用于车削螺纹。

3. 车刀的结构

常用车刀的三种结构形式如图 1-12 所示。

1) 整体式车刀如图 1-12a 所示。其刀头和刀体为整体同质材料（通常为高速工具钢），刀头的切削部分是经刃磨而获得的，切削刃用钝后可重新刃磨。

2) 焊接式车刀如图 1-12b 所示。其将刀片焊到刀头上，有多种形状和规格的硬质合金刀片供选用。

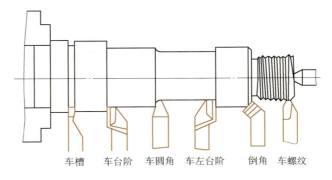

图 1-11 常用车刀的用途

3) 机夹可转位车刀如图 1-12c 所示，是将多刃硬质合金刀片用机械夹固的方法紧固在刀头上，一个切削刃磨损后，转动刀片重新紧固，就可用新切削刃切削，全部切削刃磨损后更换刀片。

4. 车刀的组成

车刀由刀体与刀头两部分组成。刀体用来装夹，刀头是切削部分，用来切削工件。切削部分通常由三面、两刃、一尖组成，如图 1-12a 所示。

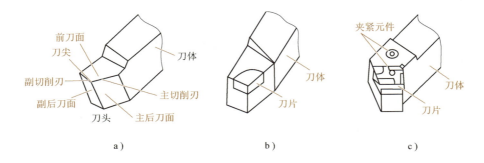

图 1-12 车刀的结构形式

a) 整体式车刀　b) 焊接式车刀　c) 机夹可转位车刀

(1) 主切削刃　前刀面与主后刀面的交线。它担负着主要的切削任务。
(2) 副切削刃　前刀面与副后刀面的交线。它担负着少量的切削任务。
(3) 前刀面　车刀头的上表面，切屑沿着前刀面流出。
(4) 主后刀面　车刀与工件被切削加工面相互作用和相对的刀面。
(5) 副后刀面　车刀与工件已加工面相对的刀面。
(6) 刀尖　主切削刃与副切削刃的交点。实际上，刀尖是一段圆弧过渡刃。

5. 车刀的几何角度

(1) 车刀的辅助平面　为了确定车刀的几何角度，选定三个辅助平面作为标注、刃磨和测量车刀角度的基准。车刀的辅助平面由基面、切削平面和正交平面三个相互垂直的平面构成，如图1-13a 所示。

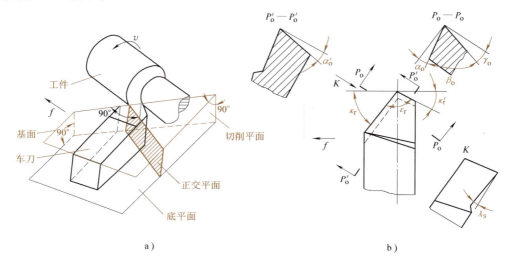

图 1-13　车刀的辅助平面与主要角度
a) 车刀的辅助平面　b) 车刀的主要角度

1) 基面：通过切削刃上选定点，并与该点切削速度方向垂直的平面。
2) 切削平面：通过切削刃上选定点与切削刃相切并垂直于基面的平面。
3) 正交平面：通过切削刃上选定点同时垂直于基面和切削平面的平面。

(2) 车刀的几何角度和作用　车刀切削部分主要有六个独立的基本角度：前角 γ_o、主后角 α_o、副后角 α_o'、主偏角 κ_r、副偏角 κ_r'、刃倾角 λ_s。两个派生角度：楔角 β_o、刀尖角 ε_r，如图1-13b 所示。

1) 前角 γ_o。前角是前刀面和基面间的夹角。前角影响切削刃的锋利程度和强度，影响切削变形和切削力。前角增大，能使切削刃锋利，切削省力，排屑顺利；前角减小，可增加刀头强度，改善刀头的散热条件。一般选 $\gamma_o = 5° \sim 20°$，精加工时，γ_o 取较大值。

2) 主后角 α_o。主后角是主后刀面和切削平面间的夹角。其作用是减小主后刀面与加工表面的摩擦。一般 $\alpha_o = 8° \sim 12°$，粗车或切削硬材料时取较小值；精车或切削软材料时取较大值。

3) 副后角 α_o'。副后角是副后刀面与切削平面间的夹角。副后角的主要作用是减小车刀副后刀面与已加工表面间的摩擦。一般将副后角磨成与主后角相等。

4）主偏角 κ_r。主偏角为主切削刃在基面上的投影与进给方向的夹角。主偏角的作用是改变主切削刃和刀头的受力及散热情况。通常 κ_r 选 45°、60°、75°、90°。

5）副偏角 κ_r'。副偏角是副切削刃在基面上的投影与进给方向相反方向的夹角。副偏角的作用是减小副切削刃和工件已加工表面间的摩擦。一般选取 $\kappa_r' = 5° \sim 15°$，κ_r' 越大，已加工表面的残留面积越大。

6）刃倾角 λ_s。刃倾角是主切削刃与基面间的夹角。其主要作用是控制排屑方向，并影响刀头强度。λ_s 有正、负值和 0 三种情况，如图 1-14 所示。当刀尖位于主切削刃上的最高点时，$\lambda_s > 0$，刀尖强度削弱，切屑排向待加工表面，适宜精加工。当刀尖位于主切削刃上的最低点时，$\lambda_s < 0$，刀尖强度增加，切屑排向已加工表面，适宜粗加工。一般 $\lambda_s = -5° \sim 5°$。

7）楔角 β_o。楔角是正交平面内前刀面与后刀面间的夹角。楔角影响刀头的强度。

8）刀尖角 ε_r。刀尖角是主切削刃和副切削刃在基面上的投影的夹角。刀尖角影响刀尖强度和散热条件。

三、常用车刀的刃磨方法

1. 砂轮的选用

1）氧化铝砂轮（白色）适用于刃磨高速钢车刀。

2）碳化硅砂轮（绿色）适用于刃磨硬质合金车刀。

2. 砂轮机的正确使用

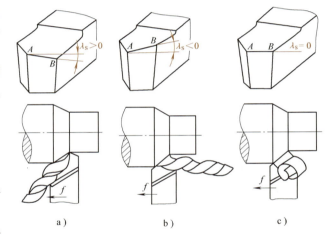

图 1-14 车刀刃倾角的作用

a）$\lambda_s > 0$　b）$\lambda_s < 0$　c）$\lambda_s = 0$

1）在磨刀前，要对砂轮机进行安全检查。例如，防护罩壳是否齐全。有托架的砂轮，其托架与砂轮之间的间隙为 3mm 左右。

2）磨刀时，尽可能避免在砂轮侧面上刃磨。

3）砂轮磨削表面须经常修整，使砂轮没有明显的跳动。若有跳动一般可用金刚石砂轮刀进行修整，如图 1-15 所示。

4）砂轮要经常检查，如发现砂轮有裂纹，要及时更换。

5）重新装夹砂轮后，要进行检查，经试转后才可使用。

6）刃磨结束后，应及时关闭砂轮机电源。

3. 刃磨姿势

1）刃磨时，人站在砂轮的侧面，与砂轮正面成 45°角，避免砂轮碎裂飞出伤人。

2）两手握刀时，肘关节应内收靠近腰部夹紧，这样可以减少磨刀时的抖动。

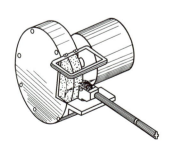

图 1-15 用金刚石砂轮刀修整砂轮

3）磨刀时，车刀应放在砂轮的水平中心，车刀接触砂轮后应沿水平方向左右移动。当车刀离开砂轮时，刀尖须向上抬起，以防磨好的切削刃被砂轮碰伤。

4. 刃磨步骤与方法

1）磨主后刀面，如图1-16a所示，然后磨副后刀面，如图1-16b所示。

2）磨前刀面和断屑槽，如图1-16c所示；磨过渡刃，如图1-16d所示；磨负倒棱，如图1-16e所示。

3）精磨主后刀面，磨好主后角和主偏角；精磨副后刀面，磨好副后角和副偏角。

4）在主刀面和副刀面之间磨出刀尖圆弧。

5）在砂轮上将各面磨好后，再用油石精磨各面，如图1-16f所示。

5. 车刀角度的检验方法

（1）目测法　观察车刀角度是否符合要求，切削刃是否锋利，表面是否有裂痕和其他不符合切削要求的缺陷。

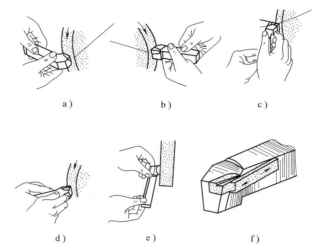

图1-16　刃磨车刀的方法与步骤
a）磨主后刀面　b）磨副后刀面　c）磨前刀面和断屑槽
d）磨过渡刃　e）磨负倒棱　f）精磨刀面

（2）量角器、样板测量法　对于角度要求高的车刀，应用量角器或样板进行检查。

四、技能训练

选择刃磨90°外圆车刀，如图1-17b所示。

1. 图样分析

1）根据图样可知，车刀为90°外圆车刀。

2）技术要求：前角 $\gamma_o = 12°$，主后角 $\alpha_o = 8° \sim 12°$，副后角 $\alpha_o' = 8° \sim 12°$，主偏角 $\kappa_r = 90°$，副偏角 $\kappa_r' = 6°$，刃倾角 $\lambda_s = 3°$。

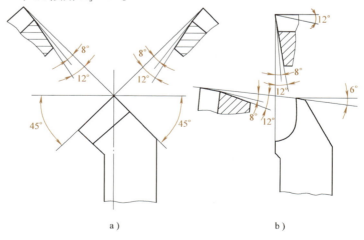

图1-17　刃磨45°外圆车刀、90°外圆车刀
a）45°外圆车刀　b）90°外圆车刀

2. 刃磨各刀面

1）粗磨主后刀面和副后刀面，同时磨出后角、主偏角、副后角和副偏角。
2）粗、精磨前刀面，并磨出前角。
3）精磨主、副后刀面。
4）精磨刀尖角。

五、注意事项

1）车刀有六个基本角度：前角、主后角、副后角、主偏角、副偏角及刃倾角。在刃磨时主要是刃磨主后刀面、副后刀面和前刀面这三个平面，关键要明确三面与各角的关系。
2）刃磨车刀时，车刀接触砂轮的力量不能过大，以防打滑伤手。
3）车刀高度应与砂轮轴线等高，刀头略向上翘，否则会出现后角过大或负后角等弊端。
4）刃磨硬质合金车刀时，如果刀头过热，不能立即放入水中冷却，以防刀片骤冷而碎裂。刃磨高速钢车刀时，应随时用水冷却，以防车刀过热退火，降低硬度。
5）磨刀时应戴防护镜，刃磨结束必须关闭砂轮机电源。

六、实训成绩评定

刃磨车刀实训成绩评定表见表1-6。

表1-6 刃磨车刀实训成绩评定表

序 号	检测项目	配 分	评分标准	检测结果	得 分
1	检测前角 $\gamma_o = 12°$	15	每超差30′扣5分		
2	检测主后角 $\alpha_o = 8° \sim 12°$	10	每超差30′扣5分		
3	检测副后角 $\alpha'_o = 8° \sim 12°$	10	每超差30′扣5分		
4	检测主偏角 $\kappa_r = 90°$	10	每超差30′扣5分		
5	检测副偏角 $\kappa'_r = 6°$	10	每超差30′扣5分		
6	检测刃倾角 $\lambda_s = 3°$	10	每超差30′扣5分		
7	检测刃口是否平直锋利	5	不符合要求不得分		
8	检测前刀面	10	稍差扣5分，太差不得分		
9	检测主后刀面	10	稍差扣5分，太差不得分		
10	检测副后刀面	10	稍差扣5分，太差不得分		
11	安全文明生产		酌情扣分		
	总分				

七、车刀的装夹

1. 准备工作

1）将刀架位置转正后，用手柄锁紧。
2）将刀架装刀面和车刀柄安装面擦净。

2. 车刀的装夹步骤和装夹要求

（1）确定车刀的伸出长度　把车刀放在刀架装刀面上，车刀伸出刀架部分的长度约等于刀柄高度的 1.5 倍。

（2）车刀刀尖对准工件中心　一般用目测法或用钢直尺测量法检测。

3. 刀尖装夹高低对工作角度的影响

刀尖高于工件中心，实际作用前角变大，实际作用后角变小。

刀尖低于工件中心，实际作用前角减小，实际作用后角增大。

在实际加工时，如车削外圆或内孔，允许刀尖高于工件中心 $d/100$（d 为工件直径），对车削有利，对刚性差的轴类工件可减小振动。车削内孔时，由于刀柄尺寸受内孔限制，刚性较差，可防止"扎刀"以及减小后刀面与孔壁间的摩擦。

在车削端面、切断、车螺纹、车锥面和车成形面时，要求刀尖必须对准工件中心。

思 考 题

1. 常用刀具材料有哪几种？它们的性能如何？刀具材料必须满足哪些要求？
2. 90°外圆车刀有哪几个主要角度？它们的作用是什么？
3. 常用的磨刀砂轮材料有哪几种？它们的用途有何不同？
4. 刃磨车刀时主要是刃磨哪几个面？如何磨出前角、主后角、副后角、主偏角、副偏角和刃倾角？
5. 断屑槽有何作用？如何刃磨断屑槽？
6. 简述车刀的装夹步骤和要求。

课题三　工件的装夹及钻中心孔

任务一　工件的装夹

一、实训教学目标与要求

1）了解车床上工件装夹的要求和作用。
2）掌握车床上工件的装夹方法和找正方法。

二、基础知识

1. 车床上工件装夹的要求和作用

装夹工件是将工件在机床上或夹具中定位和夹紧。车削加工中工件必须随车床主轴旋转，因此要求工件在车床上装夹时，被加工工件的轴线与车床主轴的轴线必须同轴，并且要将工件夹紧，避免在切削力的作用下使工件松动或脱落，造成事故。

2. 装夹方法

根据工件的形状、大小和加工数量不同，在车床上装夹工件可以采用不同的装夹方法。在车床上安装工件所用的附件有自定心卡盘、单动卡盘、顶尖、心轴、中心架、跟刀架、花盘和角铁等。

（1）自定心卡盘装夹工件　自定心卡盘通过法兰盘安装在主轴上，用以装夹工件，如图1-18所示。用方头扳手插入自定心卡盘方孔并转动，小锥齿轮随之转动，带动与其啮合的大锥齿轮转动，大锥齿轮带动与其背面的圆盘螺纹啮合的三个卡爪沿径向同步转动。

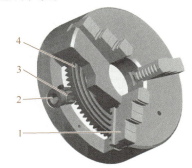

图1-18　自定心卡盘
1—背面带平面螺纹的卡爪　2—方孔
3—小锥齿轮　4—大锥齿轮

自定心卡盘的特点：三爪能自动定心，装夹和找正工件简捷，但夹紧力小，不能装夹大型工件和不规则工件。

自定心卡盘装夹工件的方法有正爪和反爪两种。反爪装夹时，将三个爪卸下，调头安装，就可装夹较大直径工件。

（2）单动卡盘装夹工件　单动卡盘的四个卡爪都可独立移动，由于各爪的背面有半瓣内螺纹与螺杆相啮合，螺杆端部有一方孔，当用卡盘扳手转动某一方孔时，就带动相应的螺杆转动，将卡爪夹紧或松开。因此，用单动卡盘可安装截面为方形、长方形、椭圆以及其他不规则形状的工件，也可车削偏心轴和孔。因此，单动卡盘的夹紧力比自定心卡盘大，也常用于安装较大直径的正常圆形工件。

单动卡盘可全部用正爪（图1-19a）或反爪装夹工件，也可用一个或两个反爪，其余仍用正爪装夹工件（图1-19b）。

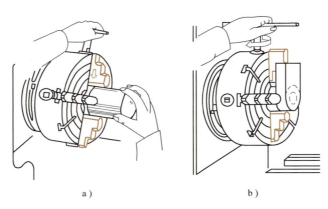

图1-19 用单动卡盘安装工件
a）正爪安装工件 b）正、反爪混用安装工件

用单动卡盘装夹工件，因为四爪不同步，不能自动定心，需要仔细地找正，以使加工面的轴线对准主轴旋转轴线。可用划线盘按工件内外圆表面或预先划出的加工线找正，如图1-20a所示，其定位精度为0.2～0.5mm；也可用百分表按工件的精加工表面找正，如图1-20b所示，定位精度可达到0.01～0.02mm。

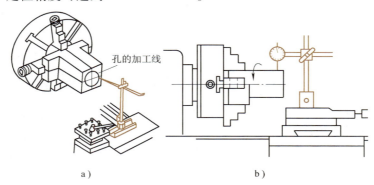

图1-20 单动卡盘安装工件时的找正
a）划线盘找正 b）百分表找正

按划线找正工件的方法如下：
1）使划针靠近工件上划出的加工界线。
2）找正端面。慢慢转动卡盘，在离针尖最近的工件端面上用小锤轻轻敲击，使端面上各点距针尖的距离相等。
3）找正中心。转动卡盘，将离针尖最远处的一个卡爪松开，拧紧其对面的一个卡爪。反复调整几次，直至找正为止。

注意：
1）为了防止夹伤工件和找正方便，可以在卡爪与工件之间垫铜片。
2）找正时应在导轨上垫上木板，以防止工件落下碰伤床面。
3）当工件各部位加工余量不均匀时，应着重找正余量少的部位，否则容易使工件报废。

4）找正时主轴放在空档位置，使卡盘转动轻便。

5）找正时不能同时松开两个卡爪，防止工件掉落。

6）装夹较大的工件时，切削用量不宜过大。

(3) 用两顶尖装夹工件　对于较长或必须经过多次装夹的轴类工件（如车削后还要铣削、磨削和检测），常用前、后两顶尖装夹，前顶尖装在主轴上，通过卡箍和拨盘带动工件与主轴一起旋转，后顶尖装在尾座上随之旋转，如图1-21a所示；还可以用圆钢料车一个前顶尖，装在卡盘上代替拨盘，通过鸡心夹头带动工件旋转，如图1-21b所示。两顶尖装夹工件安装精度高，并有很好的重复安装精度（可保证同轴度）。

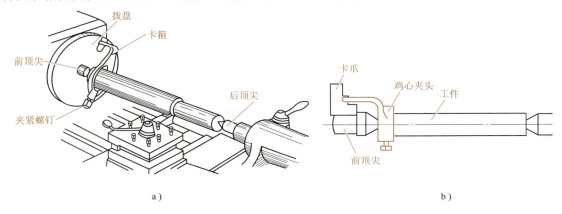

图1-21　用两顶尖装夹轴类工件
a）借助卡箍和拨盘　b）借助鸡心夹头和卡盘

(4) 一夹一顶装夹工件　用两顶尖装夹工件虽然有较高的精度，但是刚性较差，因此一般轴类工件，特别是较重的工件，不宜用两顶尖法装夹，可采用一端用自定心卡盘或单动卡盘夹住，另一端用后顶尖顶住的装夹方法。为了防止由于切削力的作用而产生轴向位移，须在卡盘内装一限位支承，如图1-22a所示；或利用工件的台阶限位，如图1-22b所示。这种一夹一顶的方法安全可靠，能承受较大的轴向切削力，因此得到了广泛应用。

当低速加工精度要求较高的工件时，可采用固定顶尖（顶尖不能转动），而在一般情况下可采用回转顶尖。固定顶尖刚性好，定心准确，但是与中心孔间的滑动摩擦容易造成发热，烧坏工件。

回转顶尖与工件一起转动，由于回转顶尖内部有轴承，能承受滚动摩擦，可在很高的转速下正常工作。但回转顶尖安装工件的精度比固定顶尖低。

(5) 用心轴装夹工件　盘套类零件的外圆相对孔的轴线常有径向圆跳动的要求，两个端面相对孔的轴线有轴向圆跳动的要求，如果有关表面与孔无法在自定心卡盘的一次装夹中完成，则须在精加工孔后，再装到心轴上进行端面的精车或外圆的精车。作为定位基准面的孔，其尺寸公差等级不应低于IT8，表面粗糙度值$Ra \leqslant 1.6\mu m$。心轴在前、后顶尖上的装夹方法与轴类工件的装夹方法相同。

心轴的种类很多，常用的有锥度心轴、圆柱心轴和可胀心轴等，如图1-23所示。

(6) 用卡盘、顶尖配合中心架、跟刀架装夹

1）中心架的使用。中心架有以下几种使用方法。

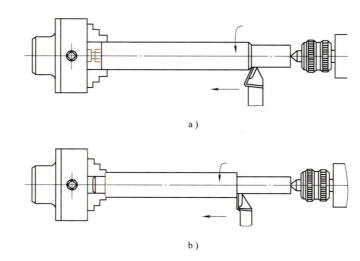

图 1-22 一夹一顶装夹工件
a) 卡盘内装限位支承 b) 利用工件的台阶作为限位支承

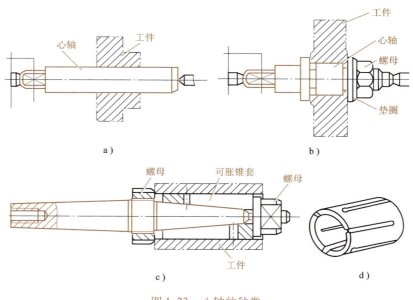

图 1-23 心轴的种类
a) 锥度心轴 b) 圆柱心轴 c) 可胀心轴 d) 可胀轴套

① 中心架直接安装在工件中间（图 1-24a）。这种装夹方法可提高车削细长轴工件的刚性。安装中心架前，须先在工件毛坯中间车出一段沟槽，使中心架的支承爪与其接触良好。槽的直径应略大于工件图样尺寸，宽度应大于支承爪。车削时，支承爪与工件处应经常加注润滑油，并注意调节支承爪与工件之间的压力，以防拉毛工件及摩擦发热。

② 一端夹住一端搭中心架。车削大而长的工件端面、钻中心孔或车削长套筒类工件的内螺纹时，可采用图 1-24b 所示的一端夹住一端搭中心架的方法。

注意：搭中心架一端的工件轴线应找正到与车床主轴轴线同轴。

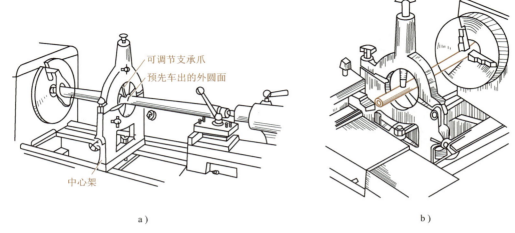

图 1-24 中心架的使用
a)中心架直接安装在工件中间 b)一端夹住一端搭中心架

2)跟刀架的使用。跟刀架固定在车床床鞍上,与车刀一起移动,如图 1-25 所示。

在使用跟刀架车削不允许接刀的细长轴时,要在工件端部先车出一段外圆,再安装跟刀架。支承爪与工件接触的压力要适当,否则车削时跟刀架可能不起作用,或者将工件卡得过紧等。

(7)用花盘安装工件 花盘是安装在车床主轴上并随之旋转的一个大圆盘,其端面有许多长槽,可穿入螺栓以压紧工件。花盘的端面需平整,且与主轴轴线垂直。

当加工大而扁且形状不规则的工件或刚性较差的工件时,为了保证加工表面与安装平面平行,加工回转面轴线与安装平面垂直,可以用螺栓压板把工件直接压在花盘上加工,如图 1-26 所示。用花盘安装工件时,需要仔细找正。

有些复杂的工件要求加工孔的轴线与安装平面平行,或者要求加工孔的轴线垂直相交时,可用花盘、弯板安装工件,如图 1-27 所示。弯板安装在花盘上要仔细地找正,工件安装在弯板上也需要找正。

注意:用花盘或花盘弯板装夹工件时,需加平衡铁进行平衡,以减小旋转时的摆动,同时机床转速不能太高。

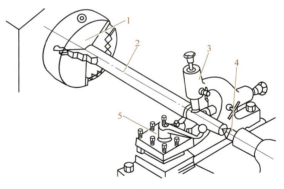

图 1-25 跟刀架的使用
1—自定心卡盘 2—工件
3—跟刀架 4—尾座顶尖 5—方刀架

三、技能训练

用两顶尖装夹工件的方法与步骤如下。

1)车平端面钻中心孔(钻中心孔的方法见本课题任务二中的内容)。

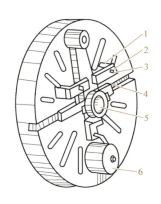 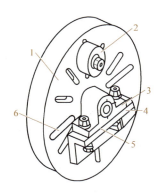

图 1-26　在花盘上安装工件
1—垫铁　2—压板　3—螺钉
4—螺钉槽　5—工件　6—平衡铁

图 1-27　在花盘弯板上安装工件
1—花盘　2—平衡铁　3—工件
4—安装基面　5—弯板　6—螺钉槽

2）在工件的左端安装卡箍，先用手稍微拧紧卡箍螺钉。

3）安装、校正顶尖。安装顶尖时，先将顶尖尾部锥面、主轴内锥孔和尾座套筒锥孔擦净，然后用力将其推入锥孔内。

4）前、后顶尖安装后必须校正。校正时，可调整尾座横向位置，使前、后顶尖对准，如图 1-28 所示。

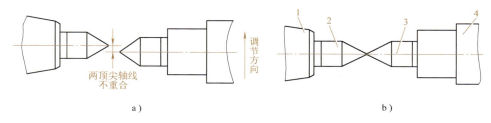

图 1-28　校正顶尖
1—主轴　2—前顶尖　3—后顶尖　4—尾座

5）装夹工件。根据工件长短调整尾座位置，使刀架能够移至车削行程的最右端，同时尽量使尾座套筒伸出最短，然后将尾座固定在床身上，如图 1-29 所示。

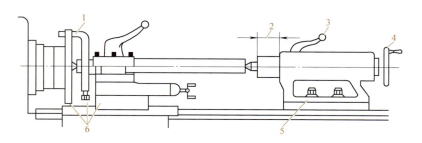

图 1-29　安装工件的方法与步骤
1—拧紧卡箍螺钉　2—调整套筒伸出长度　3—锁紧尾座套筒　4—调节工件顶尖松紧
5—将尾座固定　6—转动手轮使刀架移至车削行程左端，检查是否会碰撞

6）调节工件夹紧力。转动尾座手轮，调节工件在顶尖间的松紧，使之能够自由旋转但不能轴向移动，然后锁紧尾座套筒。

7）将刀架移至车削行程的最左端，用手转动拨盘及卡箍，检查是否会与刀架相碰撞。

8）拧紧卡箍螺钉。

注意：

1）因中心孔是工件的定位基准，故应保证其形状正确、表面光滑、孔内清洁。

2）前、后顶尖应同轴，与车床主轴轴线也应同轴，否则车出的工件会有锥度。

3）如果后顶尖用的是固定顶尖，可在中心孔内涂凡士林（俗称黄油），以减小中心孔与顶尖间的滑动摩擦。

4）两顶尖与中心孔的配合松紧要适当。配合过松，工件定心不准，容易引起振动，甚至有工件飞出的危险；配合过紧，会使细长工件弯曲变形，锥面间的严重摩擦会使顶尖和中心孔磨损甚至烧坏。

5）当切削用量大时，工件会因发热而伸长，需要在加工过程中及时调整顶尖间距。

任务二　钻中心孔

一、实训教学目标与要求

1）了解中心孔的种类及其作用。

2）掌握中心钻的装夹及中心孔的钻削方法。

二、基础知识

在车削过程中，需要多次装夹才能完成车削工作的轴类工件，如台阶轴、丝杠等，一般先在工件两端钻出中心孔，然后采用两顶尖装夹或一夹一顶装夹，确保工件定心准确，便于装卸。

1. 中心孔的种类（图1-30）

CB/T 145—2001《中心孔》规定中心孔有A型（不带护锥）、B型（带护锥）、C型（带螺孔）和R型（带圆弧形）四种类型和尺寸，常用A、B型。中心孔的形状、尺寸已标准化，可查相关国家标准。

2. 各类中心孔的作用

（1）A型中心孔　一般适用于不需多次装夹或不保留中心孔的零件。

（2）B型中心孔　一般适用于多次装夹的零件。

（3）C型中心孔　一般用于当需要把其他零件轴向固定在轴上时采用。

（4）R型中心孔　一般在轻型和高精度轴上采用。

3. 中心钻

常用的中心钻有A型、B型两种，直径在$\phi 6.3$mm以下的中心孔常用高速钢制成的中心钻钻出，如图1-31所示。

三、实训步骤

1）用自定心卡盘装夹工件，并车平两端面；根据图样要求选用中心钻。

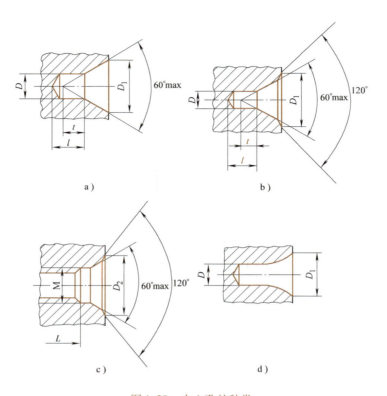

图 1-30 中心孔的种类
a) A 型 b) B 型 c) C 型 d) R 型

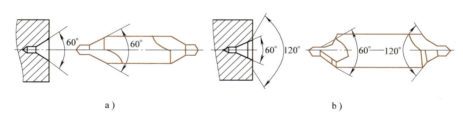

图 1-31 中心孔与中心钻
a) A 型中心孔与中心钻 b) B 型中心孔与中心钻

2）先将中心钻装入钻夹头内紧固，然后将锥柄擦净，用力推入尾座套筒内。

3）调整尾座轴线，使其与工件轴线重合，移动尾座，调整其与工件的距离，然后锁紧。

4）起动车床，选择主轴转速，要求 $n = 530 \text{r/min}$。转动尾座手轮，并向前移动尾座套筒，当中心钻钻入工件端面时，速度要减慢，并保持均匀，随时加注切削液。

5）当中心钻钻入至圆锥部 3/4 左右深度时，先停止进给，再停车，利用主轴惯性将中心孔表面修圆整，如图 1-32 所示。

四、易出现问题分析及注意事项

1）钻中心孔时，由于中心钻切削部分的直径较小，不能承受过大的切削力，易折断，所以必须小心操作。

2）中心钻未对准工件旋转中心而折断。因此，在钻中心孔前必须严格校正中心钻的位置。

3）工件平面留有小凸头，使中心钻偏斜而折断。因此，必须将钻中心孔处的端面车平。

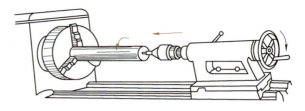

图 1-32 钻中心孔

4）切削用量选用不当，转速太低、进给量太大，使中心钻折断。

5）中心钻磨钝后，钻头强行钻入工件也容易折断。因此，中心钻磨损后应及时调换或修磨。

6）切屑堵塞在中心孔内而折断中心钻。因此，钻中心孔时应浇注充分的切削液，并及时清除切屑。中心钻如果折断了，必须将折断部分从中心孔内取出，并将中心孔修整后，才能继续加工。

7）中心孔钻得太深，使顶尖不能与60°锥孔接触，影响工件的加工质量。因此，钻中心孔应钻到中心钻圆锥部分3/4左右深度为宜。

五、实训成绩评定

钻中心孔实训成绩评定见表1-7。

表1-7 钻中心孔实训成绩评定表

序 号	检测项目	配 分	评分标准	检测结果	得 分
1	端面质量	20	优良得20分；良好得15分；差不得分		
2	中心孔位置	30	正确得30分，偏差小得25分；偏差大不得分		
3	中心孔质量	50	优良得50分；良好得40分；差不得分		
	总分				

思 考 题

1. 车削轴类工件时，一般有哪几种装夹方法？分别适用于什么情况？
2. 中心孔的种类有几种？常用的中心钻有几种？如何防止中心钻折断？

课题四　车削轴类工件

任务一　车削台阶

一、实训教学目标与要求

1）掌握工件及车刀的装夹方法。
2）掌握车削外圆、端面及台阶的方法。

二、基础知识

1. 轴类工件的种类及结构

通常把断面形状为圆形、长度大于直径 3 倍以上的杆件，称为轴类工件。轴类工件上常带有倒角、退刀槽、越程槽、键槽、螺纹、轴肩圆弧等结构。

按轴的形状和轴线的位置不同，可将轴分为光轴、偏心轴、台阶轴和空心轴等，如图 1-33 所示。

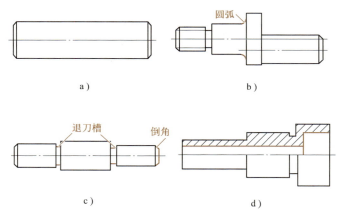

图 1-33　轴类工件的种类
a）光轴　b）偏心轴　c）台阶轴　d）空心轴

2. 车削轴类工件的常用车刀

车削轴类工件常用的有 90°外圆车刀（分左偏刀和右偏刀）、75°弯头车刀和 45°弯头车刀（有左、右弯头两种形式）以及直头外圆车刀和圆弧车刀，如图 1-34 所示。

（1）90°外圆车刀　使用 90°外圆车刀车外圆时产生的径向力小，不易将工件顶弯，常用于车削工件的外圆、台阶和端面，适合车削细长轴（图 1-34a）。

（2）75°弯头车刀　75°弯头车刀刀尖角大于 90°，强度高，寿命长，适用于粗车余量较大的铸、锻件（图 1-34b）。

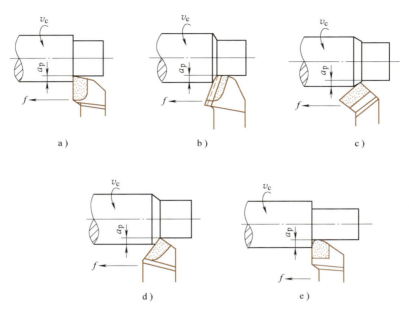

图 1-34 车削轴类工件的常用车刀
a) 90°外圆车刀 b) 75°弯头车刀 c) 45°弯头车刀 d) 直头外圆车刀 e) 圆弧车刀

(3) 45°弯头车刀 45°弯头车刀用于车倒角和端面,也可用于车削长度较短的外圆(图1-34c)。

(4) 直头外圆车刀 直头外圆车刀用于负荷较小时的外圆加工(图1-34d)。

(5) 圆弧车刀 圆弧车刀用于车削圆弧台阶(图1-34e)。

三、车外圆和台阶

1. 车端面的方法与步骤

1) 车刀的选用与安装。车端面常用90°外圆车刀或45°弯头车刀,精车时应选用90°外圆车刀。安装时,刀尖要对准工件中心。

图1-35a所示为用弯头刀车端面,多用于车削加工余量大,工件表面质量较好的端面;图1-35b所示为用90°外圆左偏刀从外向中心进给车端面,用于车削较小的端面或台阶面;图1-35c所示为用90°外圆左偏刀从中心向外进给车端面,用于车削带孔的端面或台阶面;图1-35d所示为用90°外圆左偏刀车端面,刀头强度好,用于车削较大端面,尤其是铸、锻件的大端面。

2) 起动车床前,用手转动卡盘一周,检查有无碰撞、工件是否夹紧等。

3) 车削时,先起动车床使工件旋转,移动床鞍和中滑板使车刀靠近工件端面后,应将床鞍位置锁定,避免床鞍有间隙或误操作发生纵向位移而影响平面度。

4) 双手摇动中滑板手柄车端面,要求手动进给速度均匀,用小滑板控制背吃刀量,让车刀垂直于工件轴线做横向进给运动。

5) 先车的一面尽量少车,加工余量应在另一面车去(以确保有足够的加工余量)。车

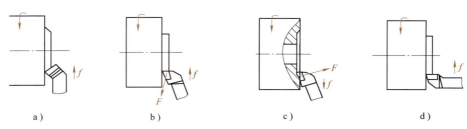

图 1-35 车端面

a）弯头刀车端面　b）90°外圆车刀车从外向中心进给车端面
c）90°偏刀从中心向外进给车端面　d）90°外圆左偏刀车端面

端面前，应先倒角，防止表面硬化层损坏刀尖。

6）端面的精度检查。用钢直尺或刀口形直尺检查端面的平面度。表面粗糙度可用表面粗糙度样块对比检查或用经验法目测。

2. 车外圆的方法与步骤

1）车刀的选用及安装（图 1-36）。粗车外圆时可用 75°外圆车刀；45°弯头车刀用于车外圆、端面和倒角；90°外圆车刀用于车外圆或有垂直台阶的外圆。安装车刀时要装夹牢固，刀尖与工件轴线要等高。

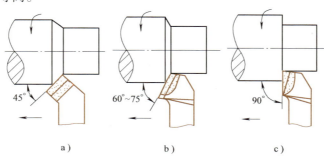

图 1-36　外圆车刀

a）45°弯头车刀　b）60°~75°外圆车刀　c）90°外圆车刀

2）检查毛坯尺寸，划线确定车削长度。

3）起动车床，移动床鞍至工件右端，用中滑板控制背吃刀量，床鞍做纵向进给车削外圆。进行试切削，测量。其具体方法是：根据背吃刀量要求，车刀做横向进给，当车刀沿纵向移动 2mm 左右时，沿纵向快速退出车刀（横向不动），然后停车测量，如图 1-37 所示。若尺寸符合要求，即可切削；否则可以按上述方法继续进行试切削和试测量，直到符合要求为止。

4）根据测量尺寸调整背吃刀量。

5）倒角并自检尺寸。

6）调头车外圆。在没有装夹余量的情况下，外圆只能采用接刀的方法完成。接刀时，必须找正，其找正方法如图 1-38 所示。

7）外圆检验。工件外径尺寸可用千分尺检测，表面粗糙度用表面粗糙度样块对比检查或用经验法目测。

图 1-37　试切外圆

3. 车台阶的方法与步骤

车台阶通常先用75°外圆车刀粗车外圆，切除台阶的大部分加工余量，留0.5～1mm加工余量。然后用90°外圆车刀精车外圆、台阶。粗车时，只需为第一个台阶留出精车余量，其余各段可按图样上的尺寸车削。这样在精车时，将第一个台阶长度车至尺寸后，第二个台阶的精车余量自动产生。依此类推，精车各台阶至尺寸要求。车削时，控制台阶长度有以下方法。

（1）刻线法　先用钢直尺或样板量出台阶长度尺寸，并用车刀刀尖在此位置上刻出线痕，如图1-39所示，再车削到线痕位置为止。

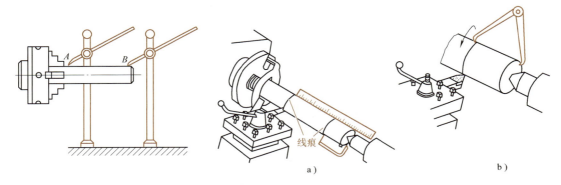

图1-38　工件调头找正　　　　图1-39　刻线法确定车削长度
a）用钢直尺和样板刻线痕　b）用内卡钳在工件上刻线痕

（2）刻度盘控制法　将床鞍由尾座向主轴箱方向移动，把车刀摇至工件的右端，使车刀接触端面，调整床鞍刻度盘到"0"，然后根据车削台阶长度，计算出刻度盘应转动的格数，控制车削长度。

（3）挡铁定位控制法　批量加工台阶轴时，可用挡铁定位控制车削长度。在车床导轨适当位置装定位挡块，使其对应各个台阶长度，车削时车到挡块位置，即得到所需长度尺寸。

4. 车倒角的方法与步骤

车倒角用的车刀有45°弯头车刀和90°外圆车刀。当平面、外圆、台阶车削完毕后，转动刀架用45°弯头车刀进行倒角。若使用90°外圆车刀倒角，应使切削刃与外圆形成45°夹角。

移动床鞍至工件外圆与平面相交处进行倒角。

5. 刻度盘的计算和应用

在车削工件时，为了正确和迅速地掌握背吃刀量，通常利用中滑板或小滑板上的刻度盘进行操纵。刻度盘转动的格数乘以刻度盘的分度值（一般有0.02mm或0.05mm两种），就是车刀沿进给方向移动的距离。

例如，将直径为$\phi 40$mm的工件一刀车至直径为$\phi 34$mm，中滑板刻度的背吃刀量应是（40－34）mm/2＝3mm。若刻度盘的分度值为0.02mm，则中滑板应摇进的格数是3mm÷0.02mm＝150格。

使用刻度盘时，由于螺杆和螺母之间存在配合间隙，会产生空行程（即刻度盘转动而滑板并未移动），所以使用时要把刻线转到所需要的格数。当背吃刀量摇过时，必须向相反方向退回全部空行程，然后再转到需要的格数，如图1-40所示。但必须注意中滑板刻度的背吃刀量应是工件余量尺寸的1/2。

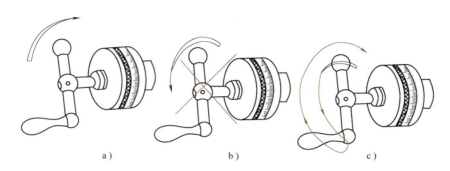

图 1-40　消除刻度盘空行程的方法
a）摇过头　b）错误：直接摇回　c）正确：反转半圈，再摇至所需位置

四、技能训练（台阶轴的车削方法与步骤）

1. 图样分析

台阶轴如图 1-41 所示。毛坯直径为 $\phi 45$mm，需要车出 $\phi 32_{-0.039}^{0}$ mm ×（20±0.2）mm 外圆，表面粗糙度值为 $Ra3.2\mu m$；$\phi 40_{-0.039}^{0}$ mm ×35mm 外圆，表面粗糙度值为 $Ra3.2\mu m$；台阶轴右端面表面粗糙度值为 $Ra3.2\mu m$，其余加工面表面粗糙度值为 $Ra6.3\mu m$。

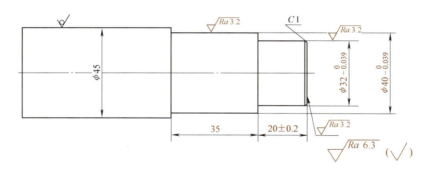

图 1-41　台阶轴

2. 准备工作

（1）装刀对中　将硬质合金车刀装在刀架上，并对准工件旋转中心。

（2）装夹工件　用自定心卡盘装夹工件外圆并进行找正，毛坯伸出长度为 60mm。

（3）选择主轴转速　若切削速度 v_c = 70m/min，则主轴转速 $n = 1000v_c/(\pi d) = 1000 \times 70/(3.14 \times 45)$ r/min ≈ 495r/min。

主轴计算转速与机床转速表 530r/min 接近，通过转换手柄调整主轴转速到 530r/min。

（4）选择进给量　f 取 0.10～0.18mm/r（实际工作时，可查车工手册确定 f）。

3. 车端面

1）起动车床，将车刀刀尖靠近工件端面并沿轴向切入，如图 1-42 所示，均匀转动中滑板手柄，横向进给车削端面。

2）当车到中心时，停止进给，不能留凸台。表面粗糙度值为 $Ra3.2\mu m$。

4. 粗车 $\phi 40\text{mm} \times (20\text{mm} + 35\text{mm})$ 外圆

1) 选择主轴转速。若切削速度 $v_c = 50\text{m/min}$，则主轴转速 $n = 1000v_c/(\pi d) = 1000 \times 50/(3.14 \times 45)$ r/min ≈ 354r/min，通过转换手柄调整主轴转速为 360r/min。

2) 选择进给量。f 取 $0.10 \sim 0.18$mm/r。

3) 用粗车刀车 $\phi 45$mm 外圆，第一刀车至 $\phi 42$mm，长度至刻线处；第二刀车至 $\phi 40.5$mm，留精车余量 0.5mm。

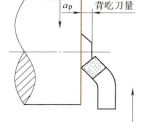

图 1-42 由外向里车端面

5. 精车 $\phi 40\text{mm} \times 55\text{mm}$ 外圆

1) 选择主轴转速。若切削速度 $v_c = 70\text{m/min}$，则主轴转速 $n = 1000v_c/(\pi d) = 1000 \times 70/(3.14 \times 40)$ r/min ≈ 557r/min，通过转换手柄将主轴转速调整到 530r/min。

2) 选择进给量。f 取 $0.06 \sim 0.10$mm/r。

3) 用精车刀车 $\phi 40\text{mm} \times 55\text{mm}$ 外圆至尺寸，用千分尺和游标卡尺测量尺寸，精车时加注切削液。目测或用表面粗糙度样块检测表面粗糙度值为 $Ra3.2\mu\text{m}$。

6. 粗车 $\phi 32\text{mm} \times 20\text{mm}$ 外圆

1) 选择主轴转速。主轴转速 $n = 1000v_c/(\pi d) = 1000 \times 50/(3.14 \times 32)$ r/min ≈ 498r/min，通过转换手柄调整主轴转速到 530r/min。

2) 选择进给量。f 取 $0.1 \sim 0.18$mm/r。

3) 在 $\phi 40$mm 外圆上从右至左长度为 20mm 处用车刀刻线。

4) 粗车 $\phi 32$mm 外圆，第一刀车至 $\phi 35$mm，长度至刻线处；第二刀车至 $\phi 32.5$mm，留精车余量 0.5mm。

7. 精车 $\phi 32\text{mm} \times 20\text{mm}$ 外圆

1) 选择主轴转速。主轴转速取 $n = 530$r/min，通过转换手柄调整主轴转速到 530r/min。

2) 选择进给量。f 取 $0.06 \sim 0.10$mm/r。

3) 用精车刀精车 $\phi 32\text{mm} \times 20\text{mm}$ 外圆至尺寸。精车时加注切削液。用千分尺和游标卡尺测量尺寸，表面粗糙度值为 $Ra3.2\mu\text{m}$。

8. 倒角 $C1$

1) 用外圆车刀倒角，使切削刃与外圆轴线成 $45°$。

2) 移动床鞍至工件外圆与平面相交处，倒角 $C1$。

9. 检测工件

检测工件质量合格后卸下工件。

五、注意事项

1) 台阶平面和外圆相交处要清角，防止产生凹坑和出现小台阶。

2) 台阶平面出现凹凸，其原因可能是车刀没有从里到外横向切削或装夹后车刀主偏角小于 $90°$，或是刀架、车刀、滑板等发生了移位。

3) 多台阶工件的长度测量应从一个基准面量起，防止累积误差。

4) 为了保证工件质量，调头装夹时要求垫铜皮，并找正。

六、实训成绩评定

车削台阶轴实训成绩评定见表1-8。

表1-8 车削台阶轴实训成绩评定表

序号	检测项目	配分	评分标准	检测结果	得分
1	尺寸 $\phi40_{-0.039}^{0}$ mm	30	每超差0.01mm扣5分		
2	表面粗糙度值 $Ra3.2\mu m$	10	超差一级扣5分		
3	尺寸 $\phi32_{-0.039}^{0}$ mm	30	每超差0.01mm扣5分		
4	表面粗糙度值 $Ra3.2\mu m$	10	超差一级扣5分		
5	长度尺寸35mm	2	超差1mm不得分		
6	长度尺寸20mm±0.2mm	8	超差0.05mm不得分		
7	倒角C1	2	不符合要求不得分		
8	端面表面粗糙度值 $Ra3.2\mu m$	4	超差1级扣2分		
9	台阶平面与轴线是否垂直及是否清角	4	一处台阶不合格扣2分		
10	安全文明生产		酌情扣分		
	总分				

任务二 用两顶尖装夹车削轴类工件

一、实训教学目标与要求

1)了解顶尖的种类、作用及其优缺点。
2)掌握转动小滑板车前顶尖的方法。
3)掌握鸡心夹头、对分夹头的使用方法。
4)掌握用两顶尖装夹车削轴类工件的方法。

二、基础知识

1. 顶尖

顶尖分前顶尖和后顶尖两类。

顶尖的作用是定中心,同时承受工件的重量及切削力。

(1)前顶尖 装入主轴锥孔内或装在卡盘上的顶尖。前顶尖有两种类型,一种是装入主轴锥孔内的前顶尖,如图1-43a所示,这种顶尖装夹牢靠,适宜于批量生产;另一种是夹在卡盘上的前顶尖,如图1-43b所示,它用一般钢材车出一个台阶面与卡爪平面贴平夹紧,一端车出60°锥面即可作为

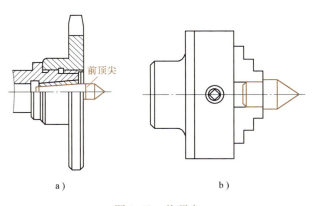

图1-43 前顶尖
a)装入主轴锥孔内的前顶尖 b)夹在卡盘上的前顶尖

顶尖,这种顶尖的优点是制造装夹方便,定心准确,缺点是顶尖硬度不够,容易磨损,易发生移位,只适宜小批量生产。

(2) 后顶尖　插入尾座套筒锥孔中的顶尖,称为后顶尖。后顶尖有固定顶尖和回转顶尖两种。

1) 固定顶尖。其优点是定心正确、刚性好,切削时不易产生振动;缺点是中心孔与顶尖之间是滑动摩擦,易发生高热,烧坏中心孔或顶尖(图 1-44a),一般适宜于低速精切削。硬质合金固定顶尖如图 1-44b 所示。这种顶尖在高速旋转下不易损坏,但摩擦产生的高热会使工件产生热变形。

2) 回转顶尖。为了避免顶尖与工件之间的摩擦,一般都采用回转顶尖支顶,如图 1-44c 所示。其优点是转速高,摩擦小;缺点是定心精度和刚性稍差。

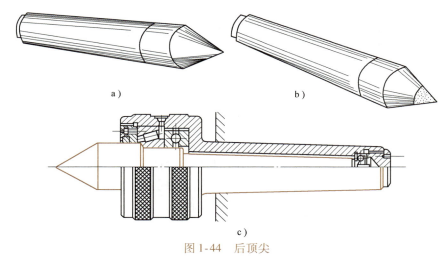

图 1-44　后顶尖

2. 鸡心夹头、对分夹头的使用

两顶尖对工件只起定心和支承作用,必须通过对分夹头(图 1-45a)或鸡心夹头(图 1-45b)上的拨杆来带动工件旋转。用鸡心夹头或对分夹头夹紧工件一端,拨杆伸出工件端面外(图 1-45c)。

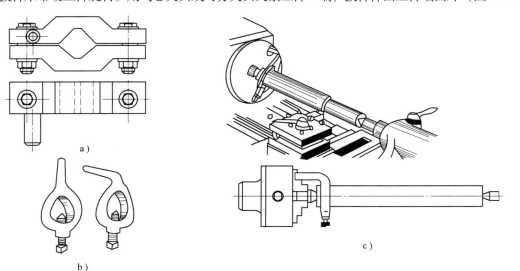

图 1-45　用鸡心夹头装夹工件

三、技能训练

车削轴类工件的方法与步骤如下。

1. 准备工作

1）分析工件形状和技术要求（图1-46）。

2）选择硬质合金车刀，并按要求刃磨好。

3）将精、粗车刀安装在刀架上，并对准工件中心。

4）用自定心卡盘装夹工件外圆并找正，伸出长度为50mm。

5）将A型2.5mm中心钻装入钻夹头内并紧固，然后将锥柄擦净，用力推入尾座套筒内。

2. 车端面

车平端面，不许留凸头，表面粗糙度值为 $Ra3.2\mu m$。

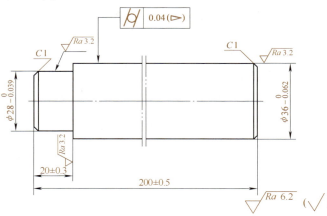

图1-46 轴类工件

3. 钻中心孔

1）调整尾座与工件同轴，并移动尾座调整其与工件的距离，然后锁紧尾座。

2）选择主轴转速 $n=530r/min$。转动尾座手轮，向前移动尾座套筒，当中心钻钻入工件端面时，速度要减慢，并保持均匀，及时加注切削液。

3）钻出A型 $\phi2.5mm$ 中心孔，表面粗糙度值为 $Ra3.2\mu m$。

4. 调头车端面及钻中心孔

方法同上。

5. 装夹车削前顶尖

1）在自定心卡盘上装夹前顶尖。

2）沿逆时针方向将小滑板转动30°，手动进给车削出前顶尖。主轴转速 $n=360r/min$，表面粗糙度值为 $Ra1.6\mu m$。

6. 装夹后顶尖并调整

1）先擦净顶尖锥柄和尾座锥孔，然后用力把顶尖推入尾座套筒内装紧。

2）向前顶尖方向移动尾座，调整尾座使两顶尖同轴，固定尾座。

7. 装夹工件

1）用对分夹头或鸡心夹头夹紧工件一端，拨杆伸出工件端面外，如图1-45c所示。

2）根据工件长度调整尾座距离并紧固，顶尖套从尾座伸出部分长度，尽量要短。

3）将有对分夹头的一端中心孔放置在前顶尖上，另一端用后顶尖支顶（注意防止对分夹头的拨杆与卡盘平面碰撞而破坏顶尖的定心作用）。两顶尖支顶工件的松紧程度以没有轴向窜动为宜。如果太松，车削时易发生振动；太紧，工件会变形，还可能烧坏顶尖或中心孔。

4）后顶尖若用固定顶尖支顶，应加润滑油，然后将尾座套筒紧固。

8. 粗车 $\phi36mm$ 外圆并检测圆柱度

1）确定主轴转速 $n=360r/min$，将主轴转速手柄扳至360r/min。

2）进给量取 $f=0.10\sim0.18$mm/r。

3）粗车外圆，测量两端工件直径来调整尾座的横向偏移量。若工件右端直径大，左端直径小，尾座向操作者方向移动。调整时，把百分表固定在刀架上，松开尾座，使百分表测头与尾座套筒接触，测量垂直套筒表面，调整百分表零位，然后偏移尾座，当百分表指针转动至读数为工件两端直径差的 1/2 时，将尾座固定即可。若工件右端直径小，左端直径大，尾座背向操作方向移动。

9. 精车 ϕ36mm 外圆

1）确定主轴转速，取 $n=530$r/min。

2）确定进给量，取 $f=0.06\sim0.10$mm/r。

3）精车 $\phi 36_{-0.062}^{0}$mm×182mm 外圆至尺寸，表面粗糙度值为 $Ra3.2\mu$m，并加注切削液。

4）用千分尺和游标卡尺测量。

10. 端面倒角 C1

过程略。

11. 调头装夹工件

1）松开顶尖，卸下工件、对分夹头并装于另一端。

2）重新把工件装于两顶尖之间，后顶尖加入润滑油，并调整好顶尖与中心孔的松紧。

12. 粗车 ϕ28mm 外圆

1）确定主轴转速，取 $n=360$r/min。

2）确定进给量，取 $f=0.10\sim0.18$mm/r。

3）粗车 ϕ28mm 外圆至 ϕ28.5mm×20mm，表面粗糙度值为 $Ra3.2\mu$m，并加注切削液。

13. 精车 ϕ28mm 外圆

1）由主轴转速公式：$n=1000v_c/(\pi d)$，取 $n=530$r/min。

2）确定进给量，取 $f=0.06\sim0.10$mm/r。

3）精车 $\phi 28_{-0.039}^{0}$mm×20mm 外圆至尺寸，表面糙粗度值为 $Ra3.2\mu$m，并加注切削液。

4）用千分尺和游标卡尺测量。

14. 倒角 C1

过程略。

15. 检测

工件质量合格后卸下工件。

四、质量问题分析与注意事项

1）切削前，床鞍应左右移动全行程，观察床鞍有无碰撞现象。

2）注意防止对分夹头的拨杆与卡盘碰撞而破坏顶尖的定心精度。

3）防止固定顶尖支顶太紧，否则工件易发热、变形，还会烧坏顶尖和中心孔。

4）顶尖支顶太松，工件会产生轴向窜动和径向跳动，切削时易振动，会造成工件圆度、同轴度误差超差等。

5）注意观察前顶尖是否发生移位，防止与工件不同轴而造成废品。

6）工件在顶尖上装夹时，应保持中心孔的清洁和防止碰伤。

7）切削时，必须校正尾座同轴度，否则尾座与主轴不同轴，车削出的工件会产生锥度。

8）在切削过程中，要随时注意工件在两顶尖间的松紧程度，并及时加以调整。

9）为了增加切削时的刚性，尾座套筒尽量伸出得短一点。
10）鸡心夹头或对分夹头必须牢靠地夹住工件，防止切削时移动、打滑、损坏车刀。

五、实训成绩评定

车削轴类工件实训成绩评定见表 1-9。

表 1-9　车削轴类工件实训成绩评定表

序　号	检测项目	配　分	评分标准	检测结果	得　分
1	尺寸 $\phi 36_{-0.062}^{\ 0}$ mm	24	每超差 0.01mm 扣 4 分		
2	表面粗糙度值为 $Ra3.2\mu m$	10	超差一级扣 5 分		
3	圆柱度误差（≤0.04mm）	20	每超差 0.01mm 扣 10 分		
4	尺寸 $\phi 28_{-0.039}^{\ 0}$ mm	16	每超差 0.01mm 扣 8 分		
5	表面粗糙度值为 $Ra3.2\mu m$	10	超差一级扣 5 分		
6	尺寸 20mm±0.3mm	6	每超差 0.1mm 扣 2 分		
7	倒角 C1	2	不符合要求不得分		
8	尺寸 200mm±0.5mm	4	超差 0.1mm 扣 1 分		
9	台阶平面与轴心线是否垂直及是否清角	4	一处台阶不合格扣 2 分		
10	中心孔	4	一个孔不合格扣 2 分		
11	安全文明生产		酌情扣分		
	总分				

任务三　一夹一顶装夹车削轴类工件

一、实训教学目标与要求

1）了解一夹一顶装夹车削轴类工件的特点。
2）掌握一夹一顶装夹车削轴类工件的方法。

二、基础知识

1）一夹一顶指的是一端用卡盘夹紧工件，另一端用后顶尖顶住的装夹方法，如图 1-22 所示。
2）定位。一端用外圆表面定位，另一端用中心孔定位。为了防止工件轴向窜动，通常在卡盘内装一个轴向限位支承，如图 1-22a 所示，或在工件的被夹部位车出 15~20mm 的台阶，作为轴向限位支承，如图 1-22b 所示。
3）适用范围及特点。
① 可加工较重工件。为了保证装夹的稳定性，通常选用一端夹住，一端支顶。
② 能承受较大的轴向切削力，安全、可靠。
③ 对位置精度有要求的工件，调头车削时，必须重新找正。

三、技能训练（车削台阶轴的方法与步骤）

毛坯直径为 $\phi 35$mm，材料为 45 钢，调质。

1. 准备工作

1）分析图1-47所示台阶轴的形状和技术要求。

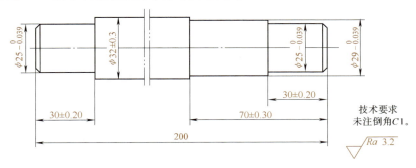

图1-47　台阶轴

2）将硬质合金车刀装夹在刀架上，并对准工件中心。

3）选择主轴转速，取 $n=360\text{r/min}$；进给量 f 取 $0.1\sim0.18\text{mm/r}$。

2. 工件装夹

1）向左移动尾座，调整顶尖与卡盘的距离。

2）用自定心卡盘夹持工件 $\phi25\text{mm}$ 一端，长度约为10mm，同时转动尾座手柄，使后顶尖顶上工件的中心孔，然后夹紧工件。左右移动床鞍，观察有无碰撞现象，然后紧固尾座。

3）若后顶尖为固定顶尖，应先在中心孔处涂凡士林（黄油）滑润。调整后顶尖以刚好接触中心孔为宜，然后将尾座套筒的紧固螺钉拧紧。

3. 粗车 $\phi32\text{mm}$ 外圆并找正

1）粗车 $\phi32\text{mm}$ 外圆，用千分尺检查左右两端直径大小是否一致，若有锥度，应调整尾座横向移动量。调整方法与两顶尖装夹车削轴类工件时相同。

2）粗车 $\phi32\text{mm}$ 外圆至 $\phi32.5\text{mm}\times175\text{mm}$。

4. 粗车 $\phi29\text{mm}$ 外圆

1）在 $\phi32\text{mm}$ 外圆上刻线，长度为70mm。

2）粗车 $\phi29\text{mm}$ 外圆至 $\phi29.5\text{mm}\times70\text{mm}$。

5. 粗车 $\phi25\text{mm}$ 外圆

1）在 $\phi29\text{mm}$ 外圆上刻线，长度为30mm。

2）粗车 $\phi25\text{mm}$ 外圆至 $\phi25.5\text{mm}\times30\text{mm}$。

6. 精车 $\phi32\text{mm}$ 外圆

1）确定主轴转速，取 $n=530\text{r/min}$；进给量 f 取 $0.06\sim0.1\text{mm/r}$。

2）精车 $\phi32\text{mm}\times105\text{mm}$ 外圆至尺寸，并加注切削液。用千分尺和游标卡尺测量尺寸，表面粗糙度值为 $Ra3.2\mu\text{m}$。

7. 精车 $\phi29\text{mm}$ 外圆

1）精车 $\phi29_{-0.039}^{0}\text{mm}\times40\text{mm}$ 外圆至尺寸，车削时加注切削液。

2）用千分尺和游标卡尺测量，表面粗糙度值为 $Ra3.2\mu\text{m}$。

8. 精车 $\phi25\text{mm}$ 外圆

1）精车 $\phi25_{-0.039}^{0}\text{mm}\times30\text{mm}$ 外圆至尺寸，车削时加注切削液。

2）用千分尺和游标卡尺测量，表面粗糙度值为 $Ra3.2\mu\text{m}$。

9. 端面倒角 C1

10. 调头装夹工件

1）松开卡盘，退出后顶尖，卸下工件。调头装夹另一端，长度为 10mm 左右。

2）重新顶上后顶尖，并加润滑油。

11. 粗车 ϕ25mm 外圆

1）确定主轴转速，取 n = 530r/min；进给量 f 取 0.10～0.18mm/r。

2）在 ϕ32mm 外圆上刻线，长度为 30mm；粗车 ϕ25mm 外圆至 ϕ25.5mm×30mm。

12. 精车 ϕ25mm 外圆

1）确定主轴转速，取 n = 750r/min；进给量 f 取 0.06～0.10mm/r。

2）精车 $\phi25_{-0.039}^{0}$mm×30mm 外圆至尺寸，并加注切削液。

3）用千分尺和游标卡尺测量尺寸，表面粗糙度值为 Ra3.2μm。

13. 端面倒角 C1

过程略。

14. 检测

工件质量合格后卸下工件。

四、质量分析与注意事项

1）一夹一顶装夹车削工件，要求使用轴向定位支承。若没有轴向定位支承，在轴向切削力的作用下，后顶尖的支顶易产生松动，应及时调整，以防发生事故。

2）顶尖支顶不能过松或过紧。过松，工件会产生振动、外圆变形；过紧，易产生摩擦，烧坏固定顶尖和工件中心孔。

3）粗车台阶轴时，台阶长度余量一般只需留在右端第一个台阶上。

4）台阶处应保持垂直、清角，并防止产生凹坑、小台阶。

五、实训成绩评定

车削台阶轴实训成绩评定见表 1-10。

表 1-10　车削台阶轴实训成绩评定表

序　号	检测项目	配　分	评分标准	检测结果	得　分
1	尺寸 $\phi29_{-0.039}^{0}$mm	15	每超差 0.01mm 扣 5 分		
2	表面粗糙度值 Ra3.2μm	10	超差一级扣 4 分		
3	尺寸 $\phi25_{-0.039}^{0}$mm（两处）	30	每超差 0.01mm 扣 8 分		
4	表面粗糙度值 Ra3.2μm（两处）	20	超差一级扣 5 分		
5	尺寸 ϕ32mm±0.3mm	5	超差不得分		
6	表面粗糙度值 Ra3.2μm	5	超差不得分		
7	尺寸 70mm±0.30mm	5	超差不得分		
8	尺寸 30mm±0.20mm（两处）	6	一处超差扣 3 分		
9	倒角 C1（两处）	2	一处不合格扣 1 分		
10	台阶平面与轴线垂直及清角	2	一处不合格扣 1 分		
11	安全文明生产		酌情扣分		
	总分				

任务四　车槽和切断

一、实训教学目标与要求

1）了解切断刀和车槽刀的组成部分及角度要求。
2）掌握切断刀、车槽刀的刃磨方法；掌握车沟槽、切断的方法。

二、车槽刀和切断刀

车槽刀和切断刀的几何形状基本相似，刃磨方法也基本相同，只是刀头部分的宽度和长度有区别，有时也通用。

1. 高速钢切断刀和车槽刀的几何角度（图1-48）

前角 $\gamma_o = 5° \sim 20°$；主后角 $\alpha_o = 6° \sim 8°$；主偏角 $\kappa_r = 90°$；两个副后角 $\alpha'_o = 1° \sim 2°$；两个副偏角 $\kappa'_r = 1° \sim 1.5°$。

2. 高速钢切断刀和车槽刀刀头宽度和长度的选择

1）切断刀刀头宽度的计算公式为

$$a \approx (0.5 \sim 0.6)\sqrt{d}$$

式中　a——主切削刃宽度（mm）；
　　　d——被切断工件直径（mm）。

2）车槽刀的主切削刃宽度根据需要确定，例如当车狭窄的外槽时，刀头宽度应等于槽宽。

3）刀头部分的长度 L 的计算公式为

$$L = h + 2 \sim 3$$

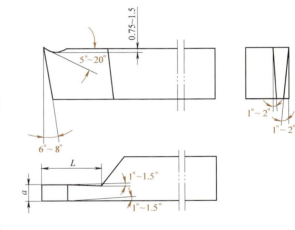

图1-48　高速钢切断刀

式中　h——切入深度（mm），如图1-49所示，切断实心工件时，切入深度等于工件半径。

3. 切断刀和车槽刀的刃磨方法

（1）刃磨左侧副后刀面　两手握刀，前刀面向上（图1-50a），磨出左侧副后角和副偏角及刀头长度，以磨出左侧副切削刃为宜，刀头的宽度在刃磨右侧时磨出。

（2）刃磨右侧副后刀面　两手握刀，前刀面向上（图1-50b），同时磨出右侧副后角和副偏角及刀头长度，控制刀头宽度。

（3）刃磨主后刀面　两手握刀，前刀面向上（图1-50c），同时磨出主后角。

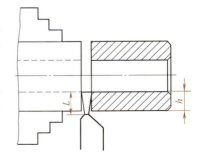

图1-49　切断刀的刀头长度

（4）刃磨前刀面　使车刀前刀面对着砂轮，磨削表面（图1-50d），同时磨出前角。

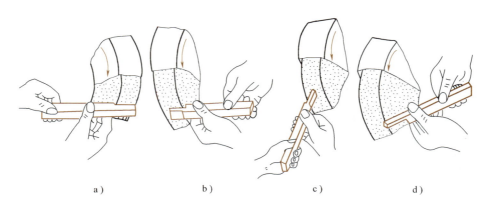

图 1-50 切断刀的刃磨方法和步骤

a）磨左侧副后刀面　b）磨右侧副后刀面　c）磨主后刀面　d）磨前刀面

三、技能训练（刃磨切断刀的步骤和方法）

1. 准备工作

1）了解刃磨切断刀的形状、尺寸和技术要求，如图 1-48 所示。

2）检查砂轮无问题后，戴防护眼镜准备操作；接通开关，待砂轮转速正常开始刃磨。

2. 粗磨两侧副后刀面

1）粗磨左侧副后刀面，同时刃磨出副后角 $\alpha'_o = 1° \sim 2°$ 和副偏角 $\kappa'_r = 1° \sim 1.5°$，刀头长度为 15~20mm，刚好磨出副偏角时结束。

2）粗磨右侧副后刀面，同时刃磨出副后角 $\alpha'_o = 1° \sim 2°$ 和副偏角 $\kappa'_r = 1° \sim 1.5°$，刀头宽度为 3~4mm，留精磨余量，刀头长度为 15~20mm。

3. 粗磨主后刀面

刃磨主后刀面时，同时磨出后角 $\alpha_o = 6° \sim 8°$ 和主偏角 $\kappa_r = 90°$。为了减弱切断时产生的振动，后角还可取得小些。

4. 粗磨前刀面

车刀横放，轻轻地接触到砂轮面，刃磨前刀面，同时磨出断屑槽和前角 γ_o（5°~20°）。断屑槽不宜太深，一般取 0.75~1.5mm。刃磨时要经常蘸水冷却，防止过热使切削刃退火。

5. 精磨两副后刀面

精磨两副后刀面时，要保证两副后角和两副偏角对称相等，刀头宽度为 3~4mm。

6. 精磨主后刀面

精磨主后刀面时，要保证后角角度正确，并使切削刃平直、锋利。

7. 精磨前刀面

在细砂轮上精磨，要求刀面光洁平整，保证前角大小。

8. 修磨刀尖

两刀尖应磨出 0.1~0.2mm 的直线过渡或圆弧过渡。

四、注意事项

1）切断刀的断屑槽不宜磨得过深（图 1-51a），以免刀头强度降低，也不能磨成台阶

（图1-51b），否则切削不顺利，排屑困难，切削负荷太大，刀头易折断。

2) 刃磨切断刀和车槽刀的两侧副后刀面时，应以车刀的底面为基准，用钢直尺或直角尺检查（图1-52a）。图1-52b所示为副后角一侧有负值，切断时要与工件侧面摩擦。图1-52c所示为两侧副后角的角度太大，刀头强度降低，切削时容易折断。

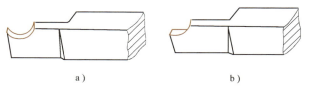

图1-51 磨出错误的断屑槽
a）断屑槽太深 b）断屑槽成台阶

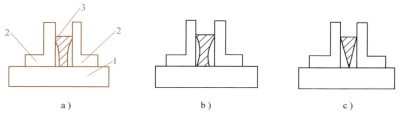

图1-52 用直角尺检查切断刀的副后角
a）正确 b）、c）错误
1—平板 2—直角尺 3—切断刀

3) 刃磨切断刀和车槽刀的副偏角时，有几种错误角度。图1-53a所示为副偏角太大，刀头强度降低，容易折断。图1-53b、c所示为副偏角为负值，车削时副切削刃参加切削，增大切削负荷，工件侧面或槽侧面不平整。车刀左侧面磨去太多（图1-53d），切削时易碰到工件右台阶。通常左侧副后面磨出即可，刀头宽度的余量应在磨车刀右侧时磨去。

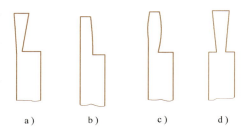

图1-53 切断刀副偏角的错误磨法

4) 刃磨高速钢车刀时，应随时冷却，以防退火。刃磨硬质合金车刀时，当刀具过热时不能在水中冷却，以防刀片碎裂。

5) 刃磨硬质合金车刀时，不能用力过猛，以防刀片烧结处产生高热脱焊，使刀片脱落。

6) 主切削刃应平直，两侧副切削刃应对称且平直。

五、实训成绩评定

刃磨切断刀实训成绩评定见表1-11。

表1-11 刃磨切断刀实训成绩评定表

序 号	检测项目	配 分	评分标准	检测结果	得 分
1	两个 α_o' 是否相等、对称	10	一个超差扣5分		
2	两个 κ_r' 是否相等、对称	10	一个超差扣5分		
3	主切削刃平直	5	超差扣5分		
4	α_o（6°~8°）	10	超差1°扣5分		

(续)

序号	检测项目	配分	评分标准	检测结果	得分
5	两个 α'_o (1°~2°)	20	一个超差扣10分		
6	两个 κ'_r (1°~1.5°)	20	一个超差扣10分		
7	γ_o (5°~20°)	10	超差1°扣5分		
8	刀头宽度 a	5	超差不得分		
9	刀头长度 L	5	超差不得分		
10	刀面表面粗糙度值 $Ra0.8\mu m$	5	超差不得分		
11	安全文明生产		酌情扣分		
	总分				

六、车槽和切断

（一）车沟槽的方法

1. 车轴肩槽

可以用刀头宽度等于槽宽的车槽刀沿着轴肩采用直进法一次进给车出，如图1-54a所示。

2. 车非轴肩槽

车非轴肩槽时，需要确定沟槽的位置，确定的方法有两种：一种是用钢直尺测量槽的位置，车刀纵向移动，根据尺寸要求使左侧或右侧的刀头与所需长度对齐；另一种方法是利用床鞍或小滑板的刻度盘控制车槽的正确位置。其车削方法与车轴肩槽基本相同。车内槽如图1-54b所示，车端面槽如图1-54c所示。

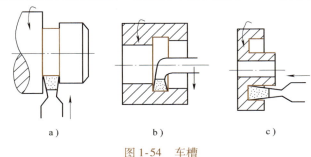

图1-54 车槽
a) 车轴肩槽　b) 车内槽　c) 车端面槽

3. 车削较宽的矩形沟槽

首先确定沟槽的正确位置，常用的方法有刻线法和钢直尺测量法。沟槽位置确定后，可以采用多次直进法切削（图1-55），分粗、精车将沟槽车至尺寸。粗车时，在槽的两侧面和槽底各留出0.5mm的精车余量。精车时，应先车沟槽的位置尺寸，然后再车槽宽尺寸，直至符合要求。车最后一刀的同时应在槽底纵向进给一次，将槽底车平整。

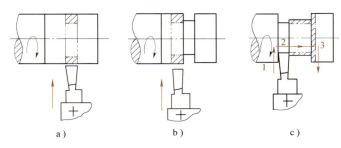

图1-55 车宽槽的方法
a) 第一次横向进给　b) 第二次横向进给　c) 最后一次进给

（二）矩形槽的检查和测量

精度要求低的沟槽，一般采用钢直尺和卡钳测量；精度要求较高的沟槽，可用千分尺、样板、塞规和游标卡尺等检测，如图 1-56 所示。

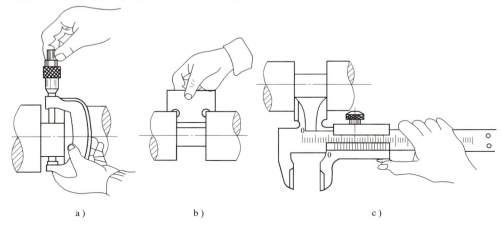

图 1-56　测量较高精度沟槽的几种方法

a）用千分尺测量沟槽直径　b）用样板测量沟槽宽度　c）用游标卡尺测量沟槽宽度

（三）切断方法

1. 用直进法切断工件

直进法是指垂直于工件轴线方向进给切断（图 1-57a）。这种方法切断效率高，但对车床、切断刀的刃磨、装夹都有较高的要求，否则容易造成刀头折断。

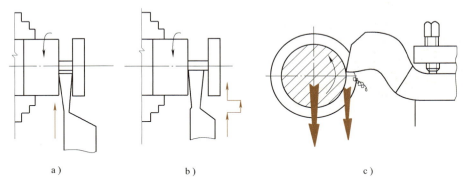

图 1-57　切断工件的方法

a）直进法　b）左右借刀法　c）反切法

2. 左右借刀法切断工件

在刀具、工件、车床刚性等不足的情况下，可采用左右借刀法切断工件，如图 1-57b 所示。这种方法是指切断刀在轴线方向做反复往返移动，随之沿两侧径向进给，直至工件切断。

3. 反切法切断工件

反切法是指工件反转，车刀反向装夹，如图 1-57c 所示。这种切断方法适用于较大直径的工件切断。其优点是作用在工件上的切削力与主轴重力方向一致（向下），因此主轴不容易产生上下跳动，切断工件时比较平稳，而且切屑向下排出，不会堵塞在切屑槽中，排屑顺利。

注意：在采用反切法时，卡盘与主轴的连接部分必须有保险装置，否则卡盘会因倒车而脱离主轴，引发事故。

（四）车削矩形槽的实训步骤

1. 准备工作

1）了解图 1-58 所示工件的形状及技术要求。

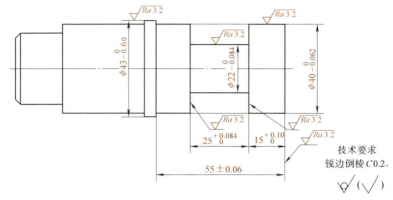

图 1-58　宽沟槽工件

2）将磨好的外圆粗、精车刀和车槽刀安装在刀架上，调整并对准中心。

3）确定主轴转速。根据 $n = 1000v_c/(\pi d)$，若取 $v_c = 50\text{m/min}$，则 $n = 1000 \times 50/(3.14 \times 43)$ r/min ≈ 370r/min，实取 360r/min。

4）进给量 f 取 0.2~0.4mm/r。

2. 车端面

车平端面，不许留凸头，表面粗糙度值为 $Ra3.2\mu m$。

3. 钻中心孔

1）选择较高的主轴转速钻中心孔，取 $n = 530\text{r/min}$。

2）钻 A 型中心孔，表面粗糙度值为 $Ra1.6\mu m$。

4. 装夹工件

一夹一顶装夹工件，用自定心卡盘装夹 $\phi 40$mm 外圆，长度为 10mm 左右，另一端用后顶尖支承。

5. 粗车 $\phi 43$mm 外圆

1）确定主轴转速，实取 $n = 360\text{r/min}$；进给量 f 取 0.2~0.4mm/r。

2）粗车 $\phi 43$mm 外圆至 $\phi 43.5$mm，并调整尾座轴线与工件轴线的同轴度。

6. 粗车 $\phi 40$mm 外圆

1）在 $\phi 43$mm 外圆上刻线，长度为 53.5mm。

2）粗车 $\phi 40$mm 外圆至尺寸 $\phi 40.5$mm，长度至刻线处。

7. 精车 $\phi 43$mm 外圆

1）确定主轴转速，取 $v_c = 80\text{m/min}$，则 $n = 1000 \times 80/(3.14 \times 43)$ r/min ≈ 593r/min。实取 530r/min；进给量 f 取 0.08~0.2mm/r。

2）精车 $\phi 43$mm 外圆至尺寸，用千分尺测量，表面粗糙度值为 $Ra3.2\mu m$。

8. 精车 $\phi 40$mm 外圆

1) 精车 $\phi 40_{-0.062}^{0}$mm 外圆至尺寸,用千分尺测量。

2) 长度车至台阶时改为手动进给控制尺寸。在 55mm±0.06mm 处用游标卡尺测量。表面粗糙度值为 $Ra3.2\mu$m。

9. 粗车外圆沟槽

1) 确定主轴转速,取 $v_c=40$m/min,则 $n=1000\times40/(3.14\times40)$ r/min≈318r/min。实取 360r/min。

2) 在 $\phi 40$mm 外圆上刻线,左侧长度为 39.5mm,右侧长度为 15.5mm,槽壁两侧均留有精车余量。

3) 采用多次直进法粗车外沟槽,车刀刚接触工件表面时,手动进给要快,可减少振动。沟槽底径车至 $\phi 22.5$mm,两侧车至刻线。

10. 精车外圆沟槽两侧

1) 确定主轴转速,取切削速度 $v_c=50$m/min,则 $n=1000\times50/(3.14\times40)$ r/min≈398r/min;实取 360r/min。

2) 精车沟槽右侧,控制端面与沟槽右侧面的距离为 $15_{0}^{+0.10}$mm,可用小滑板刻度盘刻度进行控制,用游标卡尺测量。

3) 精车沟槽左侧,控制沟槽宽度 $25_{0}^{+0.084}$mm 至尺寸,表面粗糙度值为 $Ra3.2\mu$m。用游标卡尺或样板测量尺寸,如图 1-56 所示。

11. 精车外圆沟槽底面

1) 确定主轴转速,取 $n=530$r/min。

2) 进给量 f 取 $0.1\sim0.2$mm/r。

3) 车槽刀主切削刃与外圆表面平行,即旋转刀架时应以外圆表面对刀,保证车出的槽底圆柱面不产生锥度。

4) 精车槽底 $\phi 22_{-0.084}^{0}$mm 至尺寸,用千分尺测量。表面粗糙度值为 $Ra3.2\mu$m。

12. 锐边倒棱 $C0.2$

过程略。

13. 检测

工件质量合格后卸下工件。

(五)质量分析与注意事项

1) 车槽刀主切削刃与工件轴线必须平行,否则车出的沟槽槽底一侧直径大,另一侧直径小,呈竹节形。

2) 车刀后角刃磨不能过大,切削刃保持锋利,合理选择切削用量,调整好主轴间隙,提高工艺系统的支承刚性,以免在切削时产生振动,槽底表面产生振纹。

3) 车刀切削刃磨钝产生让刀、车刀几何角度刃磨不正确或车刀装夹歪斜,都会出现内槽窄外口宽的喇叭形,且表面粗糙。

4) 切断实心工件时,切断刀的主切削刃必须严格对准工件旋转中心,刀头中心线应与主轴轴线垂直,以防切断刀折断。

5) 为了增加切断刀的刚性,刀杆不宜伸出过长,以防振动。

6) 切断刀要刃磨正确,保持切削刃锋利,以免产生让刀,造成工件表面凹凸不平。

7）切断前要调整好主轴间隙和床鞍、中滑板、小滑板的松紧，以免切断时产生振动或"扎刀"。

8）工件装夹要牢固，且切削处应尽可能靠近卡盘，以免刚性不足引起振动。

9）用高速钢车刀切断工件时，应浇注切削液，延长切断刀寿命。使用硬质合金车刀切断工件时，中途不准停车，否则切削刃容易损坏。

10）采用一夹一顶或两顶尖装夹工件时，不能直接把工件切断，以防止切断时工件飞出伤人。

11）用左右借刀法切断工件时，借刀要均匀，以免在工件的左侧处车出台阶或留下凸头。

（六）实训成绩评定

车削宽沟槽工件实训成绩评定见表1-12。

表1-12 车削宽沟槽工件实训成绩评定表

序号	检测项目	配分	评分标准	检测结果	得分
1	尺寸 $\phi 43_{-0.60}^{0}$ mm	3	超差不得分		
2	表面粗糙度值 $Ra3.2\mu m$	2	超差不得分		
3	尺寸 $\phi 40_{-0.062}^{0}$ mm	10	每超差0.01mm扣5分		
4	表面粗糙度值 $Ra3.2\mu m$	8	超差一级扣4分		
5	尺寸 $\phi 22_{-0.084}^{0}$ mm	20	每超差0.01mm扣5分		
6	表面粗糙度值 $Ra3.2\mu m$	8	超差一级扣4分		
7	尺寸 $25_{0}^{+0.084}$ mm	20	每超差0.01mm扣5分		
8	表面粗糙度值 $Ra3.2\mu m$	12	一处超差扣6分		
9	尺寸 55mm±0.06mm	5	超差不得分		
10	尺寸 $15_{0}^{+0.10}$ mm	5	超差不得分		
11	倒角C0.2（4处）	4	一处不合格扣1分		
12	端面表面粗糙度值 $Ra3.2\mu m$	3	超差不得分		
13	安全文明生产		酌情扣分		
	总分				

任务五　转动小滑板车削圆锥体

一、实训教学目标与要求

1）掌握小滑板转动角度的方法。

2）掌握转动小滑板车削圆锥体的方法和检验的方法。

二、基础知识

车削短圆锥体时，只要把小滑板按图样要求转动一个圆锥半角，即 $\alpha/2$，使车刀的运动轨迹与所要车削的圆锥素线平行即可。因此，车削前要确定小滑板转动角度的大小和方向。

1. 小滑板转动角度的计算

在图样上一般标注的是锥度，如图1-59所示，没有直接标注出圆锥半角 $\alpha/2$ 的，所以必须经过换算。原则上是把图样上所标注的其他参数或角度,换算成圆锥素线与车床主轴轴线的夹角 α/2（称圆锥半角）,α/2 就是车床小滑板应该转过的角度,如图 1-60 所示。

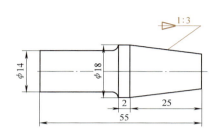

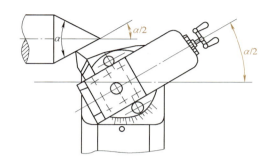

图 1-59　图样上锥度的标注方法　　　　　图 1-60　转动小滑板车削圆锥体

根据被加工零件给定的已知条件,可应用下面的公式进行计算

$$\tan(\alpha/2) = \frac{D-d}{2L} = C/2 \tag{1-4}$$

$$C = \frac{D-d}{L} \tag{1-5}$$

式中　α/2——圆锥半角;
　　　D——圆锥大端直径;
　　　d——圆锥小端直径;
　　　L——圆锥长度;
　　　C——锥度。

应用式（1-4）计算圆锥半角 α/2 必须查三角函数表,比较麻烦,因此在实际应用中当圆锥半角 α/2 较小,为 1°～13°时,可用乘上一个常数的近似方法来计算,即

$$\alpha/2 = 常数 \times \frac{D-d}{L} \tag{1-6}$$

小滑板转动角度为 1°～13°,近似公式中的常数可以从表 1-13 中查得。

当 α/2 < 6°时,可用下面的近似公式计算,即

$$\alpha/2 \approx 28.7° \times \frac{D-d}{L} \tag{1-7}$$

车削常用工具圆锥和专用标准锥度时小滑板转动角度见表 1-14。

表 1-13　小滑板转动角度近似公式常数表

$\frac{D-d}{L}$ 或 C	常　数	备　注
0.10～0.20	28.6°	
0.20～0.29	28.5°	
0.29～0.36	28.4°	本表适用于 α/2 在 8°～13°范围内,α/2 在 6°以下的常数值为 28.7°
0.36～0.40	28.3°	
0.40～0.45	28.2°	

表 1-14　车削常用工具圆锥和专用标准锥度时的小滑板转动角度

名称		锥度 C	小滑板转动角度（α/2）	名称	锥度 C	小滑板转动角度（α/2）
莫氏圆锥	0	1:19.212	1°29′27″	常用专用标准锥度	1:4	7°07′30″
	1	1:20.047	1°25′43″		1:5	5°42′38″
	2	1:20.020	1°25′50″		1:7	4°05′08″
	3	1:19.992	1°26′16″		1:10	2°51′45″
	4	1:19.254	1°29′15″		1:12	2°23′09″
	5	1:19.002	1°30′26″		1:15	1°54′33″
	6	1:19.180	1°29′36″		1:16	1°47′24″
米制圆锥	4	1:20	1°25′56″		1:20	1°25′56″
	6				1:30	0°57′17″
	80				1:50	0°34′28″
	100				1:100	0°17′11″
	120				1:200	0°08′36″
	160				7:24	8°17′50″
	200				7:64	3°07′40″

2. 小滑板转动方向的确定

车削顺锥圆锥体（左端大右端小）时，小滑板应逆时针方向转动；反之，车削倒锥（又称背锥）圆锥体时，小滑板顺时针方向转动。

3. 转动小滑板车削圆锥体的方法

（1）转动小滑板　将小滑板转盘上的螺母松开，把转盘转至所需要的圆锥半角（α/2）的刻度上，然后固定转盘上的螺母（图 1-60）。如果角度不是整数，例如，α/2 = 2°51′，则可先将转盘转到 3°～2°30′之间，然后用试切法逐步找正。

（2）调整小滑板镶条的松紧　如调得过紧，手动进给时费力，移动不均匀；调得过松，则会造成小滑板与其支承滑座导轨副之间的间隙太大。两者均会使车出的锥面表面粗糙度值较大且母线不平直。

（3）确定小滑板行程　其工作行程应大于圆锥加工的长度。将小滑板后退至工作行程的起始点，然后试移动一次，以检查工作行程是否足够。

（4）粗车圆锥体　粗车时应找正圆锥的角度，留精车余量 0.5mm。

（5）精车圆锥体　提高工件转速，双手缓慢均匀地转动小滑板手柄，精车圆锥体至尺寸。

4. 圆锥尺寸的控制方法

（1）控制大端直径尺寸　车削圆锥体时，大端直径可通过用游标卡尺或千分尺测量来控制。

（2）控制小端直径尺寸　当锥度已找正，而小端尺寸还未能达到要求时，需再车削。这时可通过界限套规来控制小端尺寸（图 1-61）。具体方法是：用界限套规与工件锥体配合，量出界限套规台阶中心到工件小端面的距离 a，再用车刀刀尖在工件小端直径处对刀，接着移动小滑板（床鞍不动），使车刀离开工件端面一个 a 的距离，最后移动床鞍使车刀同工件端面接触，这时虽然没有移动中滑板，但车刀已经切入一个需要的深度。接着用移动小滑板法完成最后一刀的切削，或用背吃刀量来控制圆锥小端直径。具体计算方法是

$$a_p = a\tan\frac{\alpha}{2} \quad 或 \quad a_p = \frac{aC}{2} \quad (1\text{-}8)$$

式中 a——界限套规台阶中心到工件小端面的距离（mm）；

$\alpha/2$——工件圆锥半角（°）；

C——锥度；

a_p——背吃刀量（mm）。

(3) 控制圆锥长度尺寸 当零件图标注的是圆锥长度尺寸时，可用游标卡尺或游标深度卡尺测量出圆锥长度 L，然后采用与控制小端直径尺寸相同的方法（即移动床鞍法）进行尺寸控制，也可用式（1-8）计算出背吃刀量来控制圆锥长度，即

$$a_p = aC/2，其中\ a = L - l$$

式中 L——工件圆锥长度（mm）；

l——实际测出的圆锥长度（mm）。

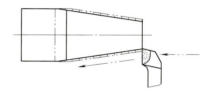

图 1-61 界限套规控制小端直径尺寸

例如，车削锥度 $C = 1:10$ 的圆锥工件，当车削圆锥长度还差 4mm 没有车到位时，车刀背吃刀量为 $a_p = aC/2 = 4 \times (1/10)/2\text{mm} = 0.2\text{mm}$。

5. 圆锥体的检验方法

(1) 用游标万能角度尺检测角度 对于角度零件或精度不高的圆锥表面，可用游标万能角度尺检测。它可以测量 0°～320° 范围内的任何角度。用游标万能角度尺测量工件的方法如图 1-62 所示。测量时，游标万能角度尺的直尺与工件平面（通过工件中心）靠平，基尺与工件圆锥面接触，通过透光的多少来调整小滑板的角度，反复多次直至测得尺寸为止。

(2) 用圆锥套规检测锥度 对于配合精度要求较高的锥度零件，在工厂中一般采用涂色检验法（用圆锥套规检测），以接触面积的大小来评定锥度精度，如图 1-63 所示。

具体检验方法是：在工件表面上顺着素线，相隔约 120° 薄而均匀地涂上三条显示剂，然后把套规轻轻套在工件上转动少半圈（转动多了会造成误判），取下套规观察工件锥面上显示剂的擦去情况。如果显示剂擦去均匀，说明圆锥接触良好，锥度正确；如果小端擦着，大端没擦着，说明圆锥角小了，反之说明圆锥角大了。

三、车削外圆锥工件的实训方法与步骤

1. 准备工作

1) 分析图 1-64 所示工件的形状及技术要求（毛坯直径为 ϕ40mm）。

2) 将硬质合金外圆粗、精车刀装于刀架上，并严格对准工件旋转中心，避免车出的圆锥表面产生双曲线（圆锥素线不直）误差。

3) 用自定心卡盘装夹 ϕ40mm 外圆，并找正工件。

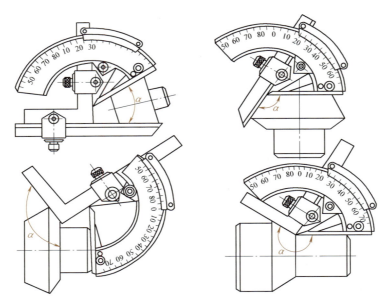

图 1-62 用游标万能角度尺检测锥度

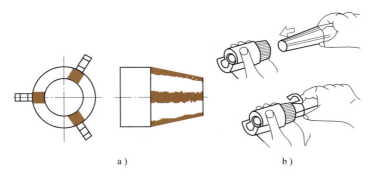

图 1-63 用圆锥套规检测圆锥体
a) 给套规涂色彩 b) 用套规检测圆锥

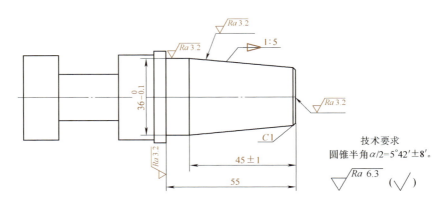

图 1-64 转动小滑板车削外圆锥工件图

4）确定主轴转速，取 $n = 530 \text{r/min}$；进给量 f 取 $0.1 \sim 0.15 \text{mm/r}$。

2. 车端面

车平端面，作为测量圆锥角度的基准面，表面粗糙度值要求为 $Ra3.2 \mu\text{m}$。

3. 粗车 $\phi 36\text{mm}$ 外圆

1）确定主轴转速，取 $n = 530 \text{r/min}$；进给量 f 取 $0.1 \sim 0.2 \text{mm/r}$。

2）车外圆至 $\phi 36.5 \text{mm} \times 55 \text{mm}$。

4. 粗车圆锥面并调整锥度

1）将小滑板下面转盘上的螺母旋松，沿逆时针方向把转盘转至 $5°30' \sim 6°$，然后用试切法找正，固定转盘上的螺母。（注：查表 1-14，小滑板转动角度 $\alpha/2 = 5°42'38''$。）

2）调整小滑板镶条（松、紧合适），并调整好小滑板的行程，满足车削时的需要。

3）两手握小滑板手柄，均匀移动小滑板车圆锥面，粗车时背吃刀量不宜过大，防止将工件车小而报废。

4）用游标万能角度尺检测锥度，测量边应通过工件中心，测量工件端面与圆锥面的夹角。若夹角为 $90° + 5°42'$，则小滑板调整合适；若夹角大于 $90° + 5°42'$，则将小滑板顺时针调整；反之，将小滑板逆时针调整，逐步找正。当小滑板角度调整基本到位时，只需把紧固螺母稍旋松一些，用左手拇指紧贴在小滑板转盘与中滑板底盘上，用铜棒轻轻敲小滑板，凭手指的感觉决定微调量，这样可较快地校正锥度。

5）调整好锥度（$\alpha/2 = 5°42' \pm 8'$），用游标万能角度尺测量。

6）粗车圆锥面，留 0.5mm 精车余量。

5. 精车 $\phi 36\text{mm}$ 外圆

1）确定主轴转速，取 $n = 530 \text{r/min}$；进给量 f 取 $0.08 \sim 0.2 \text{mm/r}$。

2）精车 $\phi 36_{-0.1}^{0} \text{mm} \times 55\text{mm}$ 至尺寸，表面粗糙度值为 $Ra3.2 \mu\text{m}$。

6. 精车圆锥面

1）车刀切削刃始终保持锋利，手动进给要小而均匀，工件表面应一刀车出，不要接刀。

2）当切削接近工件长度时，用移动床鞍法控制圆锥长度 $45\text{mm} \pm 1\text{mm}$。表面粗糙度值为 $Ra3.2 \mu\text{m}$。最后倒角 $C1$。

7. 检测

工件质量合格后卸下工件。

四、注意事项

1）车削圆锥面时，车刀刀尖必须与工件轴线等高且平行，避免产生锥度误差。

2）车削前，应调整好小滑板镶条的松紧，避免手动进给时费力，使移动不均匀，造成工件表面车削痕迹不一。

3）转动小滑板时，转动角度应稍大于圆锥半角（$\alpha/2$），然后逐步校正。

4）车削时，应调整好小滑板的行程，使工件表面一刀车出，避免接刀。

5）粗车时，背吃刀量不宜过大，应先找正锥度，以防将工件车小而报废。

6）车刀切削刃应始终保持锋利，应两手握小滑板手柄，均匀移动小滑板。

7）用游标万能角度尺测量圆锥时，测量边应通过工件中心。工件端面不允许留有凸头。

8）用圆锥套规检测锥度时，工件表面要光洁，涂色要薄而均匀，转动量在半周之内，涂多则易造成误判。

五、实训成绩评定

车削外圆锥工件实训成绩评定见表 1-15。

表 1-15　车削外圆锥工件实训成绩评定

序号	检测项目	配分	评分标准	检测结果	得分
1	尺寸 $\phi 36_{-0.1}^{0}$ mm	8	每超差 0.01mm 扣 4 分		
2	表面粗糙度值 $Ra3.2\mu m$	5	超差不得分		
3	1:5（$\alpha/2 = 5°42' \pm 8'$）	40	每超差 2′ 扣 5 分		
4	表面粗糙度值 $Ra3.2\mu m$	10	超差一级扣 5 分		
5	圆锥素线直线度	10	超差 0.01mm 扣 2 分		
6	圆锥长度 45mm ± 1mm	15	超差 0.1mm 扣 5 分		
7	尺寸 55mm	5	超差不得分		
8	端面表面粗糙度值 $Ra3.2\mu m$	5	超差不得分		
9	倒角 C1	2	超差不得分		
10	安全文明生产		酌情扣分		
	总分				

任务六　综合训练

一、实训教学目标与要求

1）巩固车削轴类工件的步骤和方法。
2）掌握保证轴类工件同轴度的加工方法。
3）根据工件精度要求，正确选择、使用不同的量具。
4）了解车削轴类工件产生废品的原因和防止方法。

二、车削轴类工件的实训方法与步骤

1）分析图 1-65 所示工件的形状和技术要求。

2）用自定心卡盘装夹毛坯外圆，毛坯伸出长度为 45mm 左右，找正并夹紧；车平端面；钻 A 型中心孔。

3）一夹一顶装夹工件。

① 粗车各台阶外圆及长度，留精车余量并把产生的锥度找正。

② 精车各台阶外圆及长度至尺寸，表面粗糙度值为 $Ra3.2\mu m$。

③ 粗车外圆槽 15mm × ϕ25mm 两侧及槽底，留精车余量。

④ 精车槽宽 $15_{0}^{+0.08}$ mm，底径 $\phi 25_{-0.10}^{0}$ mm，保证尺寸 5mm 和表面粗糙度值为 $Ra3.2\mu m$。

⑤ 检测工件各尺寸。

4）调头，采用自定心卡盘装夹 ϕ40mm 外圆（包铜皮），用百分表找正 ϕ42mm 外圆，径向圆跳动量控制在 0.01mm 以内，并夹紧。

① 车平端面，不留凸头。

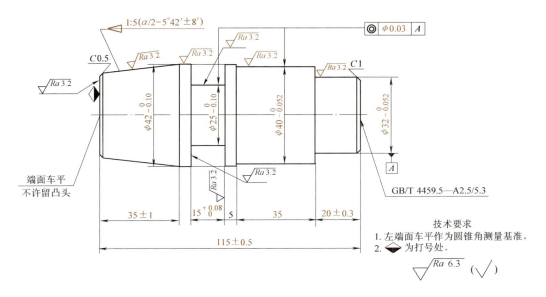

图 1-65 车削轴类工件综合练习

② 逆时针方向转动小滑板 5°42′30″车圆锥面,控制圆锥长度 35mm±1mm 和表面粗糙度值为 $Ra3.2\mu m$。

③ 检测工件锥度。

三、注意事项

1)为保证 $\phi 32mm$ 与 $\phi 25mm$ 轴线的同轴度,要求一次装夹完成车削。

2)车槽时,槽侧、槽底要平整、清角。

3)车圆锥时,车刀刀尖必须对准工件轴线。

四、实训成绩评定

车削轴类工件实训成绩评定见表 1-16。

表 1-16 车削轴类工件实训成绩评定表

序 号	检测项目	配 分	评分标准	检测结果	得 分
1	尺寸 $\phi 42_{-0.10}^{0}$mm	5	超差不得分		
2	表面粗糙度值 $Ra3.2\mu m$	4	超差不得分		
3	尺寸 $\phi 40_{-0.052}^{0}$mm	10	每超差 0.01mm 扣 5 分		
4	表面粗糙度值 $Ra3.2\mu m$	4	超差不得分		
5	尺寸 $\phi 32_{-0.052}^{0}$mm	10	每超差 0.01mm 扣 5 分		
6	表面粗糙度值 $Ra3.2\mu m$	4	超差不得分		
7	尺寸 $\phi 25_{-0.10}^{0}$mm	8	每超差 0.01mm 扣 2 分		
8	表面粗糙度值 $Ra3.2\mu m$	4	超差不得分		
9	尺寸 $15_{0}^{+0.08}$mm	10	每超差 0.02mm 扣 5 分		
10	表面粗糙度值 $Ra3.2\mu m$	8	一处超差扣 4 分		

(续)

序　号	检测项目	配　分	评分标准	检测结果	得　分
11	1:5（$\alpha/2 = 5°42' \pm 8'$）	10	每超差2′扣4分		
12	表面粗糙度值 $Ra3.2\mu m$	4	超差不得分		
13	圆柱素线直线度	4	超差0.01mm扣2分		
14	长度 35mm±1mm	2	超差不得分		
15	尺寸 20mm±0.3mm	2	超差不得分		
16	尺寸 35mm	2	超差不得分		
17	尺寸 115mm±0.5mm	2	超差不得分		
18	同轴度误差（不得大于$\phi0.03$mm）	3	超差不得分		
19	倒角C1（2处）	2	一处超差扣1分		
20	小端面	2	不符合要求不得分		
21	安全文明生产		酌情扣分		
	总分				

思　考　题

1. 选择外圆车刀角度的依据是什么？
2. 粗车的目的是什么？选择粗车刀角度的原则是什么？
3. 精车的目的是什么？选择精车刀角度的原则是什么？
4. 为什么车削钢类塑性金属时要进行断屑操作？
5. 断屑槽的深度和宽度与断屑有什么关系？进给量和切削速度与断屑有什么关系？
6. 刃磨外圆车刀时有哪些注意事项？
7. 在车削重要的轴类工件时，为什么轴上的主要项目在精车时安排在最后工序进行？
8. 轴类工件用两顶尖装夹的特点是什么？
9. 为什么在批量生产时，粗车用自定心卡盘装夹，而精车用两顶尖装夹？
10. 造成切断刀折断的原因有哪些？装夹切断刀时，若刀尖与工件中心不等高，则被切断的工件端面会出现什么情况？

课题五 车削套类工件

任务一 钻、车圆柱孔

一、实训教学目标与要求

1）掌握选用麻花钻及使用麻花钻钻孔的方法。
2）掌握车削直孔和车削台阶孔的方法与步骤。

二、基础知识

1. 麻花钻的选用

对于精度要求不高的内孔，可以选用与孔径尺寸相同的钻头直接钻出。精度要求较高的内孔，还需要通过车削等加工才能完成。在选用钻头时，应根据下一道工序的要求，留出加工余量。钻头直径应小于工件孔径，钻头的螺旋槽部分应略长于孔深。钻头过长，刚性差；钻头过短，排屑困难。

对麻花钻几何形状的要求是：两主切削刃对称相等，否则钻孔时易造成孔径扩大或歪斜；要磨出 55°的横刃斜角（即具有正确后角），否则切削刃不锋利或难以切削。

2. 钻孔

（1）钻头的装夹　直柄麻花钻应装夹在钻夹头上，然后将钻夹头的锥柄插入尾座锥孔。锥柄麻花钻可直接安装或用莫氏过渡锥套插入尾座锥孔。

（2）钻孔方法

1）钻孔前先把工件端面车平，不许有凸头，以利于钻头正确定心。
2）找正尾座，使钻头中心对准工件旋转中心，否则可能会扩大钻孔直径、折断钻头。
3）起动车床，缓慢均匀地转动尾座手轮，使钻头缓慢切入工件。起钻时的进给量要小，待钻头切削刃部分进入工件后才可正常钻削。
4）双手交替转动手轮，使钻头均匀地向前切削，并间断地减轻手轮压力以便断屑。
5）用细长麻花钻钻孔时，为了防止钻头产生晃动，可以在刀架上夹一挡铁，如图1-66所示，以支承钻头头部，帮助钻头定心。其办法是：先少量钻入工件，然后移动中滑板，从而移动挡铁支顶，当钻头不晃动时，继续钻削即可。但挡铁不能把钻头推过中心，否则容易折断钻头。当钻头已正确定心时，即可退出挡铁。注意：关键是挡铁与钻头的接触力要适当。
6）用小麻花钻钻孔时，一般先用中心钻定心，再用钻头钻孔，钻出的孔同轴度较好。
7）钻孔后要铰孔的工件，由于加工余量较少，所以当钻入 1~2mm 后，应把钻头退出，停车测量孔径，以防孔径扩大，因没有余量而造成工件报废。
8）钻不通孔时，应在钻头上或尾座套筒上打上记号，以防钻得过深而使工件报废。

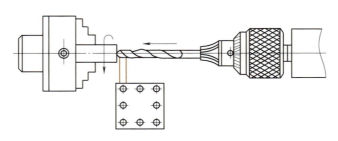

图 1-66 挡铁辅助支承钻头

9）钻削钢件时，应加注切削液，并经常退出钻头，以便排屑和冷却，防止钻头因发热而退火。钻削铸铁工件时，一般不加注切削液，避免切屑粉末磨损车床导轨。

3. 车削通孔

（1）内孔车刀及其装夹　车削通孔的车刀几何形状基本上与外圆车刀相似。一般取主偏角 $\kappa_r = 60° \sim 75°$，副偏角 $\kappa_r' = 15° \sim 30°$，如图 1-67 所示。

装刀时，刀尖应对准工件中心，刀柄与孔轴线基本平行，否则车到一定深度后刀柄可能会与孔壁相碰。通常在车孔前先把内孔车刀在孔内试走一遍。为了增加内孔车刀的刚性，刀柄的伸出长度尽可能短些，一般比被加工孔深度长 5～10mm。

（2）内孔测量　常用钢直尺、游标卡尺测量内孔，内孔尺寸精度较高时可用以下方法测量。

1）用塞规测量。方法是通端能进入孔内，止端不能进入孔内。

2）用内径百分表测量。精度要求较高的孔常用内径百分表测量。由于内径百分表是用对比法测量孔径，所以使用时应先根据被测工件的内孔直径尺寸，用千分尺将内径百分表对准"零"位后，再进行测量。其测量方法如图 1-68 所示，取最小值为孔径的实际尺寸。

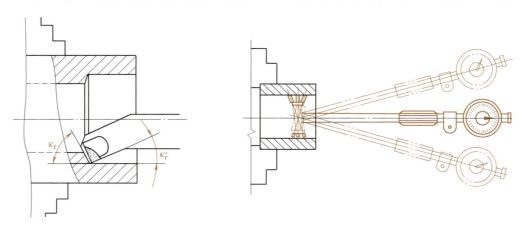

图 1-67　通孔车刀　　　　　图 1-68　用内径百分表测量孔径的方法

4. 车削台阶孔

（1）台阶孔车刀　台阶孔车刀又称不通孔车刀。其切削部分的几何形状基本与外圆车刀相似。一般情况下它的主偏角 $\kappa_r = 90° \sim 93°$，副偏角 $\kappa_r' = 8° \sim 10°$，如图 1-69 所示。其刀尖在刀柄的最前端，在车削内孔时，要求横向有足够的退刀余地（刀柄不能碰到孔壁）。

（2）车台阶孔的方法

1）车削直径较小的台阶孔时，由于直接观察困难，尺寸精度不易掌握，所以通常采用先粗、精车小孔，再粗、精车大孔的方法。

2）车削孔径大的台阶孔时，在视线不受影响的情况下，通常采用先粗车大孔和小孔，再精车大孔和小孔的方法。

3）控制车孔长度的方法。粗车时通常采用在刀柄上刻线做记号的方法，如图 1-70a 所示，也可安放限位铜片，如图 1-70b 所示，或用大滑板刻度盘的刻线来控制等；精车时，必须用钢直尺、游标卡尺或游标深度卡尺等量具测量。

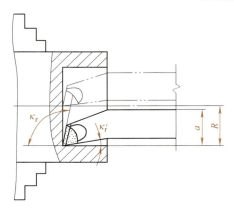

图 1-69 不通孔车刀

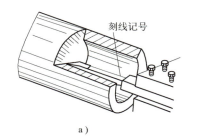 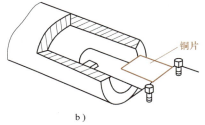

a) b)

图 1-70 控制车孔长度的方法
a）刀柄上刻线法 b）铜片限位法

三、技能训练（车内孔的方法与步骤）

1. 准备工作

1）分析图 1-71 所示工件（毛坯外圆尺寸为 $\phi60$mm）的形状和技术要求，内孔表面粗糙度值为 $Ra\,3.2\mu m$，未注倒角为 $C1$。

2）将外圆车刀、内孔车刀装于刀架上，并对准工件旋转中心。

3）将 $\phi24$mm 麻花钻装入钻套、尾座套筒内，并调整好尾座轴线与工件轴线的同轴度。

4）用自定心卡盘装夹 $\phi60$mm 外圆，并找正工件。

5）确定主轴转速，取 $n=360$r/min；进给量 $f=0.1\sim 0.2$mm/r。

2. 车端面

不能留凸头，车平即可，剩下的长度余量留在另一端车去。

3. 车削 $\phi58$mm 外圆

粗、精车外圆 $\phi58$mm×50mm 至尺寸，表面粗糙度值为 $Ra3.2\mu m$。

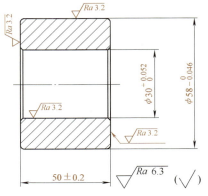

图 1-71 钻、车圆柱孔

4. 钻孔

1) 确定主轴转速，取 $n=360\text{r/min}$。

2) 起钻时进给量要小，以免钻头摆动。当钻头切削刃进入工件后可正常进给。

3) 随着钻头进给深入，排屑及散热困难，操作时要经常将钻头从孔中退出，充分冷却，再继续钻孔。

4) 当孔将要钻穿时，由于钻头横刃首先穿出，所以轴向阻力突然减小，这时的进给速度必须减慢，否则钻头容易被工件卡死，造成锥柄在尾座套筒内打滑而损坏锥柄或锥孔。

5. 粗车内孔

1) 开车前，将车刀摇进孔内，使刀头略超出孔的另一端，然后观察刀柄或刀架是否会碰到工件。若会碰到，需要调整车刀的位置。

2) 将车刀摇回，当刀尖刚接触到孔的表面时，将中滑板刻度盘对"0"。

3) 试切、检测。将车刀纵向退出，按 0.5mm 横向进给（用刻度盘控制），试切至 2mm 深度时退刀，用游标卡尺测量，将内孔车至 $\phi 29.5\text{mm}$。

6. 精车内孔

1) 确定主轴转速，取 $n=530\text{r/min}$；进给量 $f=0.08\sim 0.15\text{mm/r}$。

2) 精车内孔 $\phi 30^{+0.052}_{0}\text{mm}$，表面粗糙度值为 $Ra3.2\mu\text{m}$。

7. 倒角

给外圆、孔口端面倒角 $C1$。

8. 切断

端面留余量；调头装夹，车端面。

1) 将工件调头装夹。为了避免夹伤工件表面，加铜皮保护，然后用划线盘找正。

2) 车削端面，取总长 $50\text{mm}\pm 0.2\text{mm}$，表面粗糙度值为 $Ra3.2\mu\text{m}$。

9. 倒角

给外圆、孔口端面倒角 $C1$。

10. 检测

工件质量合格后卸下工件。

四、注意事项

1) 钻小孔或钻较深的孔时，由于切屑不易排出，所以必须经常退出钻头排屑，否则切屑容易堵塞而使钻头"咬死"或折断。

2) 钻小孔时，转速应选得快一些，否则钻削阻力大，易产生孔位偏斜和钻头折断。

3) 车孔时，注意中滑板进、退刀方向与车外圆相反。

4) 试切测量孔径时，应防止孔径出现喇叭口或试切刀痕。

5) 用塞规测量孔径时，应保持孔壁清洁，塞规不能倾斜，否则会影响测量结果。当孔径较小时，不能用强力测量，更不能敲击，以免损坏塞规。

6) 精车内孔时，应保持切削刃锋利，否则易产生让刀现象，把孔车成锥形。

7) 车刀纵向切削至接近台阶面时，应用手动进给代替机动进给，以防碰撞台阶面而出现凹坑和小台阶。

8) 用内径百分表测量前，应首先检查百分表是否正常，测头有无松动，百分表是否灵活,指针转动后是否能回至原位;用千分尺校对指针,观察对准的"零位"是否变化等。

五、实训成绩评定

钻、车内孔实训成绩评定见表1-17。

表1-17 钻、车内孔实训成绩评定表

序 号	检测项目	配 分	评分标准	检测结果	得 分
1	尺寸 $\phi 58_{-0.046}^{0}$ mm	20	每超差0.01mm扣10分		
2	表面粗糙度值为 $Ra3.2\mu m$	10	超差一级扣5分		
3	尺寸 $\phi 30_{0}^{+0.052}$ mm	30	每超差0.01mm扣10分		
4	表面粗糙度值为 $Ra3.2\mu m$	16	超差一级扣8分		
5	50mm±0.2mm	10	超差不得分		
6	两端面表面粗糙度值为 $Ra3.2\mu m$	10	一处超差扣5分		
7	倒角C1	4	一处超差扣1分		
8	安全文明生产		酌情扣分		
	总分				

任务二 转动小滑板车削圆锥孔

一、实训教学目标与要求

1)掌握转动小滑板车削圆锥孔的方法。
2)了解检验圆锥孔的方法。

二、基础知识

车削圆锥孔时,为了便于观察加工过程和进行测量,装夹工件时应使锥孔大端在右侧。
1. 切削用量的选择
1)切削速度比车削外圆锥体时降低10%~20%。
2)手动进给量要始终保持均匀,最后一刀的背吃刀量一般取0.1~0.2mm。
2. 车削圆锥孔的方法与步骤
1)用钻头钻孔或车孔,选用的钻头直径应小于锥孔小端直径1~2mm。
2)调整小滑板镶条的松紧及行程距离。
3)根据车床主轴中心高度,用测量法装夹车刀,使车刀对准工件旋转中心。
4)小滑板转动角度同车外圆锥体,但是方向相反,应顺时针方向转动(α/2)角度,进行车削,当锥形塞规能塞进孔内约1/2长度时要进行检查,根据测量情况调整好小滑板角度。
5)精车时,用圆锥界限塞规控制圆锥大端尺寸。具体方法是:用圆锥塞规检查,当界限接近工件大端(距离为a)时,可用车刀刀尖在孔口大端处对刀,然后移动小滑板使车刀退出离工件端面距离为a(床鞍不动),接着移动床鞍使车刀接触到工件端面,移动小滑板切削,这样即可控制大端尺寸。也可通过背吃刀量控制大端尺寸,即根据塞规在孔外的长度 a 计算孔径车削余量,用式(1-8)计算背吃刀量,并用中滑板刻度控制背吃刀量。

3. 圆锥孔的检验方法

1)用锥度界限量规或游标卡尺检验锥孔直径。

2)用锥度界限塞规涂色检查圆锥角度,并控制尺寸。

三、技能实训(车削圆锥孔)

1. 准备工作

1)分析图1-72所示工件的形状和技术要求。

2)将外圆车刀、内孔车刀装于刀架上,并对准工件旋转中心。

3)用自定心卡盘装夹 $\phi 58mm$ 外圆,并找正工件。

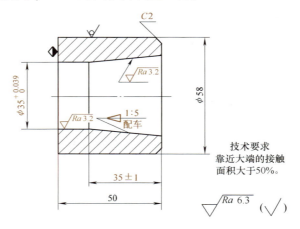

图1-72 圆锥套

2. 粗车内孔

1)确定主轴转速,取 $n=360r/min$;进给量 $f=0.2\sim0.3mm/r$。

2)车 $\phi 35mm$ 内孔至 $\phi 34.5mm$。

3. 精车内孔

1)确定主轴转速,取 $n=530r/min$;进给量 $f=0.1\sim0.2mm/r$。

2)车 $\phi 35_{0}^{+0.039}mm$ 内孔,用塞规检验。表面粗糙度值为 $Ra3.2\mu m$。

4. 粗车圆锥孔并找正锥度

1)顺时针方向转动小滑板($\alpha/2=5°42'$),粗车圆锥孔,当用工件外锥(自配)能塞进孔内约1/2长度时要进行检查,并逐步找正锥度。

2)粗车锥孔大端直径至 $\phi 41mm$。

5. 精车圆锥孔

1)切削刃始终保持锋利,手动进给要小而均匀,工件表面应一刀车出,不要中途接刀。

2)当切削接近工件长度时,用移动床鞍法控制圆锥长度 $35mm\pm1mm$,表面粗糙度值为 $Ra3.2\mu m$。

6. 端面倒角C2

过程略。

7. 检测工件

可用车出的工件配检或用圆锥塞规检测，涂色检验接触面，大端应达到50%。质量合格后卸下工件。

四、注意事项

1）车刀必须对准工件旋转中心。
2）粗车时不宜进刀过深，应先初步找正锥度（检查塞规与工件接触间隙）。
3）用塞规涂色检查时，必须保持孔内清洁，并保证塞规转动量在半圈内。
4）取出锥形塞规时要注意，不能施力过大或过猛，防止工件移动。
5）要用锥形塞规上的界限控制锥孔长度。

五、实训成绩评定

车削圆锥孔实训成绩评定见表1-18。

表1-18 车削圆锥孔实训成绩评定表

序号	检测项目	配分	评分标准	检测结果	得分
1	尺寸 $\phi 35^{+0.039}_{0}$ mm	20	每超差0.01mm扣10分		
2	表面粗糙度值 $Ra3.2\mu m$	10	超差不得分		
3	1:5锥度部分着色接触面>50%	50	着色接触面为40%~50%扣10分；<40%扣50分		
4	表面粗糙度值 $Ra3.2\mu m$	12	超差不得分		
5	35mm±1mm	6	超差不得分		
6	倒角C2	2	超差不得分		
7	安全文明生产		酌情扣分		
	总分				

任务三 铰 孔

一、实训教学目标与要求

1）了解铰刀的种类和规格。
2）掌握铰刀的选择、安装和铰削方法。

二、基础知识

在车床上铰孔一般都要预先车出孔（小孔可以钻后铰）。铰孔前的尺寸公差等级要求为IT10，表面粗糙度值为 $Ra6.3\mu m$。铰孔后尺寸公差等级可达IT7~IT9，表面粗糙度值可达 $Ra3.2~0.8\mu m$。

1. 铰刀及选择

1）铰刀可分为手用铰刀、机用铰刀、圆锥铰刀、可调式铰刀、螺旋铰刀等，如图1-73所示。机用铰刀工作部分短，切削刃数多，为锥柄。

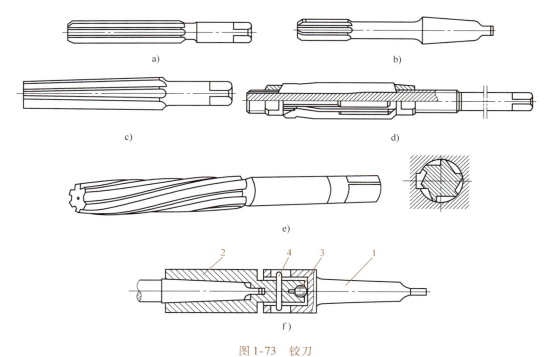

图 1-73 铰刀

a) 手用铰刀 b) 机用铰刀 c) 圆锥铰刀 d) 可调式铰刀 e) 螺旋铰刀 f) 浮动装置
1—套筒 2—锥套 3—钢珠 4—销

2) 铰刀的选择　由于铰孔的尺寸精度和表面粗糙度主要依靠铰刀的质量,所以应合理选择铰刀。常用千分尺测量铰刀的直径,其尺寸公差要符合图样要求,切削刃要锋利,无碰伤等缺陷。

2. 铰刀的安装

在车床尾座套筒锥孔中安装铰刀时,必须与主轴轴线对准。为了避免产生偏差,最好先试铰。由于铰刀对准主轴轴线比较困难,可采用浮动装置,如图1-73f所示。它是利用锥套2和套筒1之间的间隙产生浮动的。铰削时,铰刀通过微量偏移,自动调整铰刀轴线与孔中心线重合,消除车床尾座套筒与主轴同轴度误差,使铰刀自动定心。

3. 铰孔用量

铰孔时一般留 0.08～0.15mm 的加工余量,切削速度为 4～6m/min,进给量为 0.2～1mm/r。

4. 铰孔方法与步骤

1) 铰孔前,通常先钻孔和镗孔,留铰削余量。
2) 选择铰刀,安装铰刀,并校正铰刀轴线位置。
3) 铰孔。铰孔时必须加注切削液,以保证孔径的表面质量。常用的切削液:铰削钢件用硫化乳液;铰削铸铁件用煤油或柴油;铰削青铜或铝合金用2号锭子油或煤油。

三、技能训练

钻、扩、铰孔工件如图1-74所示,加工方法与步骤如下。

1）夹住外圆车端面；钻中心孔。
2）用φ9.5mm麻花钻钻通孔，用φ9.8mm麻花钻扩孔。
3）用φ10mm铰刀铰孔至尺寸。

四、注意事项

1）铰孔时，要连续加注切削液。
2）注意铰刀保养，防止碰伤或拉毛。
3）实际生产中，要认真校正铰刀轴线的位置，不能偏移，可先试铰，以免造成批量废品。

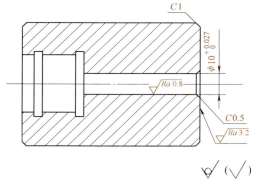

图 1-74　钻、扩、铰孔工件

任务四　综 合 训 练

一、实训教学目标与要求

1）进一步掌握车削套类工件的步骤和方法。
2）掌握保证同轴度和垂直度的技巧和加工方法。
3）能根据工件精度的不同要求，正确选择、使用不同的量具。
4）能较合理地选择切削用量。

二、车削变径轴套

1）分析图 1-75 所示工件的形状及技术要求。

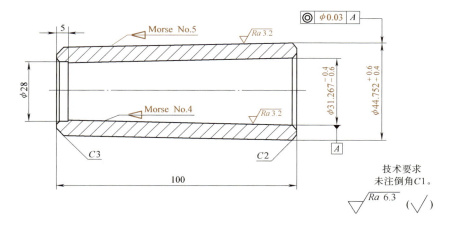

图 1-75　车削变径轴套工件

① 形状分析。工件外锥是莫氏锥度5号，内锥是莫氏锥度4号。
② 主要技术要求。外锥对内锥的同轴度公差为 $\phi 0.03$mm，内、外锥大端尺寸有公差要

求；内、外锥的表面粗糙度值为 $Ra3.2\mu m$；其余表面的表面粗糙度值为 $Ra6.3\mu m$。

2）用自定心卡盘夹住毛坯外圆至长 30mm，车端面及外圆 $\phi45mm\times60mm$。

3）钻通孔 $\phi25mm$。

4）车内孔 $\phi28mm\times5mm$。

5）调头夹住外圆 $\phi45mm$，小滑板转动 1°29′15″（表 1-14），粗、精车端面总长及 4 号莫氏圆锥孔至尺寸，并倒内孔倒角。

6）工件装夹在预制好的两顶尖心轴上，偏移尾座或转动小滑板，粗、精车莫氏 5 号外圆锥至图样尺寸。

7）倒角 C2 及 C3。

8）检测工件尺寸、圆锥度、同轴度及表面粗糙度。

三、操作注意事项

1）应检查心轴的同轴度。

2）心轴和工件锥孔要清洁，以保证内、外锥体的同轴度。

四、实训成绩评定

车削变径轴套实训成绩评定见表 1-19。

表 1-19　车削变径轴套实训成绩评定表

序号	检测项目	配分	评分标准	检测结果	得分
1	$\phi31.267_{-0.6}^{-0.4}$ mm	20	超差不得分		
2	莫氏锥度 4 号锥孔着色接触面 >50%	18	<50%~40% 扣 10 分；<40% 扣 18 分		
3	表面粗糙度值为 $Ra3.2\mu m$	10	超差不得分		
4	$\phi44.752_{+0.4}^{+0.6}$ mm	20	超差不得分		
5	莫氏 5 号圆锥面着色接触面 >50%	18	<50%~40% 扣 10 分；<40% 扣 18 分		
6	表面粗糙度值 $Ra3.2\mu m$	10	超差不得分		
7	倒角 C2、C3	2	一处超差扣 1 分		
8	安全文明生产	2	酌情扣分		
	总分				

思 考 题

1. 为什么孔快钻穿时，进给量要减小？通孔车刀与不通孔车刀有哪些区别？
2. 车孔的关键技术是什么？车不通孔时，用来控制孔深的方法有几种？
3. 如何保证套类工件内、外圆的同轴度及端面与孔轴线的垂直度？
4. 如何确定铰孔余量？铰孔时为什么要使用浮动铰杆？铰孔后孔径扩大是什么原因？
5. 用游标卡尺和塞规测量内孔时应注意哪些问题？
6. 试述用转动小滑板法车削圆锥孔的方法与步骤。

7. 试述图 1-76 所示台阶孔的车削方法与步骤。

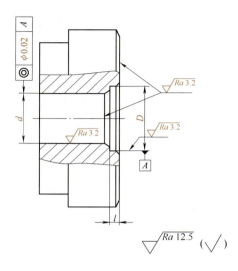

图 1-76 车削台阶孔工件图

课题六　车成形面和表面修饰加工

任务一　双手控制法车成形面

一、实训教学目标与要求

1）了解双手控制法车成形面的工作原理。
2）掌握车成形面的方法与步骤。

二、基础知识

1. 成形面

成形面指的是工件的表面由各种曲面组合而成，例如各种手柄、手把的形状。现在大量的模具都是几种曲面的组合，因此车削成形面的技术也迅速发展和成熟。

2. 成形原理

右手握住小滑板手柄，左手握住中滑板手柄，两手按形状要求转动手柄，通过车刀纵、横两个方向的进给合成，使车刀的进给轨迹与成形面相似，从而车出成形面。

双手转动手柄的速度是成形的关键因素。如图1-77所示，当车到 a 点时，中滑板的进给速度要慢，而小滑板的退刀速度要快；车到 b 点时，中滑板的进给速度和小滑板的退刀速度要基本一致；车到 c 点时，中滑板的速度要快，而小滑板的退刀速度要慢。经过熟练的配合才能车出成形面。

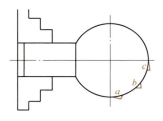

图1-77　车削成形面时的速度分析

3. 特点

车成形面对操作技术要求较高，无须使用其他特殊设备与工具，效率较低，多用于单件生产。

三、技能实训（成形面工件的加工方法与步骤）

1. 准备工作

1）分析图1-78a所示实训工件的形状及技术要求。
2）刃磨车刀。刃磨车刀的主切削刃，使其呈圆弧形。
3）毛坯尺寸为 $\phi25mm \times 120mm$；采用一夹一顶的方法装夹工件。

2. 双手控制法车手柄的方法与步骤

1）车手柄外圆长度至 $\phi24mm \times 55mm$、$\phi16mm \times 25mm$、$\phi10^{+0.035}_{-0.002}mm \times 20mm$（各留精车余量0.2mm），并在 $R40mm$、$R48mm$ 圆弧左右对称位置刻线痕，如图1-78b所示。

2）从 $\phi16mm$ 外圆端面向左量17.5mm为中心线，用小圆头车刀车 $\phi12mm$ 定位槽，如

图 1-78c 所示。

3）从 φ16mm 外圆端面量起，在长度为 5mm 处起刀，用圆头车刀车出 R40mm 圆弧面，如图 1-78d 所示。

4）划出 R48mm 圆弧中心刻痕，将成形刀圆弧中心与工件圆弧中心对准。起动机床，移动中滑板车圆弧面，随着背吃刀量的增加，切削刃与成形面的接触面也增大，这时要放慢切削速度。粗车 R48mm 圆弧面，如图 1-78e 所示，手柄根部不要留得太小，以防未车完工件就折断。

5）精车 R40mm、R48mm 曲面，连接处要光滑，边加工边用样板检查修整，最后用锉刀、砂布修整抛光，直至尺寸符合要求。

6）精车 $\phi 10^{+0.035}_{-0.002}$ mm 外圆，长度为 20mm；精车 φ16mm 外圆。

7）用锉刀、砂布修整抛光 R40mm 和 R48mm 圆弧面。

8）按总长尺寸加 0.5mm 的加工余量切断；切断时用手接住工件。

9）调头垫铜皮、装夹、找正，车 R6mm 圆弧面，如图 1-78f 所示，修整、抛光，至总长 96mm。

3. 检验

用样板对圆弧面进行透光检验，合格后卸下工件。

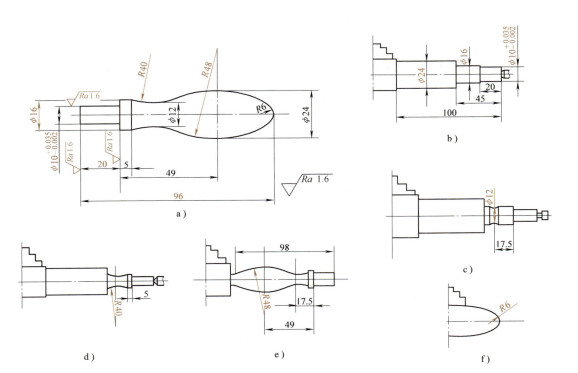

图 1-78 手柄的车削步骤

a）手柄零件图 b）车外圆 c）车定位槽 d）车 R40mm 圆弧面
e）车 R48mm 圆弧面 f）修整 R6mm 圆弧面

四、成形表面修整和抛光

用双手控制法车成形面时,由于手动进给不均匀,工件表面往往留下高低不平的痕迹。为了达到所要求的表面质量,工件车好后还要修整和抛光。

修整成形面用平锉刀和半圆锉刀,锉削余量在 0.5mm 以内,修整弧面时要绕弧面运动,工件安装在车床主轴上以适当速度旋转,左手握锉刀柄,右手握住锉刀前端,慢速推锉。

精车或锉削后,工件表面上如仍留有微痕,可用砂布进行抛光。工件安装在车床主轴上以较高速度旋转,抛光外圆可将砂布垫在锉刀下面,这样比较安全,抛光质量也较好,也可双手拉伸砂布在工件表面上来回移动。最后抛光时可在细砂布上加少量机油。

抛光较大的内孔表面时,可用手捏砂布进行操作。注意:抛光小孔时,不要把砂布绕在手指上直接伸进孔内,以免引发安全事故。一般取一根木棒,在一端劈一条缝,然后将砂布一头夹在缝内,顺时针方向将砂布绕在木棒上,将其伸入孔内进行抛光。

五、注意事项

1) 成形面形状误差较大,可能是双手控制的配合速度不合适或成形车刀误差较大,应加强双手的配合练习,按样板磨好车刀。

2) 精车时,采用直进法少量进给的方法,并可利用主轴的惯性将表面修光。

六、实训成绩评定

手柄车削实训成绩评定见表 1-20。

表 1-20 手柄车削实训成绩评定表

序 号	检测项目	配 分	评分标准	检测结果	得 分
1	$\phi 10^{+0.035}_{-0.002}$ mm	15	每超差 0.01mm 扣 5 分		
2	表面粗糙度值 $Ra1.6\mu m$	10	每超差 1 级扣 5 分		
3	$R40$mm 圆弧面	20	每超差 0.2mm 扣 5 分		
4	表面粗糙度值 $Ra1.6\mu m$	10	每超差 1 级扣 5 分		
5	$R48$mm 圆弧面	20	每超差 0.2mm 扣 5 分		
6	表面粗糙度值 $Ra1.6\mu m$	10	每超差 1 级扣 5 分		
7	$\phi 16$mm	5	超差不得分		
8	长度 96mm、20mm	10	一项差扣 5 分,两项差不得分		
9	安全文明生产		酌情扣分		
	总分				

任务二 成形车刀车成形面

一、实训教学目标与要求

1) 了解成形车刀车成形面的工作原理。

2）掌握成形车刀车成形面的方法与步骤。

二、基础知识

1. 成形原理

把车刀切削刃磨成与工件成形面轮廓相同，即得到成形车刀（或称样板车刀），用成形车刀只需一次横向进给即可车出成形面。

2. 常用成形车刀

常用的成形车刀有以下三种。

（1）普通成形车刀　与普通车刀相似，只是磨成成形切削刃（图1-79a）。精度要求低时可用手工刃磨；精度要求高时，应在工具磨床上刃磨。

（2）棱形成形车刀　由刀头和弹性刀体两部分组成（图1-79b），两者用燕尾装夹，用螺钉紧固。按工件形状在工具磨床上用成形砂轮将刀头的成形切削刃磨出，此外还要将前刀面磨出一个等于径向前角与径向后角之和的角度。刀体上的燕尾槽做成具有一个等于径向后角的倾角，这样装上刀头后就有了径向后角，同时使前刀面也恢复到径向前角。

（3）圆形成形车刀　也由刀头和刀体组成（图1-79c），两者用螺柱紧固。在刀头与刀体的贴合侧面都做出端面齿，这样可防止刀头转动。刀头是一个开有缺口的圆轮，在缺口上磨出成形切削刃，缺口面即前刀面，在此面上磨出合适的前角。当成形切削刃低于圆轮的中心时，在切削时自然就产生了径向后角。因此，可按所需的径向后角 α_o（一般为6°～10°）求出成形切削刃低于圆轮中心的距离

$$H = \frac{D\sin\alpha_o}{2}$$

式中　D——圆轮直径（mm）。

棱形和圆形成形车刀精度高，刀具寿命长，但是制造较复杂。

用成形车刀车削成形面时（图1-79d），由于切削刃与工件接触面积大，容易引起振动，所以应采取一定的防振措施。例如，选用刚性好的车床，并把主轴与滑板等各部分的间隙调小，安装成形车刀时要使切削刃对准工件轴线；选用较小的进给量和切削速度；使用切削液等。有时为了减少成形车刀的材料切除量，先按成形面形状粗车许多台阶，再用成形车刀精车成形。

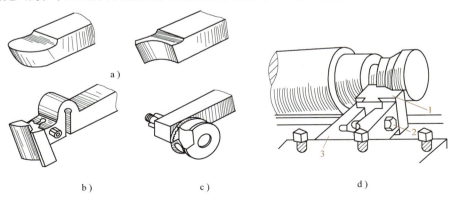

图1-79　成形车刀及车成形面

a）普通成形车刀　b）棱形成形车刀　c）圆形成形车刀　d）车成形面

1—成形车刀　2—紧固件　3—刀体

3. 特点

由于成形车刀的形状对工件的加工质量影响较大，所以对成形车刀要求较高，需要在专用工具磨床上刃磨。此方法生产率较高，工件质量有保证，常用于批量生产。

三、技能训练

1. 用成形车刀车工件的方法

（1）分析工件的形状及技术要求　图 1-80 所示为成形面工件，$\phi 34_{-0.030}^{0}$mm 轴线相对 $\phi 16_{0}^{+0.020}$mm 轴线的同轴度公差为 $\phi 0.030$mm。

（2）刃磨成形车刀　成形车刀由 $R25$mm 的圆弧面、长度为 8mm 的平面、倒角 $C2$ 三部分组成。

（3）装夹车刀　车刀装夹时应对准工件中心并使圆弧中心与工件中心垂直，可采用样板校正。

（4）调整机床　将中、小滑板镶条与导轨之间的间隙调小一些，以减少振动。

2. 车成形面的操作步骤

（1）切削速度的选择　切削时，应根据实际情况适当降低主轴转速和切削速度。

（2）进给量的选择　一般情况下，取进给量 $f = 0.2 \sim 1.2$mm/r。

（3）用普通车刀车出成形面工件的外圆　对 $\phi 34$mm 外圆留精车余量 0.5mm，长度 25mm 留切断余量 3mm。

（4）用成形车刀精车成形面（图 1-81）　将成形车刀切削刃高度调整至与工件轴线平行，起动机床，移动中滑板横向进给车削，一次车成 $\phi 34_{-0.030}^{0}$mm 外圆、$R25$mm 圆弧及倒角 $C2$。

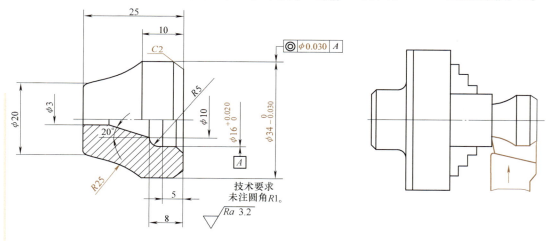

图 1-80　成形面工件　　　　　图 1-81　成形车刀精车成形面

注意：随着车削深度的增加，切削刃与工件的接触面积加大，这时要降低主轴转速，少量进给，并利用主轴惯性修整、抛光。

四、靠模法车成形面

尾座靠模和靠板靠模是两种主要的靠模法。

（1）尾座靠模　尾座靠模是将一个标准样件（即靠模 3）装在尾座套筒中，在刀架上装一把长刀夹，刀夹上装有车刀 2 和靠模板 4。车削时用双手操纵中、小滑板（如同双手进给控制法），使靠模板 4 始终贴在靠模 3 上并沿其表面移动，车刀 2 就可车出与靠模 3 相同形状的工件，如图 1-82 所示。

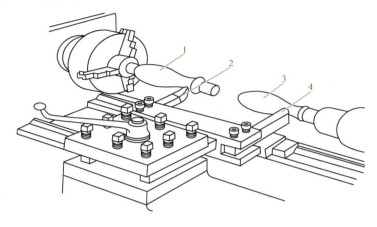

图 1-82　尾座靠模
1—工件　2—车刀　3—靠模　4—靠模板

（2）靠板靠模　靠模法车成形面与靠模法车锥面相似，只是将锥度靠模换成了具有曲面槽的靠模，并将滑块改为滚柱。

如果没有靠模车床，也可利用卧式车床进行靠模车削，如图 1-83 所示。在床身后面装上靠模支架 5 和靠模板 4，断开中滑板与丝杠的连接，使滚柱 3 通过拉杆 2 与中滑板连接。将小滑板转过 90°，以代替中滑板做车刀横向位置调整和控制背吃刀量。车削时，当床鞍纵向进给时，滚柱 3 就沿靠模板 4 的曲槽移动，并通过拉杆 2 使车刀随之做相应移动，于是在工件 1 上车出了成形面。

特点分析：

1）尾座靠模法较简单，在一般车床上都能使用，但是操作不方便，故不适合于批量生产。其工件成形面的形状误差与靠模和靠模板的制造精度有较大的关系。另外，特别要注意安装过程带来的误差，一般是预先加工一件，进行检测后，无质量问题再继续加工。

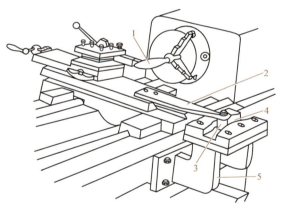

图 1-83　靠板靠模
1—工件　2—拉杆　3—滚柱　4—靠模板　5—靠模支架

2）靠板靠模法操作方便，生产率高，形状准确，质量稳定，但需制造专用靠模，而且只能加工成形表面变化不太大的工件，故多用于大批量生产中车削难度较大而形状较简单的成形面。

任务三　表面滚花

一、实训教学目标与要求

1）了解滚花的种类。

2）掌握在车床上加工滚花的方法与步骤。

二、基础知识

工具和机器上的手柄部分，需要滚花以增强摩擦力或增加零件表面美观性。滚花是一种表面修饰加工，在车床上用滚花刀滚压而成。

1. 滚花的种类

滚花有直纹和网纹两种，如图 1-84 所示，其形状及参数如图 1-85 所示。每种滚花有粗纹、中纹和细纹之分，花纹的粗细取决于模数 m 和节距的关系，即 $P = \pi m$。当 $m = 0.2\,mm$ 时为细纹；当 $m = 0.3\,mm$ 时为中纹；当 $m = 0.4\,mm$ 和 $0.5\,mm$ 时为粗纹；$2h$ 为花纹高度，选用时可参照表 1-21。

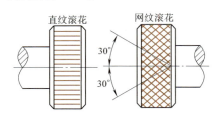

图 1-84　滚花的类型

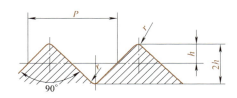

图 1-85　滚花花纹的形状及参数

表 1-21　直纹与网纹滚花及其选用　　　　　　（单位：mm）

模数 m	h	r	节距 P
0.2	0.132	0.06	0.628
0.3	0.198	0.09	0.942
0.4	0.264	0.12	1.257
0.5	0.326	0.16	1.571

2. 滚花刀

滚花刀由滚轮与刀体组成，滚轮的直径为 20～25mm。滚花刀有单轮、双轮和六轮，如图 1-86 所示。单轮滚花刀用于滚直纹；双轮滚花刀有左旋和右旋滚轮各一个，用于滚网纹；六轮滚花刀是在同一把刀体上装有三组粗细不等的滚花刀，使用时根据需要选用。

三、滚花的方法与步骤

1. 准备工作

（1）滚花刀的选择　按图样要求的滚花花纹形状和模数 m 选用滚花刀。

（2）工件装夹　用自定心卡盘装夹工件。在不影响滚花加工的情况下，工件伸出长度尽可能短一些。

（3）滚花刀装夹　先将刀架锁紧，将滚轮轴线调至与工件轴线等高，并且平行，当花纹节距 P 较大时，可使滚轮外圆与工件外圆相交成一个很小的夹角，如图 1-87 所示。

（4）滚花切削速度的选择　一般选择低速，为 7～15m/min。

2. 滚花的方法与步骤

（1）车滚花外圆　车滚花外圆至尺寸下限。由于滚花后工件直径将大于滚花前的直径，

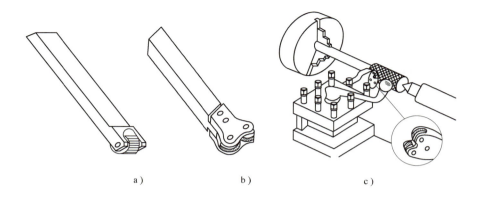

图1-86 滚花刀及滚花方法
a)单轮滚花刀 b)双轮滚花刀 c)滚花的方法

其增大值为$(0.25\sim0.5)P$,所以滚花前需根据工件材料的性质把工件待滚花部分的直径车小$(0.25\sim0.5)P$。

(2)滚花的操作方法 开动机床,将滚轮约1/2长度对准工件外圆,摇动中滑板横向进给,以较大的力使轮齿切入工件,选择自动进给,加注切削液,来回滚压1~2次,到花纹凸出为止。

(3)滚花完成后倒尖角、去除毛刺后,卸下工件。

四、质量分析及注意事项

1)滚花乱纹,为工件外径周长不能被节距P除尽,可改变外径尺寸,把工件外圆略微车小。

2)滚花花纹浅,为滚花刀齿磨损或切屑堵塞,应更换新滚刀或清洗滚刀。

3)滚花开始时,应使用较大压力或将滚花刀装偏一个很小的角度。

4)细长轴滚花时,要防止顶弯工件;薄壁工件要防止变形。

5)滚花时,不准用手或棉纱等接触工件。

五、工件滚花实训

1)工件分析。工件如图1-88所示,在手柄ϕ16mm的外圆上滚出网纹,节距$P=0.3\pi$mm$=0.942$mm。

2)选择滚花刀。选双轮节距为0.942mm的滚花刀。

3)滚花刀装夹。先将刀架锁紧,将滚轮轴线调至与工件轴线等高并且平行,如图1-87所示。

4)切削速度选10m/min。

5)起动机床,将滚轮约1/2长度对准工件外圆,摇动中滑板横向进给,以较大的力使轮齿切入工件,选择自动进给,加注切削液。

6)倒角、去除毛刺后卸下工件。

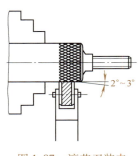
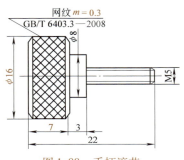

图 1-87　滚花刀装夹　　　　　图 1-88　手柄滚花

六、实训成绩评定

工件滚花实训成绩评定见表 1-22。

表 1-22　工件滚花实训成绩评定表

序 号	检测项目	配 分	评分标准	检测结果	得 分
1	φ16mm	50	每超差 0.1mm 扣 25 分		
2	网纹深浅度	20	稍差扣 10 分，太差扣 20 分		
3	P = 0.942mm	20	超差 0.1mm 扣 10 分		
4	长度尺寸 7mm	10	超差 0.1mm 扣 5 分		
5	安全文明生产		酌情扣分		
	总分				

思 考 题

1. 车成形面一般有哪几种方法？各适用于什么场合？
2. 如何使用双手控制法车成形面？
3. 怎样检测成形面的加工质量？
4. 用成形法车成形面时，为了减少成形车刀的磨损和振动，应采取哪些措施？
5. 滚花时，产生乱纹的原因是什么？怎样预防？
6. 表面锉光、抛光和滚花时应注意哪些安全问题？
7. 试述图 1-89 所示手柄工件的加工方法与步骤。

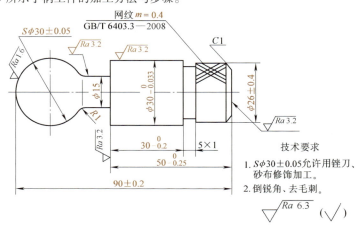

图 1-89　7 题图

课题七 车削螺纹

任务一 三角形外螺纹车刀的刃磨

一、实训教学目标与要求

1）了解三角形外螺纹车刀的几何形状和角度要求。
2）掌握三角形外螺纹车刀的刃磨要求和方法。

二、基础知识

1. 螺纹的形状

螺纹的形状有三角形、梯形、矩形、锯齿形等。

2. 螺纹的主要参数

（1）直径 螺纹直径有大径（D、d）、中径（D_2、d_2）、小径（D_1、d_1），大写表示内螺纹，小写表示外螺纹，如图1-90所示。

（2）线数（n） 形成螺纹的螺旋线条数，称为线数。

（3）螺距（P）和导程（P_h） 螺距是相邻两牙在中径线上对应点间的轴向距离；导程是同一条螺旋线上相邻两牙在中径线上对应点间的轴向距离。螺距和导程之间的关系为

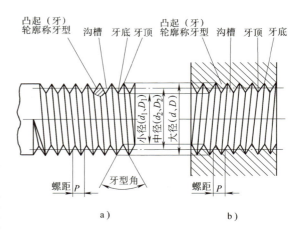

图1-90 三角形螺纹的形状及参数
a）外螺纹形状及参数 b）内螺纹形状及参数

$$P_h = nP$$

（4）旋向 顺时针方向旋合的螺纹，称为右旋螺纹；逆时针方向旋合的螺纹，称为左旋螺纹。

（5）牙型角（α） 螺纹牙型相邻两牙同侧面间的夹角，称为牙型角。

三、外螺纹车刀的刃磨

外螺纹车刀属于成形刀具，它的形状和螺纹牙形的轴向剖面形状相同，即车刀的刀尖角与螺纹的牙型角相同。

1. 三角形螺纹车刀的几何角度

1）刀尖角应等于牙型角。普通螺纹的牙型角 $\alpha = 60°$，寸制螺纹的牙型角 $\alpha = 55°$。

2）前角一般为0°~15°。精车外螺纹车刀的前角取6°~10°，如图1-91b所示。

3）粗车时外螺纹车刀的后角如图1-91a所示；精车时外螺纹车刀的后角如图1-91b所示。

2. 三角形外螺纹车刀的刃磨

（1）刃磨步骤（图1-92）

1）粗磨左、右后刀面，初步形成刀尖角、进刀后角，用对刀样板检查刀尖角。

2）粗、精磨前刀面，形成前角。

3）精磨左、右后刀面，形成左、右后角、刀尖角和进刀后角，检测两侧后角并修正。

4）刃磨刀尖倒棱（倒棱宽一般为0.1P）；用油石研磨前、后刀面。

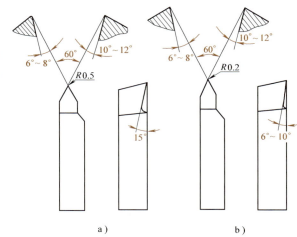

图1-91 高速钢三角形外螺纹车刀
a）粗车外螺纹车刀 b）精车外螺纹车刀

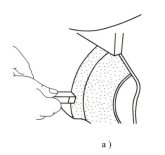 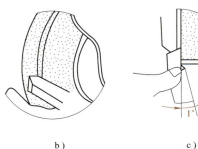

图1-92 刃磨三角形外螺纹车刀
a）刃磨左侧后刀面 b）刃磨右侧后刀面 c）刃磨前刀面

（2）刃磨要求

1）车刀的左右切削刃必须是直线，无崩刃。

2）刀头不歪斜，牙型半角相等。

3）刃磨高速钢外螺纹车刀时，若感到发热烫手，应及时用水冷却，否则容易引起刀尖退火。

4）刃磨硬质合金外螺纹车刀时，应防止压力过大而振碎刀片，同时要防止刃磨时因骤冷骤热而损坏刀片。

（3）刀尖角的检查 为了保证磨出准确的刀尖角，在刃磨时可用螺纹角度样板测量，如图1-93所示。测量时把刀尖角与样板贴合，对准光源，仔细观察两边贴合的间隙，并进行修磨。

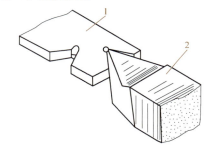

图1-93 用螺纹角度样板检查刀尖角
1—螺纹角度样板 2—外螺纹车刀

四、技能训练（刃磨三角形外螺纹精车刀的方法与步骤）

1. 准备工作

分析刃磨车刀的形状与技术要求。刃磨车刀的形状及技术要求如图1-91所示，车刀毛坯尺寸为 8mm×16mm×200mm，材料为高速钢。

1）检查砂轮是否正常，若砂轮的磨削面不良，应用金刚石砂轮刀修正，并戴防护眼镜。

2）打开电源开关，等到转速正常，方可开始刃磨。

2. 粗磨左、右侧后刀面（图 1-92a、b）

刃磨时，双手握刀，使刀杆与砂轮外圆水平方向成 30°，垂直方向外倾 8°~10°，磨出左侧后刀面，左侧后角为 10°~12°；用同样的方法磨出右侧后刀面，右侧后角为 6°~8°。刃磨出的左侧后角应略大于右侧后角。

3. 粗磨前刀面

粗磨前刀面并形成纵向前角（6°~10°）（图 1-92c）。

4. 精磨前刀面

精磨前刀面，要求刀面平整、光洁，表面粗糙度值为 $Ra1.6\mu m$。

5. 精磨左、右侧后刀面

1）刃磨时用螺纹角度样板检查、修正刀尖角（60°），如图 1-93 所示。

2）左侧后角为 10°~12°，右侧后角为 6°~8°；纵向前角为 6°~10°。

3）要求切削刃平直、锋利。

6. 刃磨倒棱

刀尖处磨出 $R0.5mm$ 的刀尖圆弧。

7. 用油石研磨刀尖及刀面

过程略。

五、注意事项

1）刃磨时，人的站立位置要正确，否则刃磨的刀尖角易偏斜。

2）刃磨高速钢车刀时，压力小于一般车刀，并及时蘸水冷却，避免过热降低切削刃硬度。

3）粗磨后的刀尖角应略大于牙型角，待磨好前角后再修正刀尖角。

4）刃磨外螺纹车刀的切削刃时，要平行移动，这样容易使切削刃平直。

六、实训成绩评定

刃磨三角形外螺纹车刀实训成绩评定见表 1-23。

表 1-23 刃磨三角形外螺纹车刀实训成绩评定表

序 号	检测项目	配 分	评分标准	检测结果	得 分
1	前角 6°~10°	20	每超差 1°扣 10 分		
2	前刀面表面粗糙度值 $Ra1.6\mu m$	10	超差一级扣 5 分		
3	刀尖角 60°	30	超差 1°扣 10 分		
4	左侧后角 10°~12°	20	超差 1°扣 10 分		
5	右侧后角 6°~8°	20	超差 1°扣 10 分		
6	安全文明生产		酌情扣分		
	总分				

任务二　车削三角形外螺纹

一、实训教学目标与要求

1) 掌握车削外螺纹时进给箱手柄位置和交换齿轮的调整方法。
2) 掌握车削三角形外螺纹的方法及测量方法。

二、基础知识

1. 车床的调整

根据螺纹螺距或导程，查看车床进给箱上的铭牌，确定交换齿轮变速机构内交换齿轮的齿数，并按要求调换；然后调整进给箱手柄到规定位置。

2. 外螺纹车刀的装夹

1) 装夹外螺纹车刀时，刀尖位置一般应对准工件回转中心（可根据尾座顶尖高度检查）。

2) 车刀刀尖角的对称中心线必须与工件轴线垂直，装刀时可用螺纹样板对刀（图1-94a）。如果把车刀装斜，车出的牙型将歪斜，如图1-94b所示。

3) 刀头伸出长度不要过长。

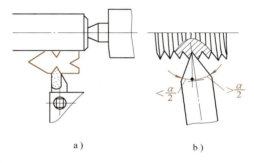

图1-94　外螺纹车刀的安装
a) 螺纹样板对刀　b) 车刀装斜

3. 低速车削外螺纹的方法

（1）车削外螺纹的进给方法　外螺纹车削需要经多次进给和重复进给才能完成。因此，每次进给时，必须保证车刀刀尖对准已车出的螺旋槽，否则已车出的牙型就可能被切去，这种现象称为乱牙。

低速车削普通外螺纹，一般选用高速钢车刀，分别用粗、精车刀对螺纹进行粗、精车。低速车削外螺纹精度高，表面质量好，但车削效率低，应根据机床和工件的刚性、螺距的大小，选择不同的进给方式。

1) 直进法。车削时，在每次往复行程后，车刀沿横向进给，通过多次行程，把螺纹车成（图1-95a）。采用这种切削方法操作简单，容易得到比较正确的牙型。但由于车削时是两切削刃同时参加切削，切削力较大，容易产生"扎刀"现象。这种方法适合车削螺距小于3mm的三角形外螺纹和脆性材料的外螺纹。

2) 左、右切削法。左、右切削法一般在精车外螺纹时使用（图1-95b）。它是将车刀移到外螺纹的一个侧面进行车削，待将其车光以后，再移动车刀车削螺纹的另一侧面。在车削过程中也可用观察法控制左右微进给量。当排出的切屑很薄时（像锡箔），待两侧面均车光后，将车刀移到中间，把牙底车光（用直进法），保证牙底尺寸和清角。

3) 斜进法。车削螺距较大的外螺纹时，为了避免两侧切削刃同时参加切削，采用斜进法（图1-95c）。按操作方式不同，斜进法车外螺纹有中、小滑板交替进给和小滑板转动角度两种。

① 中、小滑板交替进给斜进法。车削时，在每次往复行程后，除中滑板横向进给外，小滑板也做顺向的微量进给，这样重复几次，可把螺纹车成。

② 小滑板转动角度斜进法。用这种方法车削螺纹时，先将小滑板顺时针方向转动（90°－α/2）角度，α/2 为牙型半角。车外螺纹时，直接由小滑板进给而中滑板不动，即车刀沿牙型侧面做斜进给。这种方法因中滑板不进给，操作简便，也避免了乱牙。

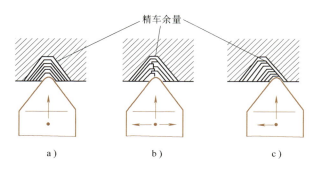

图 1-95　低速车削三角形外螺纹的进给方法
a）直进法　b）左、右切削法　c）斜进法

斜进法由于车刀做斜进给，形成单刃切削，所以不易产生扎刀，但牙型不够准确，只适用于粗车，一般每侧面应留 0.2mm 的精车余量。精车时，必须用左、右切削法才能保证螺纹精度。

（2）退刀方法

1）每次进给终了时，横向退刀，同时提起开合螺母，手动使溜板箱返回起始位置，调整背吃刀量后，合上开合螺母重复进给。这种方法可节省回程时间，减小丝杠的磨损，但只能用于丝杠螺距是螺纹螺距（或导程）的整倍数的情况，否则会产生乱牙。

2）每次进给终了时，先横向退刀，然后开反车使工件和丝杠都反转，丝杠驱动溜板箱返回起始位置，然后调整背吃刀量，改为正转，重复进给，此法也称开倒顺车法。这种方法开合螺母始终与丝杠啮合，刀尖相对工件的运动轨迹不变，即使丝杠螺距不是工件螺距的整数倍，也不会产生乱牙现象，但不能用于高速车削螺纹。

4. 低速车外螺纹的步骤

1）装夹车刀，使其工件回转中心等高，并用样板对刀。

2）按螺纹规格车外螺纹外圆和倒角，并按要求刻出螺纹长度终止线或先车出退刀槽，如图 1-96 所示。同时调整好中滑板刻度零位，以便确定背吃刀量的起始位置。

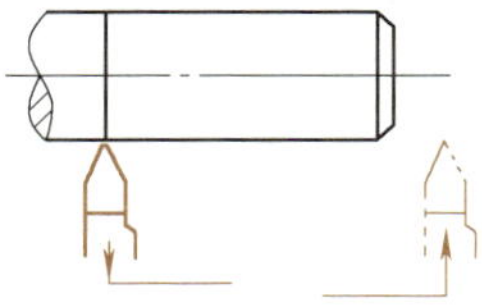

图 1-96　螺纹长度终止线退刀标记

3）按螺距调整交换齿轮和进给箱手柄位置。取主轴转速 $n = 12 \sim 150 \mathrm{r/min}$。

4）将外螺纹车刀移至离工件端面 8～10 牙处，横向进给 0.05mm 左右。开机，合上开合螺母，在工件表面上试切第一条螺旋线。提起开合螺母，用钢直尺或螺纹量规检查螺距是否正确（图 1-97）。若螺距不对，必须检查并调整好交换齿轮和进给箱的手柄位置后方可车削。

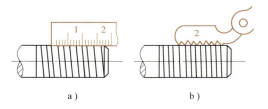

图 1-97　检查螺距
a）用钢直尺　b）用螺纹量规

5）小螺距螺纹可用直进法车削；大螺距螺纹则用斜进法和左、右切削法进行车削。车螺纹时，必须加注切削液。为了防止产生乱牙，

一般采用开倒顺车法加工。

5. 切削用量的选择

低速车削外螺纹时，要选择粗、精车切削用量，并在一定进给次数内完成车削。

（1）切削速度　粗车时 $v_c = 10 \sim 15\text{m/min}$；精车时 $v_c < 6\text{m/min}$。

（2）背吃刀量　车外螺纹时，总背吃刀量 a_p 与螺距的关系是：$a_p \approx 0.65P$，中滑板转过的格数 n 可用下式计算

$$n = \frac{0.65P}{a}$$

式中　a——中滑板刻度盘每格移动的距离（mm）；

　　　P——螺距（mm）。

粗车时 $a_p = 0.5 \sim 1\text{mm}$，且采用递减方式进给；精车时 $a_p < 0.5\text{mm}$。

（3）进给次数　第一次进给 $a_p/4$，第二次进给 $a_p/5$，逐次递减，最后留 0.2mm 的精车余量。进给次数不能太少，具体次数应根据螺纹的要求确定或查车工手册。

6. 车削外螺纹时中途对刀方法

中途换刀或车刀刃磨后须重新对刀，即车刀不切入而按下开合螺母，待车刀移到工件表面处，立即停车。摇动中、小滑板，使车刀刀尖对准螺旋槽，再开车，观察车刀刀尖是否在槽内，直至对准后方可开始车削。

7. 螺纹的测量和检验

（1）螺纹大径的测量　螺纹大径的公差数值较大，一般可用游标卡尺或螺纹千分尺测量。

（2）螺距的测量　螺距一般可用钢直尺进行跨齿测量，如图 1-97a 所示。细牙螺纹的螺距小，用钢直尺测量比较困难，可用螺纹量规测量，如图 1-97b 所示。

（3）中径的测量　精度较高的三角形外螺纹，可用螺纹千分尺测量，如图 1-98 所示，读数就是该螺纹中径的实际尺寸。

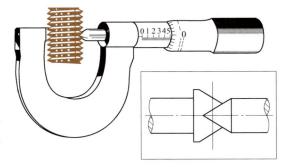

图 1-98　用螺纹千分尺测量中径

（4）三针测量法　用三针测量法可测量出精度较高的三角形、梯形等外螺纹的中径，以及蜗杆的分度圆直径。具体测量方法如下。

1）量针测量距的计算方法。测量时把三根直径相等的量针放入螺纹相应的螺旋槽内，用千分尺量出两边量针顶点之间的距离 M，如图 1-99 所示。量针测量距 M 可用下式计算

$$M = d_2 + d_D \left[1 + \frac{1}{\sin(\alpha/2)}\right] - \frac{P\cot(\alpha/2)}{2}$$

式中　M——量针测量距（mm）；

　　　d_2——螺纹中径（mm）；

　　　d_D——量针直径（mm）；

　　　α——螺纹牙型角（°）；

　　　P——螺距（mm）。

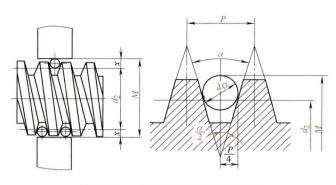

图 1-99 三针测量法测量螺纹中径

2)量针直径的选择。三针测量法用的量针,最小直径不能沉没在牙槽内以致无法测量,最大直径不能与测量面脱离,使测量值不正确。最佳量针直径应该使量针跟螺纹中径相切。因此,量针直径可按下式计算

$$d_D = \frac{P}{2\cos(\alpha/2)}$$

为了计算方便,可根据表 1-24 中的公式计算量针测量距 M 值及量针直径 d_D。

例如,用三针测量法测量 M16 普通螺纹,求量针直径 d_D 和量针测量距 M。

1)计算螺纹中径。$d_2 = d - 0.6495P = 16\text{mm} - 0.6495 \times 2\text{mm} = 14.701\text{mm}$。

2)计算量针直径。$d_D = 0.577P = 0.577 \times 2\text{mm} = 1.154\text{mm}$。

3)计算量针测量距。$M = d_2 + 3d_D - 0.866P = 14.701\text{mm} + 3 \times 1.154\text{mm} - 0.866 \times 2\text{mm} = 16.431\text{mm}$。

表 1-24 量针测量距 M 值及量针直径 d_D 计算公式

蜗杆压力角 $\alpha/(°)$	螺纹牙型角 $\alpha/(°)$	M 值计算公式/mm	量针直径 d_D/mm
—	60	$M = d_2 + 3d_D - 0.866P$	$d_D = 0.577P$
—	55	$M = d_2 + 3.166d_D - 0.9605P$	$d_D = 0.564P$
20	—	$M = d_1 + 3.924d_D - 1.374P$	$d_D = 0.533P$
—	30	$M = d_2 + 4.864d_D - 1.866P$	$d_D = 0.518P$

注:d_1 是蜗杆分度圆直径(mm)。

(5)综合测量 用螺纹环规综合检查三角形外螺纹。首先对螺纹的大径、螺距、牙型和表面质量进行检查,然后用环规测量外螺纹的尺寸。如果环规通端正好旋进而止端旋不进,说明螺纹精度符合要求。对精度要求不高的螺纹也可用标准螺母检查(生产中常用),以旋入工件时是否顺利和松动的程度来确定,如图 1-100 所示。检查有退刀槽的螺纹时,环规能够通

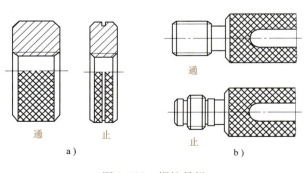

图 1-100 螺纹量规
a)环规 b)塞规

过退刀槽与台阶平面靠平，即为合格螺纹。

三、技能实训（车削三角形外螺纹）

1. 准备工作

1）分析图1-101所示工件的形状及技术要求。

2）将外圆车刀、车槽刀、外螺纹车刀装于刀架上并对准工件回转中心。

3）用一夹一顶方式装夹，夹持$\phi 42$mm外圆，后顶尖支承（中心孔已加工出）。

4）确定主轴转速，取$n=360$r/min；进给量$f=0.1\sim 0.15$mm/r。

2. 车外圆

车M39×2外圆至$\phi 39_{-0.20}^{\ 0}$mm，长度为35mm，表面粗糙度值为$Ra3.2\mu$m。

3. 车螺纹退刀槽

车螺纹退刀槽$\phi 36$mm×5mm至尺寸；螺纹端面倒角$C2$。

4. 粗车外螺纹

1）选择主轴转速，取$n=45$r/min（12～120r/min）。

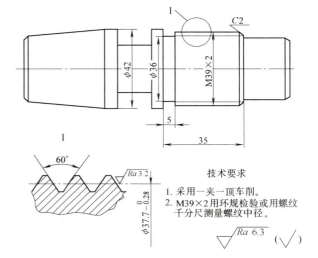

图1-101　车削三角形外螺纹实训工件

2）按螺纹螺距在进给箱铭牌上找到交换齿轮的齿数和手柄位置，调整好交换齿轮，并把手柄拨到所需的位置。

3）用螺纹样板将外螺纹车刀调整好。

4）试切螺纹。在外圆表面上车出一条螺旋线痕，并调整中滑板刻度盘"0"位（以便车螺纹时掌握背吃刀量），用钢直尺检查螺距。

5）螺距合格后，用开倒顺车的方法操作，采用直进法车削，在4～5次进给内完成粗车（每边留0.2～0.3mm的精车余量）。

5. 精车外螺纹

1）选择主轴转速，取$n=10$r/min。

2）精车时采用左、右切削法，车刀切削刃要始终保持锋利。若换刀，要进行中途对刀，否则会把牙型车坏。

3）精车时进给量要小，注意用观察法控制左右微进给量。当排出的切屑很薄时，车出的螺纹表面质量好。一般精车完进给方向一侧，表面质量达到要求后，再精车另一侧。同时用环规或螺纹千分尺测量，直至中径符合要求；表面粗糙度值为$Ra3.2\mu$m。

4）将车刀移至牙槽中间进行清底，并车出螺纹小径尺寸。

6. 检查

工件质量合格后卸下工件。

四、注意事项

1）装夹外螺纹车刀时，要采用螺纹样板对刀，以防车削时产生倒牙。

2）车螺纹前要检查交换齿轮的间隙是否适当。把主轴变速手柄放在空档位置，用手旋转主轴（正转、反转），感觉是否有过重或空转量过大现象。

3）初次车螺纹者操作不熟练，一般宜采用较低的切削速度。

4）车螺纹时，开合螺母必须到位，如未合好，应立即停车，重新操作。

5）车铸铁螺纹时，径向进给不宜太大，否则会使螺纹牙尖崩裂，造成废品。

6）车螺纹应始终保持切削刃锋利。如中途换刀或磨刀后必须重新对刀以防乱牙，并重新调整中滑板刻度。

7）粗车螺纹时，要留适当的精车余量，并加注切削液。

8）车削时应防止螺纹小径不清、侧面不光、牙型线不直等不良现象出现。

9）使用环规检查时，不能用力过大或用扳手强拧，以免环规严重磨损或使工件发生位移。

10）车外螺纹时应特别注意以下安全技术问题。

① 调整交换齿轮必须在切断电源后进行。交换齿轮装好后要装上防护罩。

② 车螺纹时是按螺距纵向进给，因此进给速度快。退刀和倒车必须及时且动作协调，否则会使车刀与工件台阶或卡盘撞击而发生事故。

③ 开倒顺车换向不能过快，否则机床将受到瞬时冲击，易损坏部件。在卡盘与主轴连接处必须安装保险装置，以防因卡盘在反转时从主轴上脱落。

④ 车螺纹进给时，必须使中滑板手柄转过圈数准确，否则会造成刀尖崩刃或工件损坏。

五、实训成绩评定

车削三角形外螺纹实训成绩评定见表 1-25。

表 1-25　车削三角形外螺纹实训成绩评定表

序　号	检测项目	配　分	评分标准	检测结果	得　分
1	外径 $\phi 39_{-0.20}^{0}$ mm	15	超差不得分		
2	M39×2 中径	50	通端不进或止端全进扣 50 分		
3	牙型两侧面表面粗糙度值 $Ra3.2\mu m$	10	超差不得分		
4	牙型角（60°、牙正、底清）	15	一项超差扣 5 分		
5	退刀槽 $\phi 36$mm×5mm	5	超差不得分		
6	尺寸 35mm	3	超差不得分		
7	倒角 C2	2	超差不得分		
8	安全文明生产		酌情扣分		
	总分				

注：环规止端进入螺纹长 1/2 以内，可适当扣 5～15 分；乱牙为不及格。

任务三　车削梯形外螺纹

一、实训教学目标与要求

1）掌握梯形外螺纹车刀的修磨方法。

2)掌握梯形外螺纹的车削方法和测量方法。

二、基础知识

1. 梯形螺纹基本牙型与尺寸的计算

梯形螺纹基本牙型如图1-102所示,尺寸的计算见表1-26。

2. 梯形外螺纹车刀的选择和装夹

(1) 车刀的选择 通常采用低速车削,选用高速钢车刀,如图1-103(ψ是螺纹升角)、图1-104所示。

(2) 车刀装夹 外螺纹车刀的刀尖应与工件轴线等高,切削刃夹角的平分线应垂直于工件轴线,装刀时用对刀样板校正(图1-105),以免产生螺纹半角误差。

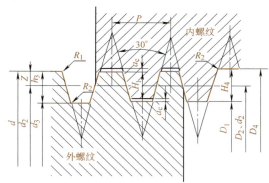

图1-102 梯形螺纹基本牙型

表1-26 梯形螺纹各部分名称、代号及计算公式   (单位: mm)

名称	代号	计算公式	名称	代号	计算公式
外螺纹大径(公称直径)	d	由设计确定	外螺纹中径	d_2	$d_2 = d - 2Z = d - 0.5P$
螺距	P	1.5~5 6~12 14~44	内螺纹中径	D_2	$D_2 = d - 2Z = d - 0.5P$
牙顶间隙	a_c	0.25 0.5 1	外螺纹小径	d_3	$d_3 = d - 2h_3$
基本牙型高度	H_1	$H_1 = 0.5P$	内螺纹小径	D_1	$D_1 = d - 2H_1 = d - P$
外螺纹牙高	h_3	$h_3 = H_1 + a_c = 0.5P + a_c$	内螺纹大径	D_4	$D_4 = d + 2a_c$
内螺纹牙高	H_4	$H_4 = H_1 + a_c = 0.5P + a_c$	外螺纹牙顶圆角	R_1	$R_{1\max} = 0.5a_c$
牙顶高	Z	$Z = 0.25P = H_1/2$	牙底圆角	R_2	$R_{2\max} = a_c$

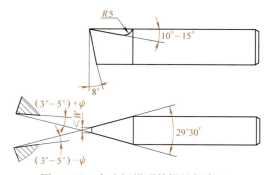

图1-103 高速钢梯形外螺纹粗车刀

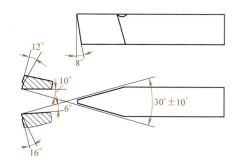

图1-104 高速钢梯形外螺纹精车刀

3. 工件装夹

车削梯形外螺纹时,切削力较大,工件一般采用一夹一顶的方式装夹。此外,轴向采用限位台阶或限位支承固定工件的轴向位置,以防车削过程中工件轴向窜动或移动造成乱牙、撞坏车刀。

4. 梯形外螺纹的车削方法

(1) 低速切削法

1) 单刀车削法。螺距$P<4$mm和精度要求不高的梯形外螺纹,可用一把梯形外螺纹车

刀，选择较低的切削速度，并用少量的左右进给直接车削完成。

2）左右切削法。粗车螺距 $P=4\sim8\text{mm}$ 的梯形外螺纹，常用左右车削法，可以防止因三个切削刃同时参加切削而产生振动和"扎刀"现象，如图1-106a所示。

3）切直槽法。粗车时，可先用矩形外螺纹车刀（刀头宽度应等于齿根槽宽）车出螺旋直槽，槽底直径应等于螺纹小径，然后用梯形外螺纹车刀精车齿面，如图1-106b所示。

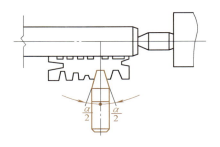

图1-105 梯形外螺纹车刀的装夹

4）切阶梯槽法。粗车螺距 $P>8\text{mm}$ 的梯形外螺纹时，可先用刀头宽度 $<P/2$ 的矩形外螺纹车刀，用车直槽法车至螺纹的中径处，再用刀头宽度等于根部槽宽的矩形外螺纹车刀把槽车至螺纹的小径尺寸，然后用带卷屑槽的精车刀车削至要求，如图1-106c所示。

（2）高速车削法 切削梯形外螺纹时，为防止切屑排出时擦伤螺纹牙侧，不能使用左右切削法。在车削 $P<8\text{mm}$ 的梯形外螺纹时，可用直进法车削，如图1-107a所示。在车削 $P>8\text{mm}$ 的梯形外螺纹时，为减少切削力和牙型变形，可分别用三把车刀依次车削，先用车刀把螺纹粗车成形，再用车槽刀将螺纹小径车至尺寸，最后用精车刀把螺纹车至规定要求，如图1-107b所示。

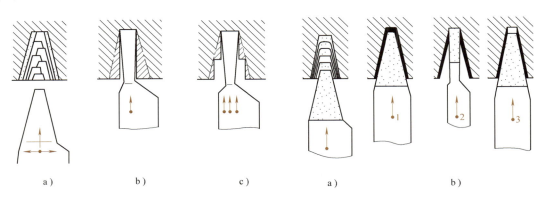

图1-106 低速车梯形外螺纹的方法
a) 左右切削法 b) 切直槽法 c) 切阶梯槽法

图1-107 高速车梯形外螺纹的方法
a) 用一把刀车削 b) 用三把刀车削

三、技能训练（车梯形外螺纹的方法与步骤）

1）分析图1-108所示工件的形状和技术要求。

2）一夹一顶装夹工件。工件伸出长度为70mm左右，并找正。

3）车刀的选择和装夹。选择、安装直槽车刀和梯形外螺纹精车刀。

4）粗、精车 $\phi 32_{-0.375}^{0}\text{mm}$ 外圆，长度为 $60_{-0.12}^{0}\text{mm}$。

5）车槽 $\phi 24\text{mm} \times 8\text{mm}$，并倒角 $C2$。

6）粗车 $Tr32 \times 6$ 梯形外螺纹。

7）精车梯形外螺纹至尺寸要求。

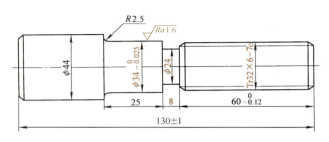

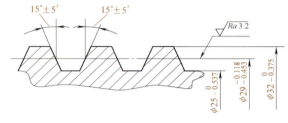

图 1-108 梯形外螺纹螺杆

8）检测梯形外螺纹。

① 用环规测量。

② 三针测量法。用三针测量法测量外螺纹中径是一种比较精密的测量方法。

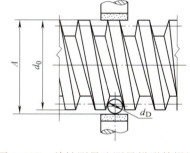

图 1-109 单针测量法测量梯形外螺纹

a）量针测量距 M 的计算公式为
$$M = d_2 + 4.864 d_D - 1.866 P$$

式中　M——量针测量距（mm）；

　　　d_2——外螺纹中径（mm）；

　　　d_D——量针直径（mm）；

　　　P——螺距（mm）。

b）量针直径计算公式为
$$d_D = 0.518 P$$

c）实际测量以图 1-99 为例。

计算量针直径：$d_D = 0.518 P = 0.518 \times 6 \text{mm} = 3.108 \text{mm}$；

计算螺纹中径：$d_2 = d - 0.5 P = 32 \text{mm} - 3 \text{mm} = 29 \text{mm}$；

计算量针测量距：$M = d_2 + 4.864 d_D - 1.866 P = 29 \text{mm} + 15.12 \text{mm} - 11.2 \text{mm}$
$= 32.92 \text{mm}$。

选取 3.108mm 的量针放入螺旋槽测量，实际测量值符合 $32.92_{-0.453}^{-0.118}$mm，为合格。

③ 单针测量法（图 1-109）。单针测量法的计算公式为
$$A = \frac{M + d_0}{2}$$

式中　A——单针测量值（mm）；

　　　d_0——外螺纹大径的实际测量尺寸（mm）；

　　　M——量针测量距的计算值（mm）。

仍以图 1-108 为例：

a）计算量针直径 $d_D = 0.518P = 0.518 \times 6\text{mm} = 3.108\text{mm}$；

b）螺纹中径 $d_2 = d - 0.5P = 32\text{mm} - 3\text{mm} = 29\text{mm}$；

c）计算量针测量距：$M = d_2 + 4.864d_D - 1.866P = 29\text{mm} + 4.864 \times 3.108\text{mm} - 1.866 \times 6\text{mm} = 32.92\text{mm}$；

d）测出螺纹 d_0 值，代入 $A = (M + d_0)/2$；

e）计算出 A 值与测量值 d_0 的差值，就是梯形外螺纹的实际偏差，如在公差内就合格；反之为不合格。

四、实训成绩评定

车削梯形外螺纹实训成绩评定见表 1-27。

表 1-27 车削梯形外螺纹实训成绩评定表

序　号	检测项目	配　分	评分标准	检测结果	得　分
1	外径 $\phi34_{-0.025}^{\ 0}$ mm	10	超差不得分		
2	表面粗糙度值 $Ra1.6\mu\text{m}$	10	超差不得分		
3	大径 $\phi32_{-0.375}^{\ 0}$ mm	10	超差不得分		
4	中径 $\phi29_{-0.453}^{-0.118}$ mm	15	超差 0.005mm 扣 5 分		
5	小径 $\phi25_{-0.537}^{\ 0}$ mm	10	超差不得分		
6	牙型两侧面表面粗糙度值 $Ra1.6\mu\text{m}$	15	超差不得分		
7	牙型半角 $15°\pm 5'$	15	超差 1′扣 1.5 分		
8	退刀槽 $\phi24\text{mm} \times 8\text{mm}$	5	超差不得分		
9	倒角 $C2$（3 处）	10	一处超差扣 5 分		
10	安全文明生产		酌情扣分		
	总分				

注：乱牙为不及格。

任务四　蜗杆的车削

一、实训教学目标与要求

1）了解蜗杆的基本参数。
2）掌握车刀的刃磨和装夹方法。
3）掌握蜗杆的车削技能。

二、基础知识

1. 蜗杆齿形与尺寸

蜗杆齿形如图 1-110 所示，其有关尺寸计算见表 1-28。

2. 蜗杆车刀

常用高速钢车刀，刃磨时进给方向一面的后角必须相应加上导程角 γ。由于蜗杆的导程角较大，车削时车刀前角、后角会发生较大变化，切削很不顺利，如果采用可调节的刀杆

（图1-111）进行粗加工，就可克服上述现象。

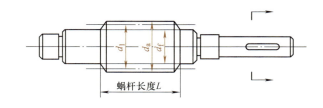

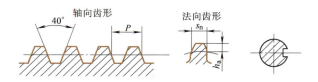

图1-110　蜗杆及其齿形

表1-28　米制蜗杆的各部分名称、参数及尺寸计算

名称和代号	计算公式	名称和代号		计算公式
轴向模数 m_x	基本参数由国家标准确定	分度圆直径 d_1		$d_1 = qm_x$（q 为蜗杆直径系数）
轴向压力角 α_x	$\alpha_x = 20°$（$2\alpha = 40°$）	齿顶圆直径 d_a		$d_a = d_1 + 2m_x$
轴向齿距 P_x	$P_x = \pi m_x$	齿根圆直径 d_f		$d_f = d_1 - 2.4m_x$
全齿高 h	$h = 2.2m_x$	导程角 γ		$\tan\gamma = z_1 \pi m_x / (\pi d_1)$
齿顶高 h_a	$h_a = m_x$	齿厚 s	轴向	$s_x = \pi m_x / 2$
齿根高 h_f	$h_f = 1.2m_x$		法向	$s_n = (\pi m_x / 2)\cos\gamma$

注：z_1 为蜗杆头数。

（1）右旋蜗杆粗车刀（图1-112）

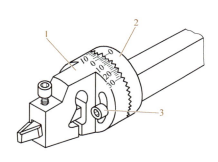

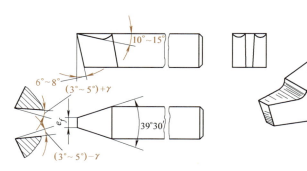

图1-111　可调节的刀杆

1—切削部分　2—刀柄　3—螺钉

图1-112　蜗杆粗车刀

1) 车刀左右切削刃之间的夹角要小于两倍压力角。
2) 刀头宽度应小于齿根槽宽（可查车工手册）。
3) 切削钢料时，应磨有 10°~15° 的纵向前角。
4) 径向后角为 6°~8°。

5）左刃后角为(3°~5°)+γ，右刃后角为 (3°~5°)-γ。

（2）蜗杆精车刀（图1-113）

1）车刀左右切削刃之间的夹角等于两倍的压力角。

2）为了保证的压力角，一般前角磨成0°。图1-113所示的车刀可获得较小的表面粗糙度和较高的齿形精度，但车刀前端切削刃不能进行切削，只能精车两侧齿面。

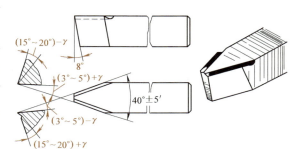

图1-113　蜗杆精车刀

3. 蜗杆的车削方法

（1）车刀的装夹　可用游标万能角度尺来校正车刀刀尖角位置。图1-114所示为将游标万能角度尺的一边靠在工件外圆上，观察另一边和车刀刃口的间隙，如有偏差，可重新装夹来调整刀尖角的位置。

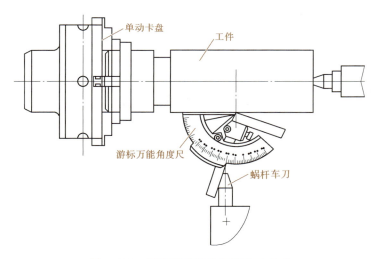

图1-114　用游标万能角度尺装正车刀

（2）蜗杆的车削方法　车削蜗杆与车梯形外螺纹相似，也采用开倒顺车切削，粗车后留0.2~0.4mm的精车余量。由于蜗杆的螺距大，齿形深，切削面积大，所以精车时采用均匀的单面车削，同时控制切削用量，防止"啃刀"及"扎刀"现象。

三、技能训练（车削米制蜗杆的方法与步骤）

1）分析图1-115所示工件的形状和技术要求。
2）一夹一顶装夹；粗车φ18mm×40mm毛坯外圆至φ19mm×39.5mm。
3）调头装夹，粗车φ18mm×30mm外圆和φ32mm外圆，留精车余量0.2mm，并粗车蜗杆。
4）两顶尖装夹，精车蜗杆外径φ32mm，倒角20°。
5）精车蜗杆至中径精度要求。
6）精车$\phi 18_{-0.021}^{0}$mm×30mm。

7) 调头两顶尖装夹，精车 $\phi18_{-0.021}^{0}$ mm×40mm 至尺寸要求。

8) 倒角 C1；检测尺寸和精度。

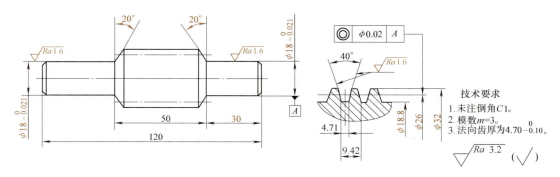

图 1-115　蜗杆

四、注意事项

1) 车削蜗杆时，一定要先检验导程。
2) 加工大模数蜗杆，应尽量缩短工件的支承长度，提高工件的装夹刚性。
3) 精加工时，可使用两顶尖装夹，以保证同轴度、工件精度。

任务五　多线螺纹的车削

一、实训教学目标与要求

1) 了解多线螺纹的概念。
2) 掌握多线螺纹的分线方法和车削方法。

二、基础知识

1. 多线螺纹

沿两条或两条以上的螺旋线所形成的螺纹，称为多线螺纹。多线螺纹每旋转一周，沿轴线方向移动 n 倍螺距（n 为螺纹线数）。因此，多线螺纹常用于快速进退机构。区别螺纹线数的多少时，可以从端面上看螺距槽的数目，如图 1-116 所示。

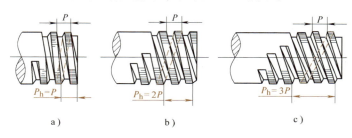

图 1-116　螺纹

a) 单线螺纹　b) 双线螺纹　c) 三线螺纹

同一条螺旋线上的相邻两牙在中径线上对应两点间的轴向距离，称为导程。单线螺纹的导程与螺距相等；多线螺纹的导程等于其螺距与线数的乘积，即

$$P_h = nP$$

式中　P_h——螺纹导程（mm）；

　　　P——螺距（mm）。

2. 车削多线螺纹的分线方法

（1）轴向分线法

1）用小滑板刻度分线。当车好一条螺旋槽后，利用小滑板刻度使车刀移动一个螺距的距离，再车第二条螺旋槽，从而达到分线的目的。此方法一般适用于多线螺纹的粗车或单件小批量生产。

2）用百分表分线。用百分表控制小滑板的移动量，如图1-117所示，根据百分表上的读数来确定小滑板移动量。此方法适用于分线精度要求较高的单件生产，但百分表的移动距离较小，加工螺距较大或线数较多的螺纹时，可能使分线产生困难。

3）用百分表和量块分线。用百分表和量块确定小滑板的移动量，如图1-118所示。用这种方法分线的精度较高，也适用于加工导程较大的多线螺纹，但在车削过程中，应经常校正百分表的零位。

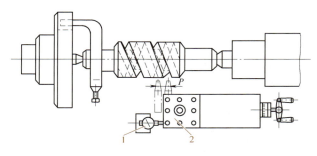

图1-117　用百分表分线
1—百分表　2—刀架

图1-118所示为车削双头蜗杆的分线方法，首先要在床鞍和小滑板上各装一个定位块1、百分表3及量块2。在车第一条螺旋线时，在百分表与定位块之间放入厚度等于蜗杆齿距的量块，在开始车削第二条螺旋槽之前，取出量块。移动小滑板再放入两倍齿距的量块2，即可完成第二条螺旋线的分线。如螺纹线数大于2，只需多准备几块螺距倍数值的量块即可完成分线。采用百分表量块分线，由于量块不能固定在机床上，所以精车时为了保证分线精确，每次百分表测头与量块接触时，松紧应保持完全一致。

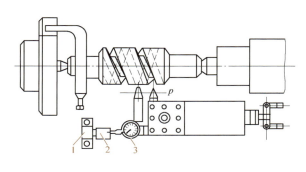

图1-118　用百分表和量块分线
1—定位块　2—量块　3—百分表

（2）圆周分线法

1）利用自定心卡盘、单动卡盘分线。当工件采用两顶尖装夹，并用自定心卡盘或单动卡盘代替拨盘时，可利用卡爪对二、三、四线的多线螺纹进行分线。车好一条螺旋槽后，只需松开顶尖，把工件连同鸡心夹头转过一个角度，由卡盘上的另一只卡爪拨动再顶好顶尖，就可车削另一条螺旋槽。这种方法较简单，但精度较差。

2）利用交换齿轮分线。当车床主轴交换齿轮齿数是螺纹线数的整数倍时，可以利用主轴交换齿轮进行分线，如图1-119所示。分线时，应注意开合螺母不能提起，交换齿轮必须向一个方向转动。

3. 车削多线螺纹的方法

采用左右切削法，车好一条螺旋槽后，再车另一条螺旋槽，如图1-120所示。

1）粗车第一条螺旋槽，并记住中、小滑板刻度值。

2）分线粗车第2、3条螺旋线，中滑板刻度值应与车第一条螺旋槽时相同，小滑板借刀量必须相等，以保证螺距精度。

3）精车时应先车侧面1，并记住小滑板背吃刀量。

4）从零位开始计算，将小滑板向前移动一个螺距，精车侧面2，背吃刀量与车侧面1相同。

5）移动车刀精车侧面3，记住背吃刀量。

6）将小滑板后摇一个螺距，车侧面4，背吃刀量与车侧面2相同。

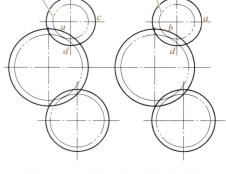

图1-119 利用主轴交换齿轮分线

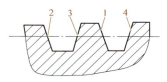

图1-120 双线螺纹的车削顺序

三、技能训练

车多线螺纹的方法和步骤如下。

1）分析图1-121所示工件。
2）装夹工件。工件伸出长度为80mm左右，找正夹紧。
3）粗、精车$\phi 36$mm×72mm外圆。
4）车槽$\phi 28$mm×12mm。
5）$\phi 29$mm处两侧倒角。
6）粗车Tr36×12（P6）螺纹。
7）精车Tr36×12（P6）螺纹至尺寸要求。

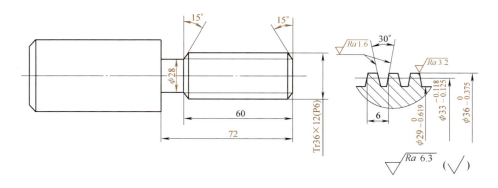

图1-121 梯形多线螺纹螺杆

四、注意事项

1) 多线螺纹导程较大，车削时进给速度快，要集中注意力。
2) 由于多线螺纹升角较大，车刀的两侧后角要相应增减。
3) 用小滑板刻度分线时的注意事项如下：
① 先检查小滑板行程量是否满足要求。
② 小滑板移动方向必须和机床床身导轨平行，否则易造成分线误差。
③ 在每次分线时，小滑板手柄转动方向要相同。
4) 用百分表分线时，百分表的测量杆应平行于工件轴线。
5) 多线螺纹分线不正确的原因如下：
① 小滑板移动距离不正确。
② 车刀修磨后，未检查是否对准原来轴向位置，使轴向位置移动。
③ 工件未夹紧，因切削力过大而造成工件微量移动。

任务六　车削三角形内螺纹

一、实训教学目标与要求

1) 了解三角形内螺纹车刀的几何形状和角度。
2) 掌握三角形内螺纹车刀的刃磨、三角形内螺纹车削加工的方法。

二、基础知识

1) 内螺纹车刀的形状和几何角度如图 1-122 所示。
2) 刃磨内螺纹车刀的方法与刃磨外螺纹车刀相似，不同的是，要使内螺纹车刀刀尖角的对称中心线垂直于刀柄中心线，如图 1-123 所示。

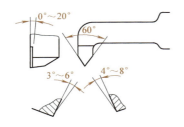

图 1-122　内螺纹车刀的形状和几何角度

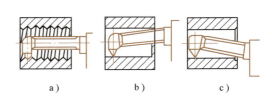

图 1-123　对内螺纹车刀的要求
a) 正确　b)、c) 错误

3) 装夹内螺纹车刀时，刀尖应正对工件回转中心，再用对刀样板对刀装夹。
4) 车内螺纹时，摇动床鞍手轮，使内螺纹车刀与工件端面接触，将床鞍刻度调零后，车刀伸入孔内至需要加工螺纹长度处，记下床鞍刻度值或在刀柄上做记号，控制内螺纹的长度。
5) 将主轴置于空档位置，车刀移至螺纹终端，摇动中滑板，使其处于总背吃刀量和退刀位置处，手动转动卡盘进行观察，无碰撞即可。

6）开车，使主轴转动，将内螺纹车刀伸入孔口内，移动中滑板，使刀尖接触孔壁，将中滑板调零，退出车刀，按外螺纹的车削操作方法进行切削，加工出内螺纹。

7）车完螺纹后，应倒角，去除毛刺。

三、技能训练

车图 1-124 所示有退刀槽的内螺纹工件。

螺纹大径为 30mm，螺距为 2mm；$D = 30.5\text{mm}$，宽度 $b_1 = 6\text{mm}$，$D_1 = 27.835^{+0.375}_{0}\text{mm}$。

加工步骤如下：

1）夹住外圆，找正平面。

2）粗、精车内孔 $\phi 27.835^{+0.375}_{0}\text{mm}$ 和 $\phi 27.5\text{mm}$。

3）车内沟槽 $D = 30.5\text{mm}$，宽度 $b_1 = 6\text{mm}$。

4）两端孔口倒角 30°，宽 1mm。

5）粗、精车内螺纹 M30×2，达到图样要求；检测尺寸。

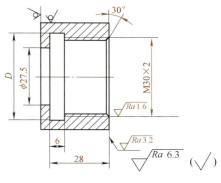

图 1-124 内螺纹工件

四、注意事项

1）车刀刀尖要对准工件回转中心。

2）内螺纹车刀刀杆不能太细，否则会引起振动，出现"扎刀""让刀"和产生不正常声音及振纹等现象。

3）小滑板宜调整紧些，以防车刀移位产生乱牙；内螺纹精车刀要保持锋利，不易"让刀"。

4）加工不通孔内螺纹，可在刀杆上做记号或用床鞍刻度来控制退刀，避免车刀碰撞工件。

思 考 题

1. 三角形螺纹的主要参数有哪些？刃磨外螺纹车刀左、右侧后角有哪些要求？

2. 简述车削外螺纹的方法与步骤。利用开合螺母车螺纹时，车某些螺距的螺纹会乱牙，这是什么原因？改用什么方法可避免乱牙？

3. 什么是螺纹的综合测量？用三针测量法测量 M36×2.5 外螺纹，计算量针直径 d_D 和量针测量距 M。

4. 用三针测量法测量 Tr40×6-8e 外螺纹，计算量针直径 d_D 和量针测量距 M。

5. 试述图 1-125 所示蜗杆工件的加工方法与步骤（模数为 2mm）。

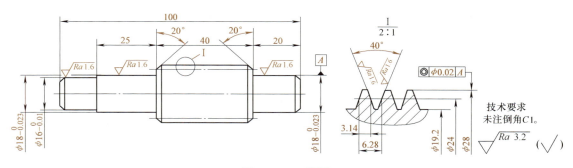

图 1-125 5 题图

课题八 车偏心工件

一、实训教学目标与要求

1) 了解偏心工件的车削原理。
2) 掌握车偏心工件的方法与步骤。

二、基础知识

1. 偏心工件（图1-126）

外圆或内孔与其他外圆或内孔的轴线平行而不重合的零件，称为偏心工件。

2. 偏心工件的划线

根据图样或实物的尺寸，在工件上用划线工具划出待加工部位的轮廓线或定位基准

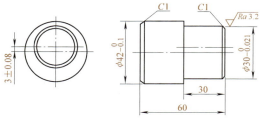

图1-126 偏心工件

的点、线、面的工作，称为划线。偏心工件所用的是立体划线法，要同时在工件的几个平面（有长、宽、高方向或其他倾斜方向）上划线。

将V形铁放置在划线平板上，将车好的光轴放置在V形铁上，将游标高度卡尺移到工件的最高点，读出最高点的尺寸，然后将游标高度卡尺的游标下移工件划线部分一个半径的距离，在工件的端面和四周水平划出轴线，如图1-127a所示。将工件转90°，用直角尺对齐已划好的轴线，检查是否与轴线对齐，如果对齐说明此线已调整到中心位置，如图1-127b所示。再将游标高度卡尺下移一个半径距离，划出十字轴线，如图1-127c所示。将游标高度卡尺的游标上移一个图样要求尺寸的偏心距，在工件端面水平划出偏心轴线，找到偏心轴轴心A点，如图1-127d所示。以A点为圆心，用划规画出偏心圆即可。

三、偏心工件的车削方法与步骤

（1）工件的装夹　偏心工件的车削主要在于装夹，只要在装夹工件时使偏心轴的轴线与车床主轴的回转轴线重合，就可以用外圆车削法车出偏心轴。车削开始时注意要在车刀远离工件时起动主轴，然后使刀尖从工件的最外点逐步切入，车出偏心轴。

（2）装夹方法

1) 用自定心卡盘装夹偏心工件（图1-128）。先将被加工工件的外圆和长度车好，并将两端面车平，再在自定心卡盘的任意一个卡爪与工件接触面之间垫一块垫片，垫片厚度x为

$$x = 1.5e \pm k$$

式中　x——垫片厚度（mm）；

e——工件偏心距（mm）；

k——偏心距修正值（mm），$k \approx 1.5\Delta e$，正负值按实测结果确定；

Δe——试切后实测偏心距误差（mm）。

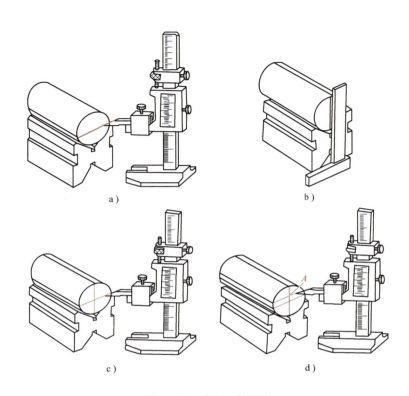

图 1-127 偏心工件划线

a）划出水平线 b）转 90°并找正 c）划出十字轴线 d）划出偏心轴线

例如，如图 1-128 所示，$e=3\text{mm}$，$d=42\text{mm}$，计算垫片厚度 x。

$$x = 1.5 \times 3\text{mm} = 4.5\text{mm}$$

垫厚度 4.5mm 的垫片，试切后实测偏心距为 3.11mm，则偏心距误差为

$\Delta e = 3.11\text{mm} - 3\text{mm} = 0.11\text{mm}$；$k = 1.5\Delta e = 1.5 \times 0.11\text{mm} = 0.165\text{mm}$；

$x = 1.5e - k = 1.5 \times 3\text{mm} - 0.165\text{mm} \approx 4.34\text{mm}$；将垫片厚度调整为 4.34mm。

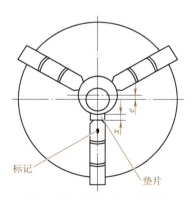

图 1-128 用自定心卡盘装夹偏心工件

2）用单动卡盘装夹偏心工件。此方法适用于加工要求不高、偏心距大小不同、形状短而复杂、数量少的工件或单件生产的情况。

① 先按偏心工件划线的方法对工件划线，把划好线的工件装夹在单动卡盘上，找正偏心轴线与主轴轴线基本重合（图 1-129a）。

② 先转动主轴并用百分表找正，然后将床鞍沿外圆高点（A 点）平行移动到 B 点，若两点读数一样，则偏心轴轴线与车床主轴回转轴线重合，如图 1-129b 所示。若读数不同，则要找正工件。

③ 将主轴转 90°，用上述方法找正工件。

④ 按偏心工件车削方法进行车削。

3）用双重卡盘装夹工件。当加工车削量不大，加工长度较短，偏心距不大的偏心工件时，为减少找正偏心的时间，可用双重卡盘装夹偏心工件。

该方法是将自定心卡盘装夹在单动卡盘中，将一根光轴装夹在自定心卡盘中，转动单动卡盘带动光轴转动，调整单动卡盘的卡爪，使光轴的轴线与主轴回转轴线重合。将百分表调零，调整单动卡盘，使自定心卡盘和光轴一起向上偏移一个偏心距 e，其大小可由百分表控制，卸下光轴，装上要加工的工件，即可加工出偏心工件，如图 1-130 所示。该方法在一批工件加工中只需找正一次偏心。

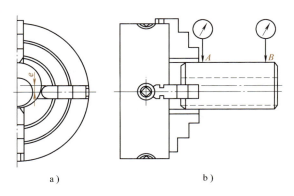

图 1-129　用单动卡盘装夹偏心工件
a）划出偏心位置　b）用百分表找正

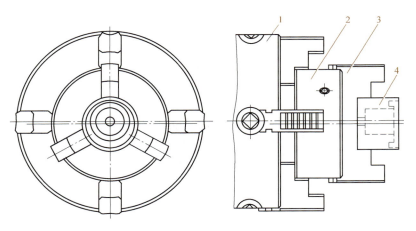

图 1-130　用双重卡盘装夹偏心工件
1—单动卡盘　2—自定心卡盘　3—软爪　4—偏心套

4）用花盘装夹偏心工件。该方法适用于工件长度较短、偏心距较大、精度要求不高的偏心孔加工。

操作前，先将外圆和端面加工好，在端面上划出偏心孔的轴线和圆周线，用压板将工件装夹在花盘上，用划线盘找正偏心孔圆周，调整工件的位置，使偏心孔的轴线与主轴回转轴线重合，夹紧后即可加工偏心孔，如图 1-131 所示。

5）用前、后双顶尖装夹偏心工件。该方法适用于加工较长的偏心工件，如图 1-132 所示。

先将工件外圆和端面车好，在工件两端面对应划出偏心孔的位置，钻出偏心中心孔，用双顶尖顶住中心孔，即可车出偏心工件。

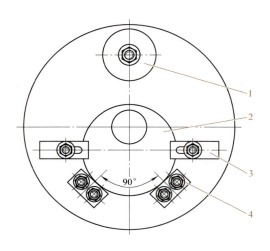
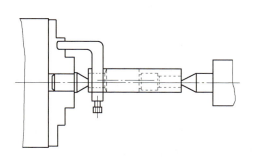

图 1-131　用花盘装夹偏心工件
1—平衡块　2—偏心套　3—压板　4—定位板

图 1-132　用前、后双顶尖装夹偏心工件

四、偏心距的检测方法

1. 在两顶尖间检测偏心距

该方法适用于两端有中心孔、偏心距较小的偏心轴（图 1-133）。

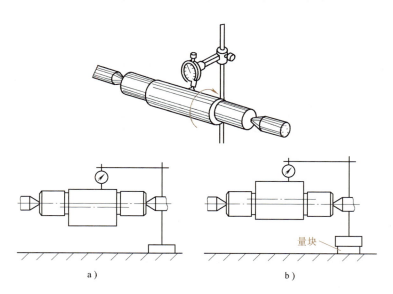

图 1-133　在两顶尖间检测偏心距

1）将工件用双顶尖顶着，架在测量架上或车床两顶尖上。

2）若偏心距在百分表的量程范围内，测量时用百分表的测头接触偏心轴，如图 1-133a 所示，用手转动偏心轴，百分表上指针的最大值和最小值之差的一半就等于偏心距。

3）若偏心距不在百分表的量程范围内，测量时可按图 1-133b 所示，用百分表找出偏心圆的最低点，记录百分表读数。将偏心轴转动 180°，并在百分表表座底部垫上两倍于偏心距的量块，用百分表找出偏心圆的最高点，记录百分表指针读数，两者读数之差的一半即为偏心距。偏心套的偏心距也可用上述方法测量，但必须将偏心套套在心轴上，再装夹在两顶尖间进行检测。

2. 在 V 形架上检测偏心距

没有中心孔的偏心工件，不能用上述方法测量，可安放在 V 形架上测量。测量方法如下：若偏心距小于百分表量程，偏心工件的基准外圆置于 V 形架槽中，使百分表测头接触偏心外圆，转动工件，百分表指针读数的最大值与最小值之差的一半即为工件的偏心距。

测量步骤如下：

把 V 形架放在测量平板上，把工件放在 V 形槽中，转动工件，用百分表找出偏心轴的最高点后，固定工件，再水平移动百分表，测出偏心轴外圆到基准轴外圆之间的最小距离 a，如图 1-134 所示，然后用下式计算偏心距

$$e = \frac{D}{2} - \frac{d}{2} - a$$

式中　D——基准轴直径的实际尺寸（mm）；

　　　d——偏心圆直径的实际尺寸（mm）；

　　　e——工件偏心距（mm）。

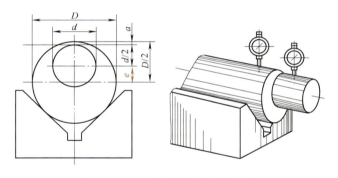

图 1-134　在 V 形架上检测偏心距

3. 在车床上用百分表、中滑板检测偏心距

对于偏心距较大、长度较长的偏心工件，可以在车床上进行测量，利用中滑板的刻度来补偿百分表的测量范围，如图 1-135 所示。测量时，首先使百分表与工件外圆偏心量最大处接触，记录百分表读数及中滑板刻度值，随后将工件转动 180°，再移动中滑板，使百分表与工件外圆偏心量最小处接触，并保持原读数，这时从中滑板的刻度盘上所得出的中滑板移动距离即等于两倍的偏心距。

注意：测量时，必须找正偏心轴线，使其与主轴轴线平行。

五、技能训练（车削偏心轴）

1. 分析图 1-136 所示工件的形状和技术要求
2. 加工方法与步骤

1）在自定心卡盘上装夹工件，伸出长度为 45mm。

2）粗、精车外圆至 $\phi32_{-0.050}^{-0.025}$ mm ×40mm。

3）外圆倒角 C1；切断，长度为 36mm。

4）车总长为 35mm。

5）将工件垫上垫片装夹在自定心卡盘上，找正并夹紧，试切。

6）试切后实测偏心距，计算出垫片厚度 x，然后装夹、找正。

7）粗、精车外圆至 $\phi22_{-0.04}^{-0.02}$ mm ×15mm。

8）外圆倒角 C1；检测尺寸合格后卸下工件。

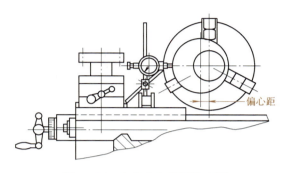

图 1-135　在车床上检测偏心距

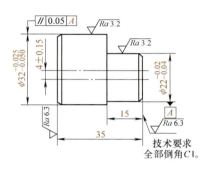

图 1-136　车削偏心轴

六、实训成绩评定

车削偏心轴实训成绩评定见表 1-29。

表 1-29　车削偏心轴实训成绩评定表

序 号	检测项目	配 分	评分标准	检测结果	得 分
1	尺寸 $\phi32_{-0.050}^{-0.025}$ mm	20	每超差 0.01mm 扣 10 分		
2	表面粗糙度值 $Ra3.2\mu m$	10	超差一级扣 5 分		
3	尺寸 $\phi22_{-0.04}^{-0.02}$ mm	20	每超差 0.01mm 扣 10 分		
4	表面粗糙度值 $Ra3.2\mu m$	10	超差一级扣 5 分		
5	4mm±0.15mm	20	超差不得分		
6	倒角 C1	10	一处超差扣 5 分		
7	安全文明生产	10	酌情扣分		
	总分				

思 考 题

1. 车偏心工件有哪几种方法？各适用于什么情况？
2. 偏心距的检测方法有几种？

3. 用自定心卡盘装夹偏心工件，如何计算垫片厚度？

4. 车削偏心距 $e=3$mm 的工件，用厚度为 4.5mm 的垫片进行试切削，试切后检查偏心距为 3.06mm，试计算垫片的正确厚度。

5. 试述图 1-137 所示偏心轴的加工步骤。

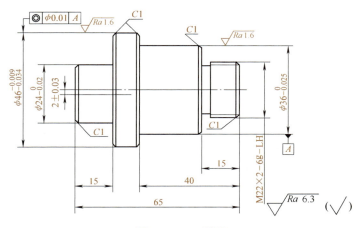

图 1-137　5 题图

课题九 考工实例

图 1-138、图 1-139、图 1-140 所示为三个考工件图样,其评分标准分别见表 1-30、表 1-31、表 1-32,参考评分标准进行加工练习。

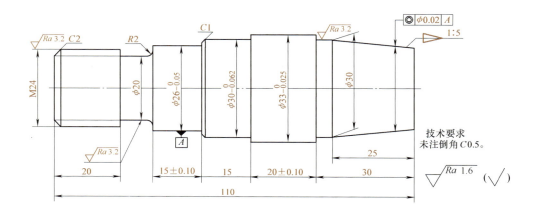

图 1-138 考工件 1 图

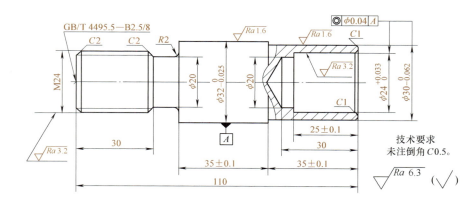

图 1-139 考工件 2 图

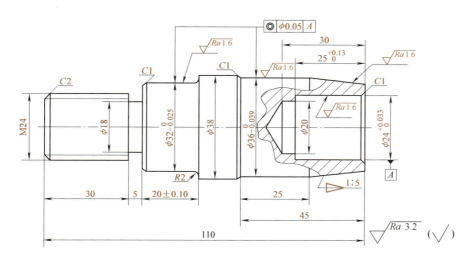

技术要求
1. 未注倒角C0.5。
2. 锥体用涂色法检验，着色接触面应大于62%。

图1-140 考工件3图

表1-30 考工件1评分标准

项目名称	序号	技术要求	配分		测量工具	测量结果		得分
			尺寸	表面粗糙度值 $Ra/\mu m$		尺寸	表面粗糙度值 $Ra/\mu m$	
外圆	1	$\phi 33_{-0.025}^{0}$ mm，表面粗糙度值 $Ra \leq 1.6\mu m$	8	2	千分尺			
	2	$\phi 30_{-0.062}^{0}$ mm，表面粗糙度值 $Ra \leq 1.6\mu m$	8	2	千分尺			
	3	$\phi 26_{-0.05}^{0}$ mm，表面粗糙度值 $Ra \leq 1.6\mu m$	8	2	千分尺			
	4	$\phi 30$mm，表面粗糙度值 $Ra \leq 3.2\mu m$	5	2	千分尺			
	5	$\phi 20$mm，表面粗糙度值 $Ra \leq 3.2\mu m$	5	2	千分尺			
螺纹	6	M24 表面粗糙度值 $Ra \leq 3.2\mu m$	8	2	螺纹环规			
外锥	7	1:5 表面粗糙度值 $Ra \leq 1.6\mu m$	8	5	游标万能角度尺			
	8	锥体素线直线度公差小于0.05mm	5		游标万能角度尺			
长度	9	20mm±0.10mm	3		游标卡尺			
	10	15mm±0.10mm	3		游标卡尺			
	11	15mm	2		游标卡尺			
	12	30mm	2		游标卡尺			
	13	25mm	2		游标卡尺			
	14	20mm	2		游标卡尺			
	15	110mm	2		游标卡尺			

（续）

项目名称	序号	技术要求	配分 尺寸	配分 表面粗糙度值 $Ra/\mu m$	测量工具	测量结果 尺寸	测量结果 表面粗糙度值 $Ra/\mu m$	得分
圆弧	16	$R2mm$	2		圆弧规			
倒角	17	$C1$（1处）；$C2$（1处）	2					
倒角	18	未注倒角$C0.5$（5处）	1.5					
几何公差	19	同轴度公差$\phi 0.02mm$	4.5					
其他	20	整洁、倒角、毛刺、外形磕碰	2					
说明	21	$\phi 33_{-0.025}^{0}$ mm、$\phi 30_{-0.062}^{0}$ mm、$\phi 26_{-0.05}^{0}$ mm 超差0.01mm扣2分						
说明	22	其余尺寸超差均不得分，磕碰一处扣2分						
说明	23	违反考场纪律者，扣1~20分						

考场记录							
记录	开始时间	年 月 日 时 分	监考人	
记录	结束时间	年 月 日 时 分	评分人	
记录	加工总工时	年 月 日 时 分	检评人	

表 1-31 考工件 2 评分标准

项目名称	序号	技术要求	配分 尺寸	配分 表面粗糙度值 $Ra/\mu m$	测量工具	测量结果 尺寸	测量结果 表面粗糙度值 $Ra/\mu m$	得分
外圆	1	$\phi 30_{-0.062}^{0}$ mm，表面粗糙度值 $Ra \leq 1.6\mu m$	10	2	千分尺			
外圆	2	$\phi 32_{-0.025}^{0}$ mm，表面粗糙度值 $Ra \leq 1.6\mu m$	10	2	千分尺			
外圆	3	$\phi 24_{-0.15}^{0}$ mm（M24外圆），表面粗糙度值 $Ra \leq 3.2\mu m$	3	1	千分尺			
外圆	4	$\phi 20mm$，表面粗糙度值 $Ra \leq 6.3\mu m$	2	1	千分尺			
内孔	5	$\phi 24_{0}^{+0.033}$ mm，表面粗糙度值 $Ra \leq 3.2\mu m$	15	5	塞规			
螺纹	6	M24 表面粗糙度值 $Ra \leq 3.2\mu m$	15	5	螺纹环规			
长度	7	$25mm \pm 0.1mm$	3		游标卡尺			
长度	8	$30mm$	2		游标卡尺			
长度	9	$35mm \pm 0.1mm$	3		游标卡尺			
长度	10	$35mm \pm 0.1mm$	3		游标卡尺			
长度	11	$30mm$	2		游标卡尺			

（续）

项目名称	序号	技术要求	配分 尺寸	配分 表面粗糙度值 $Ra/\mu m$	测量工具	测量结果 尺寸	测量结果 表面粗糙度值 $Ra/\mu m$	得分
圆弧	12	$R2mm$	2		圆弧规			
倒角	13	$C1$（2处）；$C2$（2处）	4		目测			
	14	未注倒角 $C0.5$（5处）	2		目测			
几何公差	15	同轴度公差 $\phi 0.04mm$	5		目测			
其他	16	中心孔 B2.5/8	1		百分表			
	17	整洁、倒角、毛刺、外形磕碰	2		目测			
说明	18	$\phi 30_{-0.062}^{0}mm$、$\phi 32_{-0.025}^{0}mm$、$\phi 24_{0}^{+0.033}mm$ 超差 0.01mm 扣 2 分						
	19	其余尺寸超差均不得分，磕碰一处扣 2 分						
	20	违反安全文明生产、考场纪律者，扣 1~20 分						
考场记录								
记录	开始时间	年 月 日 时 分	监考人					
	结束时间	年 月 日 时 分	评分人					
	加工总工时	年 月 日 时 分	检评人					

表 1-32 考工件 3 评分标准

项目名称	序号	技术要求	配分 尺寸	配分 表面粗糙度值 $Ra/\mu m$	测量工具	测量结果 尺寸	测量结果 表面粗糙度值 $Ra/\mu m$	得分
外圆	1	$\phi 36_{-0.039}^{0}mm$，表面粗糙度值 $Ra \leq 1.6\mu m$	8	2	千分尺			
	2	$\phi 32_{-0.025}^{0}mm$，表面粗糙度值 $Ra \leq 1.6\mu m$	8	2	千分尺			
	3	$\phi 24_{-0.15}^{0}mm$（M24 外圆），表面粗糙度值 $Ra \leq 3.2\mu m$	2	1	千分尺			
	4	$\phi 38mm$，表面粗糙度值 $Ra \leq 3.2\mu m$	2	1	千分尺			
	5	$\phi 18mm$，表面粗糙度值 $Ra \leq 3.2\mu m$	2	1	千分尺			
螺纹	6	M24，表面粗糙度值 $Ra \leq 3.2\mu m$	8	5	螺纹环规			
外锥	7	1:5，表面粗糙度值 $Ra \leq 1.6\mu m$	5	5	游标万能角度尺			
	8	锥体素线直线度小于 0.05mm	5		游标万能角度尺			
内孔	9	$\phi 24_{0}^{+0.033}mm$，表面粗糙度值 $Ra \leq 1.6\mu m$	8	5	塞规			

（续）

项目名称	序号	技术要求	配分		测量工具	测量结果		得分
			尺寸	表面粗糙度值 $Ra/\mu m$		尺寸	表面粗糙度值 $Ra/\mu m$	
长度	10	$25_{\ 0}^{+0.13}$ mm	2		游标卡尺			
	11	20mm±0.10mm	3		游标卡尺			
	12	30mm	2		游标卡尺			
	13	25mm	2		游标卡尺			
	14	45mm	2		游标卡尺			
	15	30mm	2		游标卡尺			
	16	110mm	2		游标卡尺			
圆弧	17	R2mm	2		圆弧规			
沉槽	18	5mm（ϕ18mm×5mm）	3		游标卡尺			
倒角	19	C1（3处）；C2（1处）	2		目测			
	20	未注倒角 C0.5（5处）	1.5		目测			
几何公差	21	同轴度公差 ϕ0.05mm	4.5		目测			
其他	22	整洁、倒角、毛刺、外形磕碰	2					
说明	23	$\phi 36_{-0.039}^{\ \ 0}$ mm、$\phi 32_{-0.025}^{\ \ 0}$ mm、$\phi 24_{\ 0}^{+0.033}$ mm 超差 0.01mm 扣 2 分						
	24	其余尺寸超差均不得分，磕碰一处扣 2 分						
	25	违反安全文明生产、考场纪律者，扣 1~20 分						

考场记录							
记录	开始时间	年	月	日	时	分	监考人
	结束时间	年	月	日	时	分	评分人
	加工总工时	年	月	日	时	分	检评人

单元二 铣工实训

课题一 铣工基础

任务一 铣工入门知识

一、实训教学目标与要求

1）了解铣床的种类、代号、加工特点及范围；了解铣床各部分的名称和作用。
2）掌握卧式铣床的操作方法。

二、基础知识

1. 铣削加工范围

金属材料的铣削加工是机械加工中常用的加工方法之一。铣削加工是利用铣刀在铣床上切除工件余量，获得一定的尺寸精度、几何精度、表面粗糙度要求的加工方法。它加工范围广，生产率较高，其公差等级范围一般为 IT9～IT7，表面粗糙度值为 $Ra12.5～1.6\mu m$。因此，铣削加工在机器制造工业中具有重要的地位。铣削加工范围如图 2-1 所示。

2. 铣床的型号

铣床的型号由基本部分和辅助部分构成，两者中间用"/"隔开，以示区别，基本部分包括类别、通用特性、组、系、主参数、重大改进顺序号等，辅助部分包括其他特性代号。

(1) 类别代号 位于型号的首位，用大写汉语拼音字母"X"表示，读"铣"。

(2) 通用特性代号 在类别代号后面，用大写汉语拼音字母表示（普通铣床无此代号）。例如，在"X"后面加上"K"表示数控铣床，加"F"表示仿形铣床，见表 2-1。

表 2-1 机床的通用特性代号

通用特性	高精度	精密	自动	半自动	数控	加工中心（自动换刀）	轻型	仿形	数显
代号	G	M	Z	B	K	H	Q	F	X

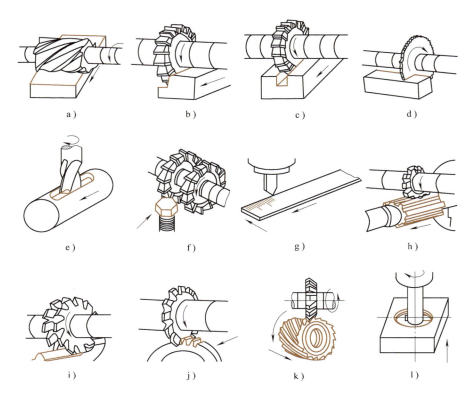

图 2-1 铣削加工范围

a）铣平面　b）铣台阶　c）铣沟槽　d）切断　e）铣键槽　f）铣六方体
g）刻线　h）铣花键　i）铣成形面　j）铣齿轮　k）铣刀具　l）镗孔

（3）组、系代号　铣床分为 10 组，位于类或特性代号之后，每一组有 10 个系（系别），位于组代号之后，且各用一位阿拉伯数字表示。例如，第一位数字是"5"，表示是立式升降台铣床组；"6"表示卧式升降台铣床组；"5"后面的"0"，表示是立式升降台铣床系等。部分铣床的组、系代号及主参数见表 2-2。

表 2-2　铣床组、系代号及主参数（部分）

组	系	名称	主参数	主参数的折算系数
2	0	龙门铣床	工作台面宽度	1/100
4	3	平面仿形铣床	最大铣削宽度	1/10
4	4	立式仿形铣床	最大铣削宽度	1/10
5	0	立式升降台铣床	工作台面宽度	1/10
6	0	卧式升降台铣床	工作台面宽度	1/10
6	1	万能升降台铣床	工作台面宽度	1/10
8	1	万能工具铣床	工作台面宽度	1/10

（4）主参数代号　将主要参数的实际数值折算后用阿拉伯数字表示，一般为机床主参数的 1/10 或 1/100，位于组、系代号之后。各种升降台式铣床，一般以主参数的 1/10 表示，

如 X6132 的"32"表示此铣床的工作台台面宽度为 320mm。有些铣床，如龙门铣床等大型铣床，按主参数的 1/100 折算。

（5）型号示例

1）X6132：表示卧式万能升降台铣床，工作台面宽度为 320mm。

2）X5032：表示立式升降台铣床，工作台面宽度为 320mm。

3. 常用铣床

（1）卧式升降台铣床　卧式升降台铣床有沿床身垂直导轨运动的升降台，工作台可随升降台做上下垂直运动，在升降台上可做纵向和横向运动；铣床主轴与工作台台面平行。这种铣床使用方便，适用于加工中小型工件。典型卧式升降台铣床的型号为 X6132。

（2）立式升降台铣床　立式升降台铣床与卧式升降台铣床主要的差异是铣床主轴与工作台台面垂直。典型立式升降台铣床的型号为 X5032。

（3）万能工具铣床　万能工具铣床有水平主轴和垂直主轴，工作台做纵向和垂直方向运动，横向运动由主轴实现。这种铣床能完成多种铣削工作，用途广泛，特别适合于加工各种夹具、刀具、工具、模具和小型复杂工件。典型万能工具铣床的型号为 X8126。

（4）龙门铣床　龙门铣床属大型铣床，铣削动力装置安装在龙门导轨上，有垂直主轴箱和水平主轴箱，可做横向和升降运动，工作台直接安置在床身上，载重量大，可加工重型工件，但只能做纵向运动。典型龙门铣床的型号为 X2010。

除上述四种常用铣床外，使用较广泛的还有仿形铣床、数控铣床等。

三、铣床各部分的名称及作用

1. 铣床的主要部件及其功用

图 2-2 所示为 X6132 型卧式万能升降台铣床。

（1）主轴变速机构　主轴变速机构安装在床身内，其功用是将电动机的转速通过齿轮变换成 18 种不同的转速，并传递给主轴，以适应各种转速的铣削要求。

（2）床身　床身是机床的主体，用来安装和连接机床其他部件。床身正面有垂直导轨，工作台可沿导轨上、下移动。床身顶部有燕尾形水平导轨，横梁可沿床身顶部的燕尾形导轨水平移动。床身内部装有主轴机构和主轴变速机构等。

（3）横梁　横梁上可安装刀杆支架，并沿床身顶部燕尾形导轨移动。

（4）主轴　主轴用来实现主运动，是前端带锥孔的空心轴，孔的锥度为

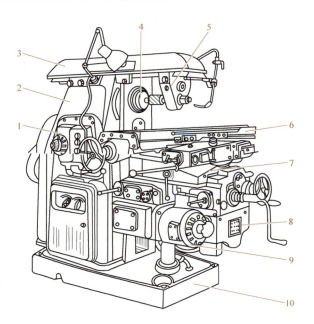

图 2-2　X6132 型卧式万能升降台铣床
1—主轴变速机构　2—床身　3—横梁　4—主轴
5—刀杆支架　6—工作台　7—横向溜板　8—升降台
9—进给变速机构　10—底座

7:24，用来安装铣刀杆和铣刀。由变速机构驱动主轴连同铣刀一起旋转。

（5）刀杆支架　铣刀杆一端安装在主轴锥孔内，外端安装在刀杆支架上，以增强刀杆的刚性。

（6）工作台　工作台用来安装工件或铣床夹具，带动工件实现纵向进给运动。

（7）横向溜板　横向溜板用来带动工作台实现横向进给运动。横向溜板与工作台之间设有回转盘，可使工作台在水平面内做±45°范围内的转动。

（8）升降台　用来支承横向溜板和工作台，带动工作台上、下移动。升降台内部装有进给电动机和进给变速机构。

（9）进给变速机构　用来调整和变换工作台的进给速度，以适应铣削的需要。

（10）底座　用来支持床身，承托铣床全部重量，装盛切削液。

2. X6132型卧式万能升降台铣床的性能

X6132型卧式万能升降台铣床功率大，转速高，变速范围大，刚性好，操作方便，通用性强。它的横梁可以移到床身后面，在主轴端部装上万能立铣头进行立铣加工，铣刀可回转任意角度，扩大了加工范围，可以加工中小型平面、特形表面、各种沟槽和小型箱体上的孔等。

3. X6132型卧式万能升降台铣床的操作

（1）工作台纵向、横向和垂直方向的手动进给操作　垂直（上、下）手动进给手柄如图2-3a所示，纵、横向手动进给手柄如图2-3b所示。操作时，将手柄分别接通其手动进给离合器，转动手柄，带动工作台分别做各方向的手动进给运动。沿顺时针方向转动手柄，工作台前进（或上升），反之则后退（或下降）。纵、横向刻度盘的圆周刻线为120格，每转1转，工作台移动6mm，所以

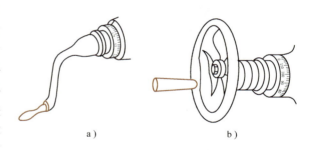

图2-3　手动进给手柄和刻度盘
a）垂直进给手柄　b）纵、横向手动进给手柄

每转过1格，工作台移动0.05mm；垂直方向刻度盘的圆周刻线为40格，每转1转，工作台上升（或下降）2mm，因此每转1格，工作台上升（或下降）也是0.05mm。转动各手柄，通过刻度盘控制工作台在各进给方向上的移动距离。

当转动手柄使工作台在某一方向按要求的距离移动时，若将手柄转过头，则不能直接退回到刻线处，必须将手柄反转大半圈，再重新转到所需要的位置。不使用手动进给时应将手柄与离合器脱开。

（2）主轴变速操作步骤（图2-4）

① 下压变速手柄1，使手柄的榫块从固定环2的槽内脱出，再外拉手柄，使榫块落入固定环2的槽内，手柄处于脱开位置Ⅰ。

② 转动转速盘3，使所选择转速值对准指针4。

③ 下压手柄并快速推到位置Ⅱ，冲动开关6瞬时接通，电动机瞬时转动，以利于变速齿轮顺利啮合，再由位置Ⅱ慢速将手柄推至Ⅲ，使手柄的榫块落入固定环的槽内，变速操作完毕。

转速盘上有 30～1500r/min 的转速共 18 档。进行主轴变速操作时，连续变换速度不许超过三次。如果必须进行变速，则应间隔 5min，以免因起动电流过大而烧坏电动机。

（3）进给变速操作　进给变速操作如图 2-5 所示，先向外拉出进给变速手柄 1，然后转动手柄，带动转速盘 2 旋转，当所需要的进给速度值对准指针 3 后，将进给变速手柄推进，工作台就按选定的进给速度做自动进给运动，共有 18 级速度。

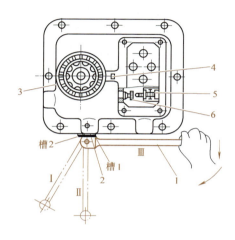

图 2-4　主轴变速操作
1—变速手柄　2—固定环　3—转速盘
4—指针　5—螺钉　6—开关

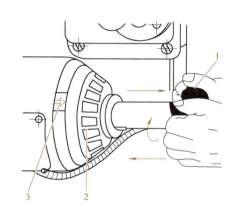

图 2-5　进给变速操作
1—变速手柄　2—转速盘　3—指针

（4）工作台纵、横、垂直方向的机动进给操作　工作台纵、横、垂直方向的机动进给操纵手柄都有两副，是联动的复式操纵机构。纵向机动进给操纵手柄有三个位置，即"向右进给""向左进给""停止"，扳动手柄，手柄指向就是工作台的机动进给方向，如图 2-6 所示。

横向和垂直方向的机动进给由同一手柄操纵，该操纵手柄有五个位置，即"向里进给""向外进给""向上进给""向下进给""停止"。扳动手柄，手柄指向就是工作台的机动进给方向，如图 2-7 所示。

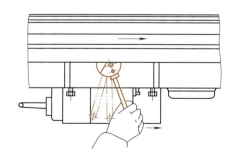

图 2-6　纵向机动进给操作

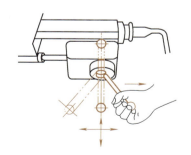

图 2-7　横向、垂直方向机动进给操作

工作台的上下、左右、前后的机动进给运动，是靠各操纵手柄接通电动机的电气开关，使电动机正转或反转获得的。因此，操作时一次只能实现一个方向的机动进给运动。为了保证机床设备的安全，X6132型卧式万能升降台铣床的纵向与横向机动进给控制系统装有电气保护互锁装置，而横向与垂直方向机动进给之间的互锁是由单手柄操纵的机械动作保证的。铣削时，为了减少振动，保证工件的加工精度，避免因铣削力的作用使工作台在某一进给方向产生位置变动，应对不使用的进给机构进行固定。例如，纵向进给铣削时，除工作台纵向紧固螺钉松开外，横向溜板紧固手柄和垂直进给紧固手柄应旋紧，待工作完毕再将其松开。在纵向、横向和垂直三个进给方向，各有两块机动进给停止挡铁，其作用是停止工作台的机动进给运动。挡铁应安装在限位柱范围内，不准随意拆掉，以防止发生事故。

（5）X6132型卧式万能升降台铣床的润滑　X6132型卧式万能升降台铣床的主轴变速箱、进给变速箱都采用自动润滑，机床起动后可以通过观察油标来了解润滑情况。工作台纵向丝杠和螺母、导轨面和横向溜板导轨等采用手动油泵注油润滑（手动润滑）。如工作台纵向丝杠两端轴承、垂直导轨、刀杆支架轴承等采用油枪注油润滑，如图2-8所示。

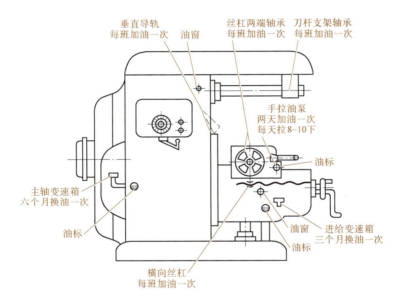

图2-8　X6132型卧式万能升降台铣床的润滑

四、X6132型卧式万能升降台铣床的基本操作训练

1. 手动练习
1）在指导老师的指导下检查机床；按规定给铣床加注润滑油。
2）熟悉各个进给方向手柄和刻度盘。
3）做手动进给练习，使工作台在纵向、横向、垂直方向分别移动3.5mm、6mm、7.5mm。
4）学会消除工作台丝杠和螺母之间的传动间隙。
5）每分钟均匀地手动进给30mm、45mm、60mm、75mm、95mm。
2. 铣床主轴变速和空运转练习
1）将铣床电源开关转动到"通"的位置，接通电源。
2）练习变换主轴转速（控制在低速下，如30r/min、95r/min、150r/min）1~3次。

3)按"起动"按钮,使主轴回转 3~5min。检查油窗,若有甩油现象,证明油泵工作正常。

4)使主轴停止回转。

5)重复以上练习。

3. 工作台机动进给操作练习

(1)检查铣床

1)检查各进给方向的紧固螺钉、紧固手柄是否松开。

2)检查机动进给限位挡铁是否安装牢固,位置是否正确。

3)检查工作台在各进给方向是否处于中间位置。

(2)进给变速练习 在低速(30~118r/min)下进行 1~3 次进给变速练习。

(3)机动进给操作练习

1)按下主轴"起动"按钮,使主轴旋转,观察进给箱油窗是否甩油。

2)使工作台先后分别做纵向、横向、垂直方向的机动进给。

3)先停止工作台进给,后停止主轴旋转。

4. 训练时的注意事项

1)严格遵守安全操作规程。

2)操作结束后,把工作台停在中间位置,各手柄恢复到原位,关闭机床电源开关。

五、X5032 型立式升降台铣床

X5032 型立式升降台铣床是一种常见的立式升降台铣床,如图 2-9 所示。其规格、操纵机构、传动变速机构等与 X6132 型卧式万能升降台铣床基本相同,主要有以下不同之处。

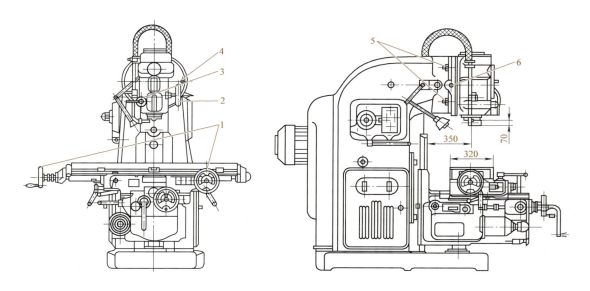

图 2-9 X5032 型立式升降台铣床

1—纵向手动进给手柄 2—主轴套筒升降手柄 3—主轴套筒锁紧手柄
4—定位销 5—铣头紧固螺钉 6—调转角度转动手柄

1）X5032型立式升降台铣床主轴回转轴线与工作台面垂直，且安装在可以回转的铣头壳体内，立铣头可以在主轴所在的垂直面内旋转±45°。

2）X5032型立式升降台铣床工作台在水平面内不能旋转。

3）主轴套筒带动主轴做垂直运动，移动范围为70mm。

4）X5032型立式升降台铣床的润滑如图2-10所示。

六、X5032立式升降台铣床的操作练习

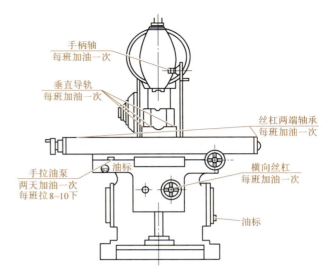

图2-10　X5032型立式升降台铣床的润滑

1. 铣床的手动进给操作练习

1）在指导老师的指导下检查机床。

2）按规定给铣床加注润滑油（图2-10）。

3）熟悉各个进给方向刻度盘。

4）做手动进给练习。

5）使工作台在纵向、横向、垂直方向分别移动2.5mm、4mm、7.5mm。

6）学会消除工作台丝杠和螺母间的传动间隙。

7）每分钟均匀地手动进给30mm、45mm、60mm、75mm、95mm。

2. 铣床主轴的空运转操作练习

1）将电源开关转至"通"的位置。

2）练习在低速下变换主轴转速1~3次。

3）按"起动"按钮，使主轴旋转3~5min。

4）检查油窗，若有甩油现象则说明油泵、润滑系统工作正常。

5）停止主轴旋转。

6）重复以上练习。

3. 工作台自动进给操作练习

1）检查各进给方向紧固手柄是否松开。

2）检查各进给方向自动进给停止挡铁是否在限位柱范围内。

3）使工作台在各进给方向处于中间位置。

4）在低速下变换进给速度。

5）按下主轴"起动"按钮，使主轴旋转。

6）使工作台先纵向、后横向、再垂直方向自动进给。

7）停止工作台进给，再停止主轴旋转。

8）重复以上练习。

七、注意事项

1) 严格遵守安全操作规程，操作时按步骤进行。
2) 不允许两个进给方向同时自动进给；自动进给时，进给方向紧固手柄应松开。
3) 各个进给方向的自动进给停止挡铁应在限位柱范围内。
4) 练习完毕认真擦拭机床，并使工作台处于中间位置，各手柄恢复原位。

八、铣床安全操作规程

1) 操作前应对所使用机床做如下检查。
① 各手柄的原始位置是否正常。
② 用手摇动各手柄，检查进给运动和方向是否正常。
③ 检查自动进给停止挡铁是否在限位柱范围内，是否紧固。
④ 使主轴和工作台由低速到高速运动，检查运动和变速是否正常。
⑤ 起动机床使主轴回转，观察油窗是否甩油。
⑥ 上述各项检查完毕，若无异常，对机床各部分加注润滑油。
2) 不准戴手套操作机床、测量工件、更换刀具、擦拭机床。
3) 装卸工件、刀具，变换转速和进给量，测量工件，安装配换齿轮等，必须在停车状态下进行。
4) 操作机床时，严禁离开岗位，不准做与操作内容无关的其他事情。
5) 工作台自动进给时，应脱开手动进给离合器，以防手柄随轴旋转伤人。
6) 不准两个进给方向同时起动自动进给。自动进给时，不准突然变换进给速度。自动进给完毕，应先停止进给，再停止主轴（刀具）旋转。
7) 高速铣削或刃磨刀具时，必须戴防护眼镜。
8) 操作中出现异常现象应及时停车检查，出现故障、事故应立即切断电源，及时报告指导老师，请专业维修人员检修，未修复好的机床不得使用。
9) 机床不使用时，各手柄应置于空档位置，各方向进给紧固手柄应松开，工作台应处于各方向的中间位置，导轨面应适当涂刷润滑油。

任务二　铣刀及其安装

一、实训教学目标与要求

1) 了解铣刀的材料、种类。
2) 掌握铣刀的选用方法，能够装卸铣刀刀轴和铣刀。

二、基础知识

1. 铣刀材料

1) 高速工具钢具有较好的切削性能，其适宜的切削速度为 16～35m/min，用于制造形状较复杂的铣刀，常用牌号有 W18Cr4V、W6Mo5Cr4V2 等。

2）硬质合金钢耐磨性好，低速时切削性能差，工艺性较差，切削速度比高速钢高 4～7 倍，可用作高速切削和硬材料切削的刀具。通常是将硬质合金刀片以焊接或机械夹固的方法固定在铣刀刀体上。

常用的硬质合金有钨钴（YG）类，牌号有 YG8、YG6、YG3、YG8C，可切削铸铁、青铜等；钨钛钴（YT）类，牌号有 YT5、YT15、YT30 等，可切削碳钢等；钨钛钽（铌）钴类，常用牌号有 YW1、YW2 等，可切削高强度合金钢、不锈钢、耐热钢，也可切削一般钢材等。

2. 铣刀

铣刀实质上是一种由几把单刃刀具组成的多刃标准刀具，其主、副切削刃根据其类型与结构不同，分布在外圆柱面上或端面上。

铣刀的分类方法有很多。根据安装方法不同，铣刀分为带孔铣刀和带柄铣刀两大类。

常用的带孔铣刀有圆柱铣刀、三面刃铣刀（整体式或镶齿式）、锯片铣刀、模数铣刀、角度铣刀和圆弧铣刀（凸圆弧或凹圆弧）等，如图 2-11 所示。带孔铣刀多用于在卧式铣床上加工平面、直槽、切断、齿形和圆弧形槽（或圆弧形螺旋槽）等。

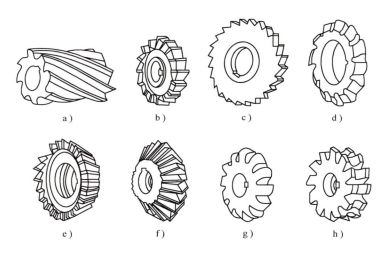

图 2-11 带孔铣刀

a）圆柱铣刀　b）三面刃铣刀　c）锯片铣刀　d）模数铣刀
e）单角度铣刀　f）双角度铣刀　g）凸圆弧铣刀　h）凹圆弧铣刀

带柄铣刀按刀柄形状不同分为直柄和锥柄两种，常用的有镶齿面铣刀、立铣刀、键槽铣刀、T 形槽铣刀和燕尾槽铣刀等，如图 2-12 所示。带柄铣刀多用于在立式铣床上加工平面、台阶面、沟槽与键槽、T 形槽和燕尾槽等。

三、铣刀的安装

1. 带孔铣刀的安装

如图 2-13 所示，铣刀应尽可能靠近主轴端面安装，以增加工艺系统刚性，减少振动。

安装时，先擦净定位套筒和铣刀，以减小安装后铣刀的轴向圆跳动；将刀杆插入主轴锥孔中，并使刀杆上的键槽与键配合。拉杆与刀杆柄部螺纹应至少旋合 5～6 个螺距；在拧紧刀杆上的压紧螺母前，需先装好刀杆支架，最后使刀杆与主轴、铣刀与刀杆紧密配合。

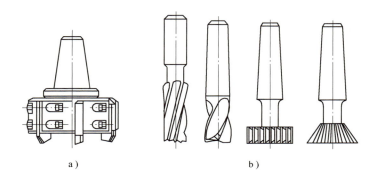

图 2-12 带柄铣刀
a) 面铣刀　b) 带柄整体铣刀

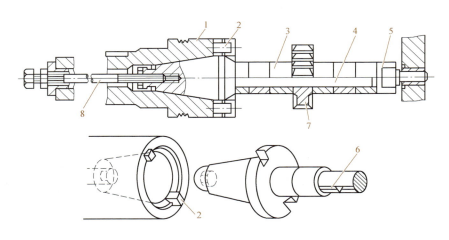

图 2-13 卧式铣床主轴结构
1—主轴　2—端面键　3—定位套筒　4—刀杆　5—压紧螺母
6—定位键　7—铣刀　8—拉杆

2. 带柄铣刀的安装

直柄铣刀通常为整体式，直径一般都小于 20mm，多用弹性夹头进行安装，如图 2-14a 所示。由于弹性夹头上沿轴向有三个开口，故用螺母压紧弹性夹头的端面，使其外锥面受压而孔径缩小，从而夹紧铣刀。弹性夹头有多种孔径，以适应安装不同直径的直柄铣刀。

锥柄铣刀有整体式和组装式两种。组装式锥柄铣刀主要安装铣刀头或硬质合金可转位刀片。安装锥柄铣刀时，先选用合适的过渡锥套，再用拉杆将铣刀及过渡锥套一起拉紧在主轴端部的锥孔内，如图 2-14b 所示。

3. 铣刀安装操作

1）在卧式铣床上安装圆柱铣刀或圆盘铣刀。在卧式铣床上安装圆柱铣刀的操作如图 2-15 所示。

2）在立式铣床上安装面铣刀。在立式铣床上安装面铣刀的操作如图 2-16 所示。

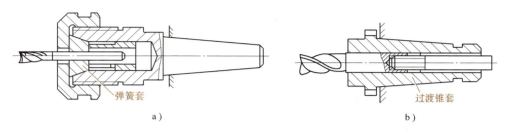

图 2-14 带柄铣刀的安装

a）用弹性夹头安装铣刀　b）用过渡锥套安装铣刀

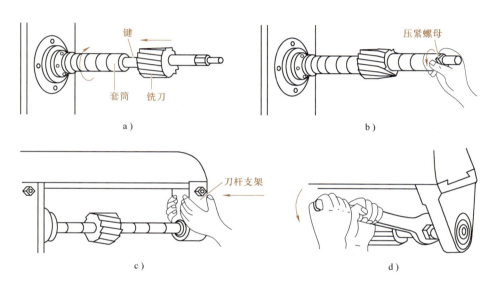

图 2-15 圆柱铣刀的安装

a）安装刀杆和铣刀　b）套上套筒，拧上螺母　c）安装刀杆支架　d）拧紧螺母

4. 铣刀装卸实训的注意事项

1) 安装圆柱铣刀或其他带孔铣刀时，应先紧固刀杆支架，后紧固铣刀。拆卸时应先松开铣刀，再松开刀杆支架。

2) 装卸铣刀时，圆柱铣刀用手持两端面；装卸立铣刀时，手上应垫上棉纱握住圆周。

3) 安装铣刀时，应擦净各接触表面，以防接触面上附有脏物而影响安装精度。

4) 拉紧螺杆上的螺纹长度应与铣刀杆或铣刀上的螺孔有足够的旋合长度。

5) 刀杆支架轴承孔与铣刀杆支承轴颈应保持足够的配合长度。

6) 安装后应检查安装情况是否正确。

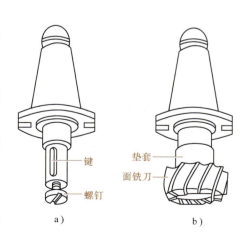

图 2-16 安装面铣刀

a）短刀杆　b）在短刀杆上安装面铣刀

任务三　工件的装夹

一、实训教学目标与要求

1）了解机用平口钳的结构。
2）掌握机用平口钳的安装及校正方法。
3）掌握压板装夹的方法。

二、基础知识

1. 机用平口钳

机用平口钳是铣床上用来装夹工件的附件。铣削一般长方体工件的平面、台阶面、斜面和轴类工件的键槽时，都可以用机用平口钳来装夹。

（1）机用平口钳的结构　常用的机用平口钳有回转式和非回转式两种。图 2-17 所示为回转式机用平口钳，钳体能在底座上扳转任意角度。非回转式机用平口钳的结构与回转式机用平口钳基本相同，只是底座没有转盘，钳体固定。回转式机用平口钳使用方便，适应性强，但由于多了一层转盘结构，高度增加，刚性相对降低。因此，在铣削平面、垂直面和平行面时，一般都采用非回转式机用平口钳。

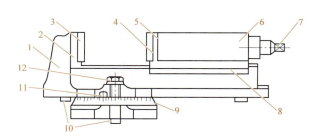

图 2-17　回转式机用平口钳
1—钳体　2—固定钳口　3—固定钳口铁　4—活动钳口铁
5—活动钳口　6—活动钳身　7—丝杠方头　8—压板
9—底座　10—定位键　11—钳体零线　12—螺栓

（2）机用平口钳的规格　普通机用平口钳按钳口宽度有 125mm、136mm、160mm、200mm、250mm 等规格。

（3）机用平口钳的安装和校正

1）机用平口钳的安装。安装机用平口钳时，应擦净钳座底面和工作台面。将机用平口钳安装在工作台长度方向的中心偏左、宽度方向的中心，以方便操作。在粗铣和半精铣时，应使铣削力指向固定钳口，如图 2-18 所示。

加工一般的工件时，机用平口钳可用定位键安装。安装时，将机用平口钳底座上的定位键放入工作台中央 T 形槽内，双手推动钳体，使两定位键的同一侧面靠在中央 T 形槽的同一侧面上，然后固定钳座，再利用钳体零线与底座上的刻线相配合，转动钳体，使固定钳口与

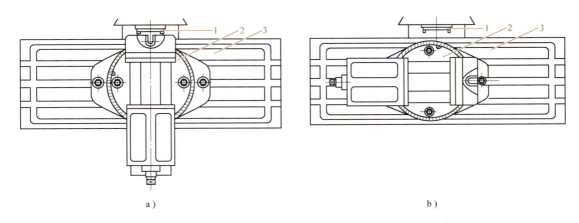

图 2-18 机用平口钳的安装位置
a）固定钳口与主轴轴线垂直　b）固定钳口与主轴轴线平行
1—铣床主轴　2—机用平口钳　3—工作台

铣床主轴轴线垂直或平行，也可以按需要调整角度。

加工有较高相对位置精度要求的工件，如铣削沟槽，钳口与主轴轴线要求有较高的垂直度或平行度，这时应对固定钳口进行校正。

2）机用平钳口的校正。用百分表校正固定钳口，保证其与铣床主轴轴线的垂直度或平行度，如图 2-19 所示。

① 校正固定钳口与铣床主轴轴线的垂直度（图 2-19a）。校正时，将磁力表座吸附在横梁导轨面上，安装百分表，使表的测量杆与固定钳口铁平面垂直。用钳口铁平面压缩测头 0.1～0.2mm，纵向移动工作台，记录百分表读数，最大读数与最小读数之差的 1/2，是固定钳口需要向小值方向旋转的数值。旋转固定钳口并复检，复检合格后紧固钳体。

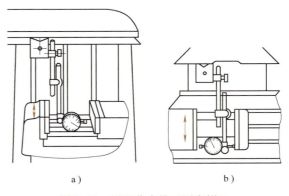

图 2-19 用百分表校正固定钳口
a）固定钳口与主轴轴线垂直
b）固定钳口与主轴轴线平行

② 校正固定钳口与铣床主轴轴线的平行度。校正固定钳口与铣床主轴轴线的平行度时，可将磁性表座吸附在床身垂直导轨面上，横向移动工作台，校正方法同上，如图 2-19b 所示。

(4) 工件在机用平口钳上的装夹

1）毛坯的装夹。选择毛坯上一个大平面作为粗基准面，将其靠在固定钳口上或导轨面上。在钳口或导轨面和毛坯面间应垫铜皮，以防损伤钳口。先轻夹毛坯，用划线盘找正毛坯上平面位置，基本平行后再夹紧毛坯，如图 2-20 所示。

2）经粗加工工件的装夹。选择工件上一个较大的粗加工表面作为基准面，将其靠向固定钳口面或钳体导轨面上进行装夹。工件基准面靠向固定钳口面时，可在活动钳口与工件间放置一圆棒，其位置在钳口夹持工件部分高度的中间偏上。通过圆棒夹紧工件，能保证工件的基准面与固定钳口面很好地贴合，如图2-21所示。

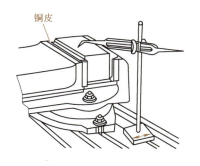

图2-20　钳口垫铜皮装夹找正毛坯

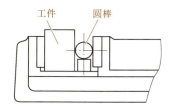

图2-21　用圆棒夹持工件

工件的基准面靠向钳体导轨面时，在工件与导轨之间要垫一平行垫铁。为了使工件基准面与导轨面平行，夹紧后可用铜锤轻击工件上表面，并用手试移垫铁。以不松动为宜，此时说明工件与垫铁贴合良好，然后夹紧，如图2-22所示。

用机用平口钳装夹工件时，工件放置位置要适当，工件受的夹紧力要均匀，切除余量后的加工面要高出钳口上平面5~10mm，如图2-23所示。

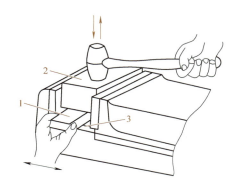

图2-22　垫平行垫铁装夹工件
1—平行垫铁　2—工件　3—钳体导轨面

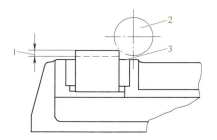

图2-23　余量厚度高出钳口上平面
1—待切除余量　2—铣刀　3—钳口上平面

2. 用压板装夹工件

形状、尺寸较大或不便于用机用平口钳装夹的工件，常用压板压紧在铣床工作台上进行加工。用压板装夹工件，在卧式铣床上用面铣刀铣削的方法应用广泛。

压板有很多种形状，可适应各种不同形状工件装夹的需要。在铣床上装夹工件用压板，主要由压板、垫铁、T形螺栓（T形螺母）及螺母等组成。用压板夹紧工件时，应选择两块以上的压板，压板的一端搭在工件上，另一端搭在垫铁上，垫铁的高度应等于或略高于工件被压紧部位的高度，螺栓与工件间的距离应尽量短。装夹时，螺母和压板平面之间应垫有垫圈，如图2-24所示。

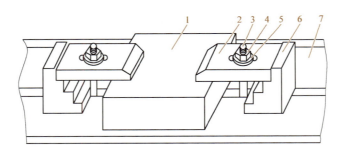

图 2-24 用压板装夹工件
1—工件 2—压板 3—T形螺栓 4—螺母 5—垫圈 6—垫铁 7—工作台面

三、技能训练

1. 用百分表校正机用平口钳的方法与步骤

1）安装百分表。将磁性表座吸附在横梁或床身的导轨面上，安装百分表。

2）用钳口铁平面压缩测头 0.1~0.2mm。

3）纵向移动工作台，记录百分表读数，读数的最大值与最小值之差的 1/2，是固定钳口需要旋转的数值。

4）缓慢用力夹紧钳体，进行复检，合格后将钳体紧固。

2. 装夹工件的方法与步骤

（1）用机用平口钳装夹工件

1）工件为 40mm×60mm×150mm 的已加工长方体。选择 20mm×50mm×180mm 的平行垫铁一块或 20mm×20mm×180mm 的平行垫铁两块。

2）放置垫铁。

3）安装工件，轻轻夹紧。

4）用铜锤轻击工件上表面，使工件与垫铁贴紧，夹紧工件。

5）检查垫铁松紧程度，以垫铁不松动为宜。

（2）用压板装夹工件

1）工件为 250mm×150mm×50mm 的已加工长方体。选择适用的压板、垫铁、螺栓、螺母。

2）安装螺栓、压板、垫铁、螺母。

3）用压板压紧工件。

四、注意事项

1. 在机用平口钳上装夹工件的注意事项

1）安装机用平口钳时，应擦净钳座底面、工作台面；安装工件时，应擦净钳口铁平面、钳体导轨面及工件表面。

2）用平行垫铁装夹工件时，所选垫铁的平面度、平行度、相邻表面的垂直度应符合要求。垫铁表面应具有一定的硬度。

2. 用压板装夹工件时的注意事项

1）不允许在铣床工作台面上拖拉表面粗糙的毛坯，夹紧时应在毛坯与工作台面间垫铜皮，以免损伤工作台面。

2）用压板夹紧已加工表面时，应在压板与工件表面间垫铜皮，以免夹伤已加工面。

3）压板的位置要放置正确，应压在工件刚性最好的部位，以防止工件产生变形。如果工件夹紧部位有悬空现象，应将工件垫实。

4）螺栓要拧紧，否则铣削时会因夹紧力不够而使工件移动，损坏工件、刀具和机床。

任务四　铣削运动和铣削用量

一、实训教学目标与要求

1）了解铣削运动、铣削用量。
2）掌握铣削用量的选用方法。

二、基础知识

1. 铣削的基本运动

铣削时，工件与铣刀的相对运动称为铣削运动，包括主运动和进给运动。

主运动是铣刀的旋转运动；进给运动是工件的移动或回转运动和铣刀的移动。

2. 铣削用量

铣削用量的主要参数有铣削速度 v_c、进给速度 v_f、背吃刀量 a_p 和侧吃刀量 a_e，如图 2-25 所示。

（1）铣削速度 v_c　铣削速度是指铣刀上选定点相对工件主运动的线速度。铣削速度与铣刀直径、铣刀转速有关，计算公式为

$$v_c = \frac{\pi d n}{1000} \quad (2\text{-}1)$$

式中　v_c——铣削速度（m/min）；
　　　d——铣刀直径（mm）；
　　　n——铣刀或铣床主轴转速（r/min）。

铣削时，根据铣削工件的材料、铣刀材料等因素确定铣削速度，然后根据所用铣刀规格（直径）按下式计算并确定铣床主轴的转速

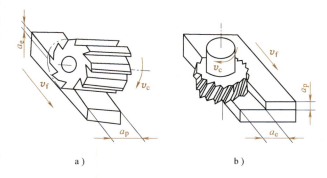

图 2-25　圆周铣与端铣的铣削用量
a）圆周铣　b）端铣

$$n = \frac{1000 v_c}{\pi d} \quad (2\text{-}2)$$

（2）进给运动参数　根据铣削时的具体情况，有三种表述和度量进给量的方法。

1) 每转进给量 f。铣刀每转一周在进给运动方向上相对工件的位移量（mm/r）。

2) 每齿进给量 f_z。铣刀每转一周，一个刀齿在进给运动方向上相对工件的位移量（mm/z）。

3) 进给速度 v_f。铣刀每回转 1min，在进给运动方向上相对工件的位移量（mm/min）。

三种进给量的关系为

$$v_f = fn = f_z zn \tag{2-3}$$

式中　n——铣刀或铣床主轴转速（r/min）；

　　　z——铣刀齿数。

铣削时，根据加工性质先确定每齿进给量 f_z，然后根据铣刀的齿数 z 和铣刀的转速 n 计算出进给速度 v_f，并以此对铣床进给量（在铣床铭牌上以每分钟进给量表示）进行调整。

（3）背吃刀量 a_p　指在平行于铣刀轴线方向上测得的铣削层尺寸（mm）。

（4）侧吃刀量 a_e　指在垂直于铣刀轴线方向上测得的铣削层尺寸（mm）。

铣削时，采用的铣削方法和选用的铣刀不同，背吃刀量 a_p 和侧吃刀量 a_e 的表示也不同。圆周铣时 a_p 和 a_e 如图 2-25a 所示，端铣时 a_p 和 a_e 如图 2-25b 所示。

3. 铣削用量的选择

选择铣削用量时，首先应选用较大的背吃刀量和侧吃刀量，再选用较大的每齿进给量，然后确定铣削速度。

（1）切削深度　切削深度是根据工件的加工余量、加工表面质量和机床功率等来选定的。当机床的功率和刚度允许时，通常以一次进给切除全部加工余量较为经济。

对于圆柱铣刀，切削深度就是侧吃刀量 a_e；对于面铣刀，切削深度就是背吃刀量 a_p。当加工余量小于 5mm 时，一次走刀就可铣去全部加工余量；若加工余量大于 5mm，尺寸精度要求较高或表面粗糙度值 $Ra<6.3\mu m$ 时，可分粗、精两次走刀，第二次走刀取 0.5~1mm。

（2）进给量　进给量是根据工件的表面质量、加工精度，以及刀具、机床、夹具的刚度等因素而决定的。

采用高速工具钢圆柱铣刀加工普通钢材时，可取 $f_z = 0.04~0.15$mm；加工铸铁时，可取 $f_z = 0.06~0.5$mm。

采用高速钢面铣刀加工普通钢材时，可取 $f_z = 0.04~0.3$mm；加工铸铁时，可取 $f_z = 0.06~0.5$mm。

采用硬质合金面铣刀及三面刃盘铣刀加工钢材和铸铁时，可取 $f_z = 0.08~0.3$mm。

f_z 值确定后，可按 $v_f = f_z zn$ 计算出进给速度，并按铣床提供的数值选用近似值。

（3）切削速度　切削速度是根据工件和刀具的材料、切削用量、刀齿的几何形状、刀具的寿命等因素来确定的。通常可从手册中查出或由经验公式计算求得。

用硬质合金铣刀铣削钢材时，铣削速度可取 3~5m/s；铣削铝件时，铣削速度可高达 6~10m/s；铣削铸铁时，提高铣削速度对工件表面质量改善不显著，故铣削速度取低些。用高速工具钢圆柱铣刀铣削时，铣削速度一般取 0.3~1m/s。

按照所选定的铣削速度 v_c，换算成相应的转速，再按机床上所标注的转速进行选取。

铣削用量选择参考值见表 2-3、表 2-4、表 2-5。

表 2-3　铣削吃刀量的选取　　　　　　　　　　　　　（单位：mm）

工件材料	高速工具钢铣刀		硬质合金铣刀	
	粗铣	精铣	粗铣	精铣
铸铁	5~7	0.5~1	10~18	1~2
软钢	<5	0.5~1	<12	1~2
中硬钢	<4	0.5~1	<7	1~2
硬钢	<3	0.5~1	<4	1~2

表 2-4　每齿进给量 f_z 的选取　　　　　　　　　　（单位：mm/齿）

刀具名称	高速工具钢刀具		硬质合金刀具	
	铸铁	钢件	铸铁	钢件
圆柱铣刀	0.12~0.20	0.10~0.15	0.20~0.50	0.08~0.20
立铣刀	0.08~0.15	0.03~0.06	0.20~0.50	0.08~0.20
套式面铣刀	0.15~0.20	0.06~0.10	0.20~0.50	0.08~0.20
三面刃铣刀	0.15~0.25	0.06~0.08	0.20~0.50	0.08~0.20

表 2-5　铣削速度 v_c 的选取　　　　　　　　　　　（单位：m/min）

工件材料	铣削速度 v_c		说明
	高速工具钢铣刀	硬质合金铣刀	
20	20~45	150~190	① 粗铣时取小值，精铣时取大值 ② 工件材料强度和硬度较高时取小值，反之取大值 ③ 刀具材料耐热性好时取大值，反之取小值
45	20~35	120~150	
40Cr	15~25	60~90	
HT150	14~22	70~100	
黄铜	30~60	120~200	
铝合金	112~300	400~600	
不锈钢	16~25	50~100	

思 考 题

1. 什么是铣削？铣削的经济加工精度可达多少？
2. 说明 X6132 型、X5032 型铣床代号的含义。
3. 说明 X6132 型、X5032 型铣床的润滑部位。
4. 简述 X6132 型铣床各部件及手柄的名称及作用。
5. 如何进行 X6132 型铣床主轴转速的变换？变速操作中应注意什么问题？
6. 如何理解并严格执行铣床安全操作规程？
7. 铣刀按其用途可分成哪几类？如何装卸铣刀？装卸铣刀时应注意什么？
8. 铣削的主运动是什么？进给运动有哪些？切削过程中，工件上将形成哪三种表面？
9. 装夹工件时有哪些基本要求？
10. 安装机用平口钳时，如何校正机用平口钳的位置？
11. 什么是铣削用量？铣削用量的要素有哪些？铣削中进给速度 v_f 有哪三种表述方法？它们之间的关系是什么？什么是背吃刀量 a_p？什么是侧吃刀量 a_e？在圆周铣和端铣中如何表示？
12. 用锤击法使工件与机用平口钳水平导轨或与垫铁贴合时应注意什么问题？

13. 用机用平口钳装夹工件时为什么要垫圆棒？使用压板、螺栓装夹工件时应注意什么问题？

14. 简述铣削图 2-26 所示工件时的装夹方法、步骤和注意事项。

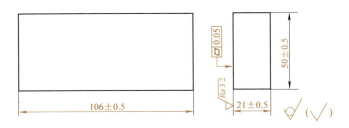

图 2-26　14 题图

课题二　铣削平面、垂直面和平行面

任务一　铣　平　面

一、实训教学目标与要求

1）掌握铣刀和切削用量的选择方法。
2）了解顺铣和逆铣的特点。
3）掌握铣削平面的方法、步骤和检测方法。
4）了解铣削平面时产生废品的原因和预防措施。

二、基础知识

铣平面的技术要求主要有平面度和表面粗糙度。

（一）平面的铣削加工方法

1. 圆周铣

圆周铣（简称周铣）是利用分布在圆柱面上的切削刃来铣削并形成平面。因铣刀切削刃较多，加工平面有微小的波纹，要想获得较小的表面粗糙度值，工件的进给速度要慢，而铣刀的旋转速度应快。

用圆周铣铣出的平面，其平面度误差的大小主要取决于铣刀的圆柱度。精铣时，要求铣刀的圆柱度公差比工件的平面度公差小。

2. 端铣

端铣是利用分布在铣刀端面上的切削刃来铣削并形成平面。用面铣刀在立式铣床上进行端铣，铣出的平面与铣床工作台台面平行，如图2-27所示。端铣也可以在卧式铣床上进行，铣出的平面与铣床工作台台面垂直，如图2-28所示。

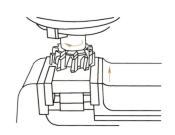

图2-27　在立式铣床上用面铣刀铣平面

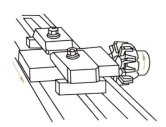

图2-28　在卧式铣床上用面铣刀铣平面

用端铣方法铣出的平面，也有一条条刀纹，刀纹的粗细（影响表面粗糙度值的大小）

同样与工件进给速度的快慢和铣刀转速的高低等因素有关。

用端铣方法铣出的平面，其平面度误差的大小主要决定于铣床主轴轴线与进给方向的垂直度。若铣床主轴轴线与进给方向垂直，则铣出的表面分布着网状的刀纹，如图 2-29 所示；若铣床主轴轴线与进给方向不垂直，则铣出的表面呈凹面并有弧形刀纹，如图 2-30 所示。如果铣削时进给方向是从刀尖高的一端移向刀尖低的一端，还会产生"拖刀"现象。因此，端铣平面时，应校正铣床主轴轴线与进给方向的垂直度。

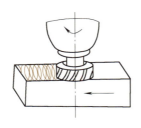
图 2-29 网状刀纹

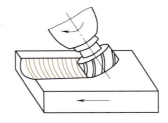
图 2-30 表面呈凹面

3. 校正铣床主轴轴线与工作台进给方向的垂直度

（1）立铣头主轴轴线与工作台台面垂直度的校正　先断开主轴电源开关，将主轴转速置于高速档位置。安装百分表，使测头与工作台台面接触，测杆压缩 0.2~0.3mm，记下百分表的读数，然后用手转动立铣头主轴 180°，并记录读数，读数变化值在 300mm 长度上应不大于 0.02mm，如图 2-31 所示。

（2）卧式铣床主轴轴线与工作台纵向进给方向垂直度的校正

1）用回转盘刻度校正。该方法操作简单，但精度不高，适于一般要求的工件铣削。校正时，只需将回转盘的零线对准鞍座上的基准线。

2）用百分表校正。该方法精度较高。如图 2-32 所示，先安装百分表，将主轴转速置于高速档，在工作台侧面一端压表 0.2~0.3mm 后，百分表调"零"；使主轴转过 180°并读数，读数在 300mm 长度上应小于 0.03mm。如超差，则用木锤轻击工作台端部进行调整，并紧固工作台。

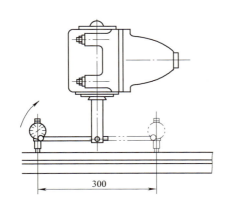
图 2-31 用百分表校正主轴轴线与工作台面垂直

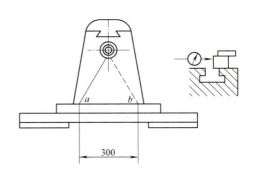
图 2-32 校正主轴轴线与工作台纵向进给方向垂直

4. 圆周铣与端铣的比较

1) 由于面铣刀的刀杆短，刚性好，参与切削的刀齿数多，所以振动小，铣削平稳，效率高。
2) 面铣刀的直径可以做得很大，能一次铣出较宽的表面而不需要接刀。圆周铣时，工件加工表面的宽度受圆柱形铣刀宽度的限制不能太宽。
3) 面铣刀的刀片装夹方便、刚性好，适宜进行高速铣削和强力铣削，可提高生产率和表面质量。
4) 由于面铣刀每个刀齿所切下的切削厚度变化较小，所以端铣时铣削力变化小。
5) 在铣削层宽度、深度和每齿进给量相同的条件下，面铣刀不采用修光刃和高速铣削等措施就能进行铣削，但圆周铣比端铣加工的工件表面质量好。
6) 圆周铣能一次切除较大的侧吃刀量 a_e。

由于端铣平面有较多优点，所以用圆柱铣刀铣平面在许多场合被面铣刀铣平面所取代。

（二）顺铣与逆铣

1. 铣削方式

铣削有顺铣和逆铣两种方式，如图 2-33 所示。顺铣时，铣刀对工件的作用力在进给方向上的分力与工件进给方向相同，逆铣时则相反。

2. 圆周铣顺铣的优缺点

顺铣时，铣刀对工件作用力 F_c 的分力压紧零件，铣削较平稳，适于不易夹紧的工件及细长薄板工件的铣削；切削刃切入工件时的切削厚度最大，并逐渐减小到零，这样切削刃切入容易，且切削刃与已加工表面的挤压、摩擦小，加工表面质量较高；消耗功率较小。但是，顺铣时切削刃切入工件时，工件表面的硬皮和杂质易加速刀具磨损和损坏；铣削分力 F_f 与工件进给方向相同，当工作台进给丝杠与螺母的间隙较大及轴承的轴向间隙较大时，工作台会产生间断性窜动，导致刀齿损坏、刀杆弯曲，工件与夹具会产生位移，如图 2-34a 所示。

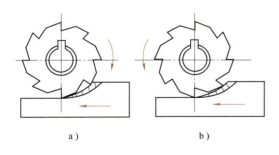

图 2-33 圆周铣时的顺铣和逆铣
a) 顺铣 b) 逆铣

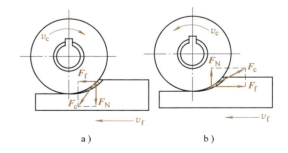

图 2-34 圆周铣时的切削力及其分力
a) 顺铣 b) 逆铣

3. 圆周铣逆铣的优缺点

逆铣时，切削刃沿已加工表面切入工件，工件表面硬皮对切削刃的影响小；F_f 与工件进给方向相反，故不会出现工作台窜动现象；但 F_N 始终向上（图 2-34b），需要更大的夹紧力；在铣刀中心进入工件端面后，切削刃切入工件时的切屑厚度为零，并逐渐增到最大，切削刃与工件表面的挤压、摩擦严重，加速了切削刃磨损，缩短了铣刀寿命，工件加工表面产生硬化层，降低了工件表面质量；消耗在进给运动方面的功率较大。

在铣床上进行圆周铣时，一般采用逆铣。当丝杠、螺母传动副的轴向间隙为 0.03～0.05mm，F_f 小于工作台导轨间的摩擦力时，铣削不易夹牢和薄而细长的工件也可采用顺铣。

4. 端铣时的顺铣与逆铣

端铣根据铣刀与工件之间的相对位置不同，分为对称铣削与非对称铣削两种。端铣同样存在着顺铣和逆铣。

（1）对称铣削　端铣时，工件的中心处于铣刀中心。对称铣削时，一半为逆铣，一半为顺铣。对称铣削在侧吃刀量 a_e 接近铣刀直径时采用，如图 2-35 所示。

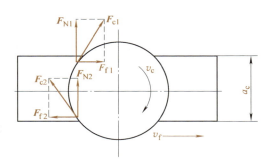

图 2-35　端铣对称铣削

（2）非对称铣削　按切入边和切出边所占侧吃刀量 a_e 比例分为非对称顺铣和非对称逆铣，如图 2-36 所示。非对称顺铣的顺铣部分占的比例较大，端铣时一般不采用此法；在铣削塑性和韧性好、加工硬化严重的材料，如不锈钢、耐热合金钢等时，采用该法。采用非对称顺铣时，必须调好机床工作台丝杠螺母副的传动间隙。非对称逆铣的逆铣部分占的比例较大，非对称逆铣时，工作台无窜动，切削冲击振动小，切削平稳，应用广泛。

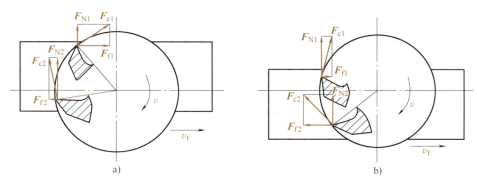

图 2-36　端铣非对称铣削
a）非对称顺铣　b）非对称逆铣

三、技能训练

1）分析图 2-37 所示工件图，测量毛坯尺寸。
2）安装机用平口钳，校正固定钳口与铣床主轴轴线垂直度（立铣）。
3）选用 YG8、$\phi 80$mm 的普通机械夹固式面铣刀，安装并找正工件。
4）选择切削用量：$n = 118$r/min、$v_f = 47.5$mm/min、$a_p = 2$mm。
5）对刀试切。

① 用手转动刀盘，使刀头处在工件正上方。
② 上升工作台，目测刀尖与工件的距离为 2mm 左右。

③ 起动机床，慢慢上升工作台使刀尖与工件轻轻擦上，停车待铣刀停稳后，用手转动刀盘使刀头在工件的外面，退出工作台使刀盘的最大直径与工件的端面有 5~10mm 的距离。

④ 上升工作台 1.5~2mm，起动机床，自动走刀，进行铣削。

6）铣削完毕后，停车、降落工作台并退出工件。

7）卸下工件并检测加工平面的平面度。

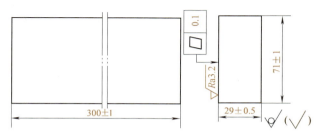

图 2-37　铣平面工件

四、平面铣削的质量分析

1. 影响平面度的因素

1）圆周铣时圆柱形铣刀的圆柱度误差；端铣时铣床主轴轴线与进给方向的垂直度。

2）工件在夹紧力和铣削力作用下的变形；工件存在内应力，铣削后工件变形；铣削热引起工件的热变形。

3）铣床工作台进给运动的直线度误差；铣床主轴轴承的轴向和径向间隙大。

4）铣削时，因圆柱铣刀的宽度或面铣刀的直径小于被加工面的宽度而接刀，产生接刀痕。

2. 影响表面粗糙度的因素

1）铣刀磨损，刀具切削刃变钝。

2）进给量、切削厚度太大。

3）铣刀的几何参数选择不当；铣削时振动过大；铣削时有拖刀现象。

4）铣削时，切削液选择不当；铣削时有积屑瘤产生或切屑粘刀现象。

5）铣削中进给停顿，使铣刀下沉，在工件加工面上切出凹坑（俗称"深啃"）。

五、注意事项

1）铣削前先检查铣刀盘、铣刀头、工件装夹是否牢固，安装位置是否正确。

2）开机前应注意铣刀盘和刀头是否与工件、机用平口钳相撞。

3）铣刀旋转后，应检查铣刀旋转方向是否正确。

4）应开机对刀调整背吃刀量；若手柄摇过头，要消除丝杠和螺母间隙，以免铣错尺寸。

5）铣削过程中不准用手摸工件和铣刀，不准测量工件，不准变换进给量。

6）铣削过程中不准停止铣刀旋转和工作台自动进给，以免损坏刀具、啃伤工件。

7）进给结束，工件不能立即在旋转的铣刀下面退回，应先降落工作台，然后再退出工件。

8）不使用的进给机构应紧固，工作完毕再松开。

9）采用机用平口钳装夹工件时，取下机用平口钳扳手后再自动进给铣削工件。

10）切屑应飞向床身一侧，以免烫伤操作者。

11）对刀试切调整安装铣刀头时，注意不要损伤刀片刃口。
12）如采用四把铣刀头，可将刀头安装成台阶状切削工件。

任务二　铣垂直面和平行面

一、实训教学目标与要求

1）了解铣垂直面、平行面的加工顺序和基准面的选择方法。
2）掌握铣垂直面、平行面的加工方法与步骤。

二、基础知识

1. 圆周铣铣削垂直面

垂直面是指与基准面垂直的平面。用圆周铣铣垂直面的方法有以下三种。

（1）在卧式铣床上用机用平口钳装夹进行铣削　用机用平口钳装夹铣垂直面，适于铣削较小的工件，如图 2-38 所示。影响垂直度的主要因素有：固定钳口面与工作台面的垂直度误差；基准面没有与固定钳口贴合紧密；圆柱形铣刀的圆柱度误差大；基准面的平面度误差大；夹紧力过大等。

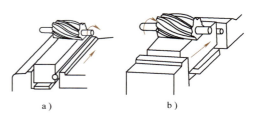

图 2-38　用机用平口钳装夹铣垂直面
a）固定钳口与轴线垂直　b）固定钳口与轴线平行

（2）在卧式铣床上用角铁装夹进行铣削　适用于基准面较宽而加工面比较窄的工件铣削，如图 2-39 所示。

（3）在立式铣床上用立铣刀进行铣削　对基准面宽而长、加工面较窄的工件，可以在立式铣床上用立铣刀加工，如图 2-40 所示。

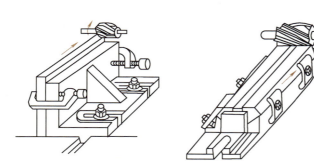

图 2-39　在卧式铣床上用角铁装夹铣平面

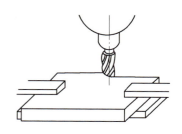

图 2-40　用立铣刀铣垂直面

影响垂直度的主要因素有：纵向进给时，立铣刀的圆柱度误差大；横向进给时，立铣刀的圆柱度误差大，立铣头主轴轴线与纵向进给方向的垂直度误差大。

2. 圆周铣铣削平行面

平行面是指与基准面平行的平面。用圆周铣铣削平行面，一般在卧式铣床上用机用平口钳装夹进行铣削。影响平行度的主要因素有：基准面与机用平口钳钳体导轨面不平行；机用平口钳钳体导轨面与铣床工作台台面不平行；圆柱形铣刀的圆柱度误差大等。

3. 用面铣刀铣垂直面和平行面

（1）垂直面铣削

1）用机用平口钳装夹，端铣垂直面。

2）在卧式铣床工作台台面上装夹，端铣垂直面，如图 2-41 所示。

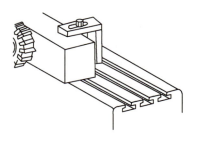

图 2-41　在卧式铣床上用面铣刀铣垂直面

（2）平行面铣削

1）在立式铣床上端铣平行面，如图 2-42 所示。

2）在卧式铣床上端铣平行面，如图 2-43 所示。

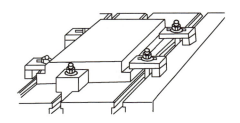

图 2-42　在立式铣床上用面铣刀铣平行面

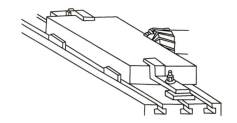

图 2-43　在卧式铣床上用面铣刀铣平行面

三、技能训练

在立式铣床上用面铣刀铣削图 2-44 所示长方体的方法与步骤如下。

1）读图 2-44。

2）检查毛坯。注意实际加工余量，选择图上的设计基准或大平面作为定位基准。首先加工基准面，并将其作为加工其余各面的基准。加工过程中，基准面应靠向机用平口钳的固定钳口或钳体导轨面，以保证其余各加工面对这个基准面的垂直度、平行度要求。

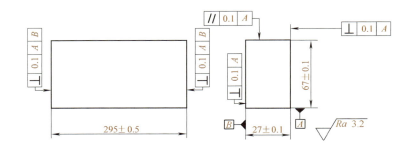

图 2-44　铣长方体

3）确定加工步骤，如图 2-45 所示。

4）用百分表校正固定钳口对铣床主轴轴线的垂直度误差和导轨面对工作台两个方向的

平行度误差。

5）选用 $\phi 150mm$ 普通机械夹固面铣刀盘，刃磨并安装铣刀头，单刀头铣削。

6）选取切削用量：$n = 150 \sim 300 r/min$；$v_f = 37 \sim 75 mm/min$；粗铣 $a_p = 1 \sim 2mm$，精铣 $a_p = 0.2 \sim 0.5 mm$。

7）装夹工件并铣削至尺寸；停车，卸下工件并测量。

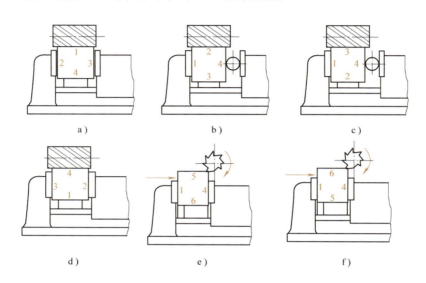

图 2-45　铣长方体的步骤

a）面 2 为粗基准　b）面 1 为精基准　c）面 1 为精基准　d）面 3 为基准　e）面 1 为基准　f）面 1 为基准

四、操作中的注意事项

1）调整侧吃刀量时，若手柄摇过头，应注意消除丝杠与螺母间的间隙，以免尺寸出错。

2）铣削时不使用的进给机构应紧固，工作完毕再松开。

3）铣削过程中每次重新装夹工件前，应及时用锉刀修整工件上的锐边和去除毛刺，但不要锉伤工件的已加工表面。

4）用铜锤、木锤轻击工件，以防损伤工件已加工表面；或垫一木块，再用锤子敲击。

5）精铣时，工件的夹紧力要适当，以防工件变形。

思　考　题

1. 什么是圆周铣？什么是端铣？
2. 铣平面时，影响平面度的因素有很多，圆周铣时主要有哪些？端铣时主要有哪些？
3. 在铣床上用刻度盘调整工作台的移动距离时，如何保证移动距离的准确性？
4. 什么是顺铣？什么是逆铣？各有哪些优缺点？圆周铣时，一般采用哪种方式？为什么？
5. 端铣时，顺铣与逆铣如何判断？一般采用哪种方式？为什么？
6. 铣削过程中，中途停止铣刀旋转和工作台自动进给，会造成什么影响？
7. 为什么进给结束时工件不能在回转的铣刀下直接退回？简述正确的操作步骤。

8. 在卧式铣床上用机用平口钳装夹工件，圆周铣铣垂直面时，铣出的平面与基准面不垂直的原因有哪些？怎样防止？

9. 在卧式铣床上用机用平口钳装夹工件，圆周铣铣削平行面时，铣出的平面与基准面不平行的原因有哪些？怎样防止？

10. 简述铣削图 2-46 所示工件的方法、步骤和注意事项。

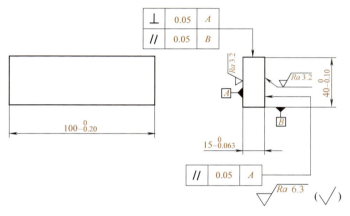

图 2-46　10 题图

课题三 切断和铣斜面

任务一 切 断

一、实训教学目标与要求

1)掌握锯片铣刀的选用及安装方法。
2)掌握切断的方法及步骤。

二、基础知识

(1)选取切断铣刀 切断工件时要选取合适厚度和直径的铣刀,以保证顺利切断工件,如图2-47、图2-48所示。

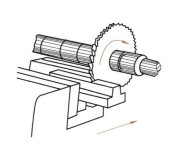

图2-47 用铣刀切断

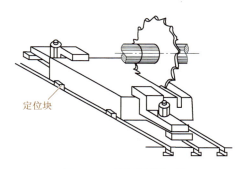

图2-48 厚板料的切断

铣刀厚度可根据下式计算

$$B \leqslant \frac{L - ln}{n - 1} \tag{2-4}$$

式中 B——铣刀厚度(mm);
L——毛坯总长(mm);
l——每段长度(mm);
n——段数。

铣刀的直径可按下式计算

$$D > 2a_p + d \tag{2-5}$$

式中 D——铣刀直径(mm);
a_p——工件厚度(切断棒料时为直径,mm);
d——刀轴垫圈外径(mm)。

锯片铣刀的中心处刀片最厚,由中心向外逐渐变薄。

（2）安装铣刀　由于切断时铣刀受力并不太大，所以在刀轴与铣刀之间一般不装键，靠摩擦力传递转矩，还能起到过载保护作用。铣刀安装后，应用百分表检测轴向圆跳动。

（3）工件的装夹　工件必须装夹牢固，因为在切断时工件的松动可能会导致工件报废、铣刀折断等事故的发生。

1）切断条形工件时，一般用机用平口钳装夹，铣刀端面与钳口端面之间应有5mm左右的距离。

2）切断大工件时，用压板直接压紧工件。

3）批量生产时，用夹具装夹工件。

三、技能训练

1）读图、检查工件尺寸、确定基准面 A，如图2-49所示。

2）选择切断铣刀并安装。铣刀厚度可根据式（2-4）计算：已知 $L=290$mm，$l=40$mm，$n=6$ 段；

由 $B \leq (L-ln)/(n-1) \leq (290-40\times6)/(6-1)$mm $= 10$mm 可知，铣刀厚度不大于10mm，实取 $B=3$mm（铣刀直径、厚度以0.5mm为一个规格）。

铣刀的直径根据式（2-5）选取，由 $D > 2a_p + d = 2\times26$mm $+ 50$mm $= 102$mm。

查铣刀直径的规格，选 $D=105$mm。

故选用 105mm×3mm×27mm 的高速钢锯片铣刀。

3）校正机用平口钳与主轴平行度并安装。

4）确定铣削用量。由于铣刀较薄，不能承受大的铣削力，铣削层深度又较深，故采用手动进给，选取 $v=24$m/min，$n=1000v/(\pi D) = 1000\times24/(3.14\times105)$r/min ≈ 73r/min；在X6132铣床上铣削，取 $n=75$r/min。

5）装夹工件。取工件伸出的长度为40mm+5mm=45mm左右。

6）划线并对刀。以工件切断端为基准，在工件上划出两条线，一条40mm、一条43.05mm+刀具端面摆动量（mm）的线。用贴纸法进行对刀，要切断的一端贴一层0.05mm的试纸，尽量靠近工件下部，调整机床使铣刀中心与试纸基本重合并使铣刀低于工件0.2~0.5mm。起动机床，使工件端面缓慢靠近铣刀侧面，与试纸接触时，说明铣刀与工件只有0.05mm的距离。退出纵向工作台，横向工作台移动量=40mm+0.05mm+3mm+刀具端面

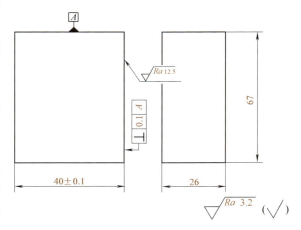

图2-49　切断工件

摆动量（mm）。目测铣刀是否被两条线包容，若不包容，重新检查，划线、对刀，直至铣刀被两条线包容，纵向退出3~5mm。

7）切断。锁紧横向工作台，采用逆铣进行试切，当切进2~3mm后，关闭机床，退出纵向工作台并用游标卡尺检测。若不合格，需要进行微量调整，直至合格，然后切断。

8）卸下工件并检测。

四、质量分析

1. 影响尺寸的因素

对刀误差太大；看错刻度或转错手柄转数；没有消除丝杠螺母副之间的间隙；测量不准，工件有松动现象等。

2. 影响表面质量的因素

进给不均匀；铣刀不锋利；机床、夹具刚性差，铣削中有振动；间断铣削啃伤表面。

五、注意事项

铣刀应锋利且端面摆动要小；铣刀和工件装夹要牢固，铣削处离夹紧点要近；工作台纵向进给方向与主轴轴线要垂直；铣刀不能低于工件上表面太多；手动进给中要均匀、平稳；铣刀最大直径应能切出整个工件；当铣刀切入工件时速度要慢，以免打刀。

任务二　铣　斜　面

一、实训教学目标与要求

1）掌握斜面的铣削方法。
2）掌握斜面的测量方法。

二、基础知识

1. 斜面在图样上的表示方法

零件上与基准面成任意倾斜角度的平面，称为斜面。斜面相对基准面倾斜的程度用斜度来衡量，在图样上有两种表示方法。

（1）用倾斜角度 β（°）表示　主要用于倾斜度大的斜面。图 2-50a 所示为斜面与基准面倾斜角 $\beta = 30°$。

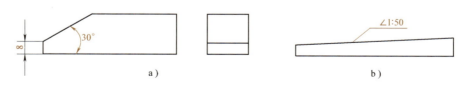

图 2-50　斜面在图样上的表示方法
a）用角度标注斜面　b）用斜度标注斜面

（2）用斜度 S 表示　主要用于倾斜程度小的斜面。图 2-50b 所示为在 50mm 长度上，斜面两端至基准面的距离相差 1mm，用"∠1:50"表示。

两种表示方法的相互关系为

$$S = \tan\beta \tag{2-6}$$

式中 S——斜度；

β——斜面与基准面之间的夹角（°）。

2. 斜面的铣削方法

在铣床上铣斜面的方法有工件倾斜法、铣刀倾斜法和用角度铣刀铣斜面等。

（1）工件倾斜法 在卧式铣床或立式铣床上铣斜面时，可将工件倾斜所需角度后装夹、铣削。常用的方法有以下几种。

1）根据划线装夹工件铣斜面。单件生产时，先划出斜面的加工线，然后用机用平口钳装夹，再用划线盘找正加工线的水平位置，用圆柱形铣刀或面铣刀铣出斜面，如图 2-51 所示。

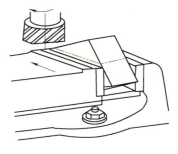

图 2-51 按划线装夹铣斜面

2）扳转机用平口钳装夹工件铣斜面。安装机用平口钳，先校正固定钳口与铣床主轴轴线垂直或平行后，将钳体扳转到所需的角度，然后装夹工件并铣削，如图 2-52 所示。

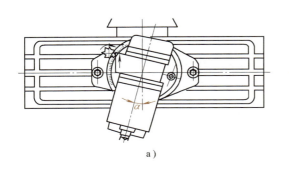

图 2-52 转动钳体装夹工件铣斜面
a）斜面与横向进给方向平行 b）斜面与纵向进给方向平行

3）用倾斜垫铁装夹工件铣斜面。使用倾斜垫铁使工件基准面倾斜，如图 2-53 所示。所用垫铁的倾斜度应等于斜面的倾斜度，垫铁的宽度应小于工件宽度。

（2）铣刀倾斜法 在立式铣床上安装立铣刀或面铣刀，用机用平口钳或压板装夹工件铣削斜面，常用的方法有以下两种。

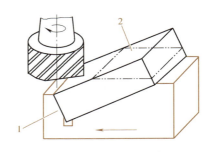

图 2-53 用倾斜垫铁装夹铣斜面
1—倾斜垫铁 2—工件

1）工件基准面与工作台台面平行装夹。用面铣刀或立铣刀的端面刃铣削斜面时，立铣头应扳转的角度 $\alpha=\theta$，如图 2-54 所示；用立铣刀的圆周刃铣削斜面时，立铣头应扳转的角度 $\alpha=90°-\theta$，如图 2-55 所示。

2）工件基准面与工作台台面垂直装夹。用立铣刀的圆周刃铣削斜面时，立铣头应扳转的角度 $\alpha=\theta$，如图 2-56 所示；用面铣刀或立铣刀的端面刃铣削斜面时，立铣头应扳转的角度 $\alpha=90°-\theta$，如图 2-57 所示。

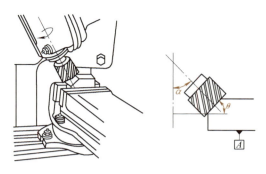
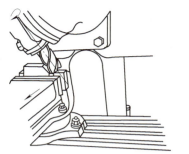

图 2-54　工件基准面与工作台台面平行用面铣刀铣斜面　　　图 2-55　工件基准面与工作台台面平行用圆周刃铣刀铣斜面

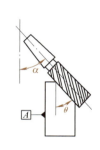
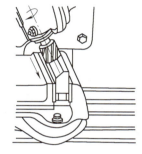

图 2-56　基准面与工作台台面垂直用圆周刃铣斜面　　　图 2-57　基准面与工作台台面垂直用面铣刀铣斜面

（3）用角度铣刀铣斜面　宽度较窄的斜面，可在卧式铣床上用角度铣刀铣削，如图 2-58 所示。选择角度铣刀的角度时应根据工件斜面的角度，所铣斜面的宽度应小于角度铣刀的切削刃宽度。铣削对称的双斜面时，应选择两把直径和角度相同、切削刃相反的角度铣刀同时进行铣削，安装铣刀时应将两把铣刀的刃齿错开，以减小铣削力和振动，如图 2-58b 所示。由于角度铣刀的刀齿强度较弱，刀齿排列较密，铣削时排屑较困难，所以铣削用量应比圆柱形铣刀低 20% 左右，尤其是每齿进给量 f_z 更要适当减小。铣削碳素钢工件等时，应浇注充足的切削液。

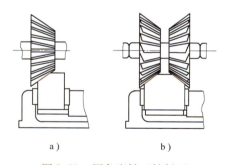

图 2-58　用角度铣刀铣斜面
a）铣单斜面　b）铣双斜面

三、技能训练

1）读图 2-59，检查工件尺寸、确定基准面。

2）校正机用平口钳固定钳口与铣床主轴轴线垂直度与纵向平行度。

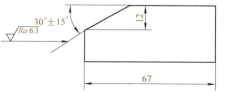

图 2-59　铣长方体斜面

3) 选择 $\phi 80$mm 面铣刀,划线并装夹工件。
4) 扳转立铣头。松开立铣头紧固螺母并逆时针方向扳转 $\alpha = 30°$,紧固螺母。
5) 调整铣削用量:取 $n = 150$r/min,$v_f = 60$mm/min,a_p 分次铣削。
6) 对刀并试铣;检测角度,角度正确后,分数次走刀铣出 30° 斜面,并保证尺寸 12mm。
7) 卸下工件并检测。

四、质量分析

1) 影响斜面倾斜角度的因素有立铣头转动角度不准,工件、钳口、钳体导轨面不清洁。
2) 影响斜面尺寸的因素有:看错刻度或转错手柄转数;丝杠螺母副之间的间隙未消除;测量误差大;工件松动;划线不准确等。
3) 影响表面粗糙度的因素有:进给量过大;铣刀不锋利;机床、夹具刚性差;铣削过程中,工作台进给或主轴旋转突然停止,啃伤工件表面。

五、注意事项

1) 铣削时要注意铣刀的旋转方向是否正确,开车前检查刀齿和工件的位置。
2) 装夹工件时,不要夹伤已加工表面;铣刀不要铣到机用平口钳。

思 考 题

1. 铣削斜面时,工件、刀具、机床之间应满足哪两个条件?
2. 铣斜面有哪几种方法?各适用于何种场合?
3. 什么情况下用角度铣刀铣斜面?
4. 倾斜铣刀铣斜面时,其角度值如何确定?
5. 铣斜面时,造成倾斜度超差的原因有哪些?
6. 简述图 2-60 所示工件铣斜面的方法、步骤和注意事项。

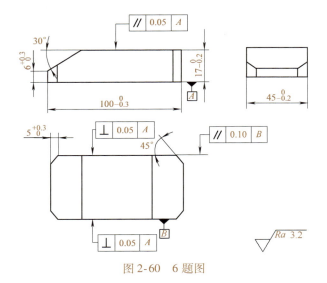

图 2-60 6 题图

课题四　铣台阶、直角沟槽和键槽

任务一　铣　台　阶

一、实训教学目标与要求

1) 掌握铣台阶用铣刀的选择方法。
2) 掌握台阶的铣削方法和测量方法。

二、基础知识

台阶、直角沟槽的技术要求有尺寸精度、平行度、垂直度、对称度和倾斜度等。

1. 台阶的铣削方法

台阶通常可在卧式铣床上用三面刃铣刀或在立式铣床上用面铣刀、立铣刀进行加工。

（1）用三面刃铣刀铣台阶　三面刃铣刀有直齿和错齿两种（图2-61）。直径大的错齿三面刃铣刀大多为镶齿式结构，当某一刀齿损坏后，更换一个刀齿即可。三面刃铣刀的直径和刀齿尺寸都比较大，刀齿的强度就大，排屑、冷却效果较好，生产率较高，因此一般采用三面刃铣刀铣台阶。

铣削时，三面刃铣刀的圆柱面切削刃主要起切削作用，两个侧面切削刃起修光作用。

1) 用一把三面刃铣刀铣台阶（图2-62）。

图2-61　三面刃铣刀
a) 直齿三面刃铣刀　b) 错齿三面刃铣刀

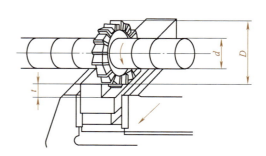

图2-62　用一把三面刃铣刀铣台阶

① 铣刀的选择。铣刀宽度应大于台阶宽度，即 $L>B$，直径应按下式计算

$$D > d + 2t$$

式中　D——三面刃铣刀直径（mm）；

d——铣刀杆垫圈外径（mm）；

t——台阶深度（mm）。

在满足使用要求的前提下,应选用直径较小的三面刃铣刀。

② 工件的装夹和找正。一般工件可用机用平口钳装夹,尺寸较大的工件可用压板装夹,形状复杂的工件或大批量生产时可用专用夹具装夹。

③ 铣削方法。工件装夹后,采用切纸法对刀。台阶的铣削方法如图 2-63 所示。

台阶深度较深时,可采用多次铣削,如图 2-64 所示。最后一次进给时,可将台阶底面和侧面同时精铣到技术要求。

④ 用一把三面刃铣刀铣双面台阶。如图 2-65 所示,先粗、精铣一侧的台阶至尺寸要求,然后退出工件,将工作台横向进给一个距离 A,紧固横向进给机构后粗、精铣另一侧台阶;或将一侧的台阶粗铣后,松开机用平口钳,工件调转 180°后重新装夹,粗、精铣另一侧台阶,然后工件调转 180°精铣另一侧台阶。这种铣削方法能获得较高的对称度。

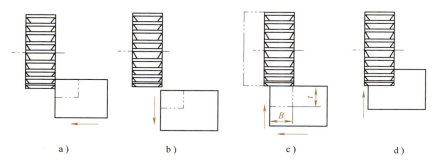

图 2-63 台阶的铣削方法
a) 对刀 b) 下降工作台 c) 向左进给 d) 向上进给

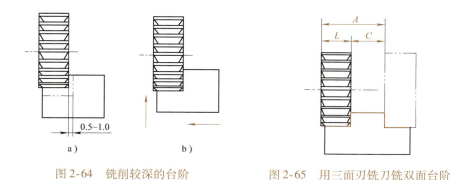

图 2-64 铣削较深的台阶 图 2-65 用三面刃铣刀铣双面台阶

2) 组合三面刃铣刀铣台阶,如图 2-66 所示。本方法可提高生产率,而且操作简单,能保证工件质量,适于成批生产。但两把三面刃铣刀的直径应相同,需用铣刀杆垫圈调整两把三面刃铣刀内侧切削刃间的距离,装刀时两把铣刀应错开半个齿,以减小铣削中的振动。

(2) 用面铣刀铣台阶 如图 2-67 所示,宽度较宽且深度较浅的台阶,常使用面铣刀在立式铣床上加工。面铣刀刀杆强度大,铣削时切屑厚度变化小,切削平稳,加工表面质量好,生产率较高。面铣刀的直径一般取 $(1.4 \sim 1.6)B$。

(3) 用立铣刀铣台阶 深度较深的台阶或多级台阶,可在立式铣床上用立铣刀加工,如图 2-68 所示。

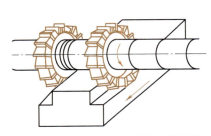
图 2-66　用两把三面刃铣刀铣台阶

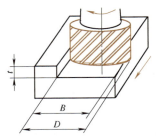
图 2-67　用面铣刀铣台阶

2. 台阶的测量

一般用游标卡尺、游标深度卡尺测量台阶。尺寸精度要求较高时，用外径千分尺或深度千分尺测量，批量较大时可用极限量规检测，如图 2-69 所示。

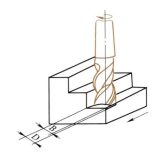
图 2-68　用立铣刀铣台阶

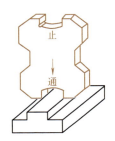
图 2-69　用极限量规测量台阶

三、技能训练

在卧式铣床上用三面刃铣刀铣削台阶的方法与步骤如下。

1）读图 2-70，检查工件尺寸。

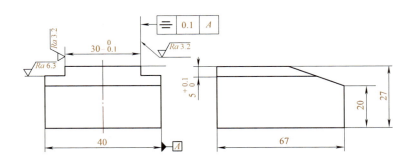

图 2-70　铣台阶工件

2）调整机用平口钳，保证固定钳口与铣床主轴轴线的垂直度公差与纵向平行度公差。

3）选择并安装整体三面刃铣刀（80mm×12mm×27mm）。

4）确定铣削用量，取 $n=100\text{r/min}$，$v_f=47.5\text{mm/min}$，$a_e=4.5\text{mm}$。

5）安装工件并对刀。

6）调转工件，粗、精铣台阶两侧及深度。
7）卸下工件并测量。

四、加工质量分析

1. 影响台阶尺寸的因素

工作台调整、测量不准；铣刀受力不均而出现"让刀"现象；铣刀摆动太大；工作台零位不准时，用三面刃铣刀铣台阶出现上窄下宽的现象等。

2. 影响台阶形状、位置精度的因素

机用平口钳未校正、压板装夹未校正；工作台零位不准，用三面刃铣刀铣削时，台阶上窄下宽，台阶侧面中凹；立铣头零位不准，用立铣刀纵向进给铣削时，台阶底面产生凹面等。

3. 影响台阶表面粗糙度的因素

铣刀变钝；铣刀摆动太大；铣削用量选择不当，尤其是进给量过大；铣削钢件时未加注切削液或切削液选用不当；铣削时振动太大，未用进给机构没有紧固，工作台产生窜动现象等。

五、注意事项

为确保工件的尺寸精度，加工时可以先铣去一些余量，然后根据测量的数据，调整铣削层宽度和深度，再铣去工件全部余量；在铣台阶时，若因机床动力不足或台阶尺寸太大不能一次进给，可分两次或数次进给来铣削；对精密工件的加工，应分多次进给调整尺寸，多次铣削，且最后一刀不要留下接刀痕迹。

任务二　铣直角沟槽

一、实训教学目标与要求

1）掌握选择铣直角沟槽用铣刀的方法。
2）掌握直角沟槽的铣削方法和测量方法。

二、基础知识

直角沟槽有三种，如图 2-71 所示。直角通槽主要用三面刃铣刀铣削，也可用立铣刀、键槽铣刀来铣削，半通槽和封闭槽则采用立铣刀或键槽铣刀铣削。

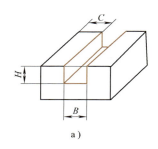
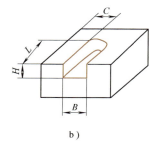
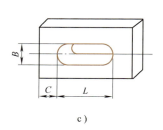

a）　　　　　　　　b）　　　　　　　　c）

图 2-71　直角沟槽的种类
a）通槽　b）半通槽　c）封闭槽

1. 用三面刃铣刀铣直角通槽（图 2-72）

（1）铣刀的选择　铣刀的宽度 $L \leqslant B$；铣刀的直径 $D > d + 2H$。其中，B 是需加工的槽宽度；d 是铣刀杆垫圈直径；H 是沟槽深度，D、L 是铣刀的直径和宽度，如图 2-73 所示。

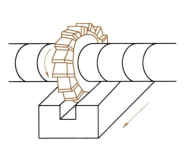
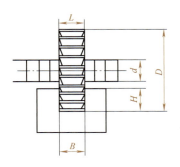

图 2-72　用三面刃铣刀
铣直角通槽

图 2-73　铣刀的选择

（2）工件的装夹与找正　一般情况下采用机用平口钳装夹工件。铣通槽时，机用平口钳的固定钳口应与铣床主轴轴线垂直。

（3）常用的对刀方法

1）划线对刀法。在工件的加工部位划出直角通槽的尺寸线、位置线，装夹找正后加工。

2）贴纸对刀法，如图 2-74 所示。

在实际生产中两方法配合使用。

2. 用立铣刀铣半通槽和封闭槽

用立铣刀铣半通槽（图 2-75）时，选择的立铣刀直径应等于或小于槽的宽度。由于立铣刀刚性较差，铣削时容易产生"偏让"现象，所以在加工深度较深的槽时，应分数次铣至要求深度；铣到深度后，再将槽两侧扩铣到尺寸。扩铣时应避免顺铣，防止损坏铣刀和啃伤工件。

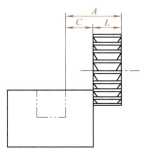
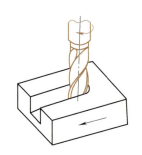

图 2-74　侧面对刀铣通槽
　　　（贴纸对刀法）

图 2-75　用立铣刀铣半通槽

用立铣刀铣封闭不通槽，如图 2-76a 所示。铣削前应在槽的一端预钻一个落刀孔（直径略小于立铣刀直径），从落刀孔开始铣削。

3. 用键槽铣刀铣半通槽和封闭通槽（图 2-76b）

精度较高、深度较浅的半通槽和封闭通槽，可用键槽铣刀铣削。键槽铣刀的端面切削刃能在垂直进给时切削工件，因此用键槽铣刀铣削封闭通槽，可不必预钻落刀孔。

4. 直角沟槽的测量

直角沟槽的长度、宽度和深度的测量一般使用游标卡尺、游标深度卡尺；槽宽也可用极限量规（键槽塞规）检测。槽的对称度用游标卡尺或百分表测量，如图 2-77 所示。

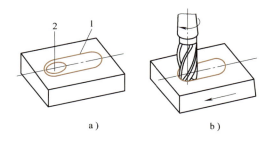
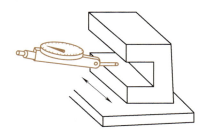

图 2-76 用立铣刀铣封闭槽
a）铣封闭不通槽 b）铣封闭通槽
1—封闭槽加工线 2—落刀孔

图 2-77 用百分表测量对称度

三、技能训练

1. 用三面刃铣刀铣直角通槽的加工方法与步骤

1）读图 2-78，检查工件尺寸。

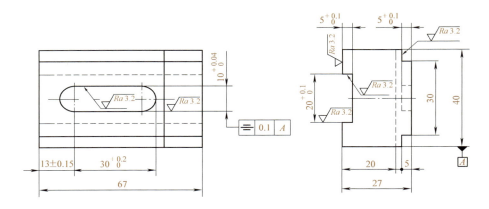

图 2-78 铣直角通槽和封闭槽

2）安装机用平口钳，校正至固定钳口与铣床主轴轴线垂直，并与纵向平行。
3）选择 80mm × 12mm × 27mm 的三面刃铣刀，并安装。
4）在工件上划出各槽尺寸、位置线；安装并找正工件。
5）确定铣削用量：$n = 100 \text{r/min}$，$v_f = 47.5 \text{mm/min}$，$a_e = 4.5 \text{mm}$。
6）对刀，试铣后，用调转工件法粗、精铣。
7）停车；检测合格后，卸下工件。

2. 在立式铣床上铣封闭槽

1）读图 2-78，检查工件尺寸。
2）安装机用平口钳并校正。
3）选择 φ10mm 的键槽铣刀，并安装。
4）在工件上划出加工槽的尺寸、位置线。
5）安装工件并找正。
6）选取铣削用量：$n=375\text{r/min}$，$v_\text{f}=47.5\text{mm/min}$，$a_\text{p}=5\text{mm}$。
7）对刀后紧固横向进给机构。
8）多次进给铣出封闭槽，先控制好侧面尺寸，再控制长度尺寸，最后控制槽深。
9）测量，卸下工件。

四、直角沟槽铣削的质量分析

1）影响沟槽尺寸的因素：铣刀选择不正确；铣刀径向圆跳动和轴向圆跳动误差过大；立铣刀铣削时产生"让刀"现象；测量不精确或摇错刻度盘数值等。
2）影响沟槽形状、位置精度的因素：机用平口钳未校正；平行垫铁不平行；工件装夹后未找正；工作台"零位"不准；对刀、测量不准。
3）影响表面粗糙度的因素：影响沟槽表面粗糙度的因素与铣削台阶时相同。

五、注意事项

1）在铣沟槽时，工件台应和纵向进给方向平行，否则铣出的沟槽与工件侧面不平行。
2）在试铣过程中，若沟槽尺寸大于图样要求，应检查铣刀摆动量，并进行调整；如果沟槽尺寸小于图样要求，可在铣刀柄与弹簧夹套之间垫上铜皮，利用铣刀的摆动来增加沟槽的宽度；若尺寸相差较大，则需要调换铣刀。

任务三 铣 键 槽

一、实训教学目标与要求

1）掌握选择键槽铣刀的方法。
2）掌握键槽的铣削方法和测量方法。

二、基础知识

键连接中，平键连接应用广泛。平键是标准件，它的两侧面是工作面，用以传递转矩。连接时，平键置于轴和轴上零件的键槽内。轴上的键槽简称轴槽，用铣床加工；轮类零件的键槽简称轮毂槽，用拉床加工。

1. 轴槽的主要技术要求

轴槽是直角沟槽，其技术要求与直角沟槽的技术要求基本一致。但轴槽的两侧面与平键两侧面相配合，是主要工作面，其表面粗糙度值为 $Ra3.2\mu\text{m}$，宽度尺寸公差等级为 IT9。对轴槽的深度、长度、槽底面表面质量要求并不高。

2. 轴上键槽的铣削方法

轴上键槽的种类如图 2-79 所示。通槽和圆弧形的半通槽，一般选用盘形槽铣刀铣削，轴槽的宽度由铣刀宽度保证，半通槽一端的槽底圆弧半径由铣刀半径保证。轴上的封闭槽和槽底一端是直角的半通槽，用键槽铣刀铣削，并按轴槽的宽度尺寸来确定键槽铣刀的直径。

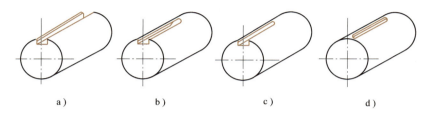

图 2-79　轴上键槽的种类

a）通槽　b）圆弧形半通槽　c）半通槽　d）封闭槽

（1）工件的装夹与找正　为保证工件轴槽的对称度，常用的装夹方法如下：

1）图 2-80 所示为用机用平口钳装夹铣轴槽，加工精度较低，一般适用于单件生产。

2）图 2-81 所示为用 V 形块装夹铣轴槽，是铣削轴上键槽的常用装夹方法。加工后，轴槽的对称度较高。对直径在 20～60mm 的长轴，可用工作台的 T 形槽定位，用压板压紧铣削，如图 2-82 所示。

安装 V 形块时，用量棒校正上素线、侧素线与工作台面和进给方向的平行度，如图 2-83 所示。

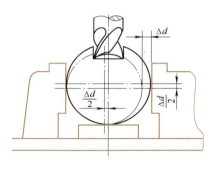

图 2-80　用机用平口钳装夹铣轴槽

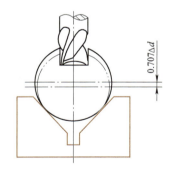

图 2-81　用 V 形块装夹铣轴槽

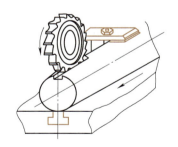

图 2-82　用 T 形槽装夹铣轴槽

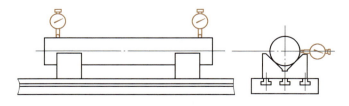

图 2-83　用百分表校正 V 形块的平行度

3）用分度头装夹。用分度头主轴和尾座顶尖或用自定心卡盘和尾座顶尖采用一夹一顶方法装夹工件，如图 2-84 所示，轴槽的对称度容易保证。

安装分度头和尾座时，应用标准量棒在两顶尖间或自定心卡盘和顶尖间，用百分表校正轴上的素线与工作台台面的平行度、素线与工作台纵向进给方向的平行度。

在成批生产中，采用一次调整、定距铣削轴上键槽，工件直径的变化为

$$\Delta d = d_{max} - d_{min}$$

式中　d_{max}——一批工件最大实际尺寸；
　　　d_{min}——一批工件最小实际尺寸。

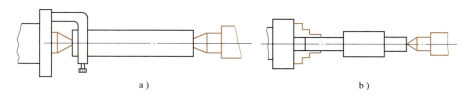

图 2-84　用分度头装夹铣轴槽
a) 两顶尖装夹　b) 一夹一顶装夹

上述三种装夹方法对轴上键槽加工误差的影响见表 2-6。

表 2-6　装夹方法对轴上键槽加工误差的影响

装夹方法	机用平口钳装夹	V 形块装夹	分度头、尾座装夹
工件轴线位置	上下、左右变动	上下变动，左右不变	不变动
轴槽深度最大误差	Δd	$0.707\Delta d$	$0.5\Delta d$
轴槽对称度最大误差	Δd	0	0

（2）铣刀切削位置的调整（称对中心又称对刀）　为保证轴槽的对称度，必须调整铣刀的位置，使键槽铣刀的轴线或盘形槽铣刀的对称平面通过工件的轴线。常用的调整方法有如下几种。

1）按切痕对刀。该法对中精度不高，但使用简便，是常用的对中心方法。

① 盘形槽铣刀切痕对刀方法（图 2-85a）。把工件大致调整到盘形槽铣刀的对称中心，起动机床，在工件表面上铣出一个接近铣刀宽度的椭圆形切痕，然后移动工作台，使铣刀宽度落在椭圆的中间位置；若切出的椭圆不对称，则需调整再试切，如图 2-85c 所示。

② 键槽铣刀切痕对刀方法（图 2-85b）。键槽铣刀切痕对刀方法与盘形槽铣刀切痕对刀法基本相同，要使立铣刀处在小平面的中间位置，若试切出的小平面两边不对称，则需调整后再试切，如图 2-85d 所示。

2）擦侧面调整对中心。此方法对中精度较高，适用于盘形槽铣刀直径较大或键槽铣刀较长的场合，如图 2-86 所示。

用盘形槽铣刀

$$A = [(D + L)/2] + \delta$$

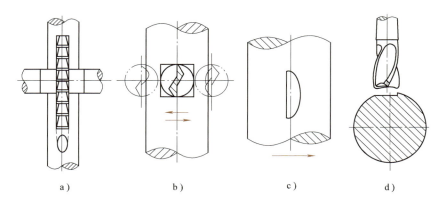

图 2-85 切痕调整对中心

a) 盘形槽铣刀切痕对刀 b) 键槽铣刀切痕对刀 c) 盘形槽铣刀切痕偏移 d) 键槽铣刀切痕偏移

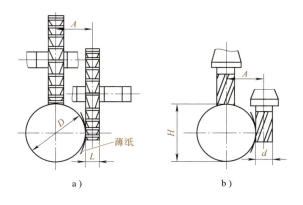

图 2-86 擦侧面调整对中心

a) 盘形槽铣刀擦侧面对刀 b) 键槽铣刀擦侧面对刀

用键槽铣刀

$$A = [(D + d)/2] + \delta$$

式中　A——工作台横向移动距离（mm）；

　　　D——工件直径（mm）；

　　　L——盘形槽铣刀宽度（mm）；

　　　d——键槽铣刀直径（mm）；

　　　δ——纸厚（mm）。

3）用杠杆百分表调整对中心。这种方法对中精度高，适合在立式铣床上采用，用分度头装夹的工件、机用平口钳装夹的工件、V 形块对中心调整，如图 2-87 所示。

调整时，将百分表固定在立铣头主轴上，用手微量转动主轴，观察百分表在工件两侧（图 2-87a）、钳口两侧（图 2-87b）、V 形块两侧（图 2-87c）的读数，横向移动工作台使两侧读数相同。

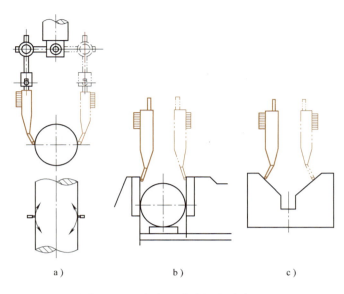

图 2-87 用杠杆百分表调整对中心

(3) 轴上键槽的铣削方法

1) 铣轴上通键槽。轴槽为通槽或一端为圆弧形半通槽，一般都采用盘形槽铣刀来铣削。若零件较长且外圆已经磨削准确，则可采用机用平口钳装夹进行铣削。为避免因工件伸出钳口过长而产生振动和弯曲，可在伸出端用千斤顶支承，如图 2-88 所示。若工件直径只经过粗加工，则采用自定心卡盘和尾座顶尖来装夹，且中间需用千斤顶支承。工件装夹完毕后调整对中心，调整侧吃刀量 a_e（即铣削层深度）。

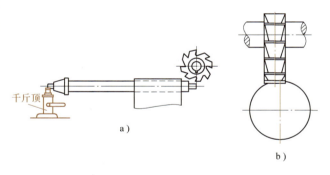

图 2-88 铣轴上通键槽
a) 用机用平口钳装夹铣轴槽 b) 调整对中心

调整时先使回转的铣刀切削刃和工件圆柱面（上素线）接触，然后退出工件，再将工作台上升 a_e 到轴槽的深度，即可开始铣削。当铣刀开始切到工件时，应手动缓慢移动工作台，并仔细观察。在背吃刀量 a_p（即铣削层宽度）接近铣刀宽度时，若轴的一侧出现台阶现象（图 2-88b），说明铣刀还未对准工件中心，应将工件有台阶一侧向铣刀一侧横向移动，调整到中心。工件采用 V 形块或工作台中央 T 形槽和压板装夹时，可先将压板压在工件端部，由工件端部向里铣出一段槽长，然后停车，将压板移到工件

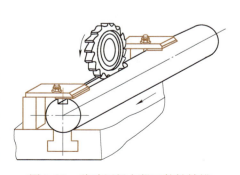

图 2-89 移动压板夹紧工件铣轴槽

端部，垫上铜皮重新压紧工件，如图 2-89 所示，观察确认铣刀不会碰到压板后，再起动主轴，铣削全长。

2）铣轴上封闭键槽。用键槽铣刀铣削轴上封闭槽，常用的方法如下：

① 分层铣削法。用符合键槽宽度尺寸的铣刀分层铣削，如图 2-90 所示。分层铣削法在铣刀用钝后，只需刃磨端面，铣刀直径不受影响，也不会产生明显的"让刀"现象，但在普通铣床上加工时生产率低。分层铣削法主要适用于轴槽长度尺寸较短、单件或小批量轴槽的铣削。

② 扩刀铣削法。先用直径小于槽宽度 1mm 左右的键槽铣刀分层粗铣至槽深，槽两端各留余量 0.2~0.5mm，然后用尺寸精确的键槽铣刀精铣，如图 2-91 所示。

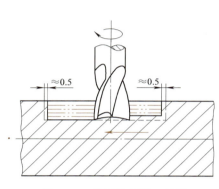

图 2-90 分层铣削轴上键槽

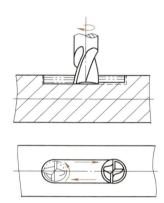

图 2-91 扩刀铣削轴上键槽

3. 轴槽的检测方法

1）轴槽宽度的检测。常用塞规或塞块检测轴槽宽度，如图 2-92 所示。

2）轴槽深度的检测，如图 2-93 所示。

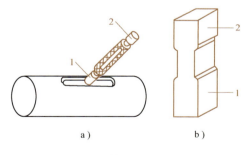

图 2-92 轴槽宽度的检测
a）塞规 b）塞块
1—通端 2—止端

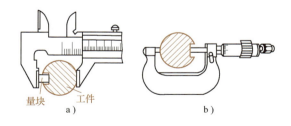

图 2-93 检测槽深
a）用游标卡尺检测槽深 b）用千分尺检测槽深

3）轴槽中心平面对轴线对称度误差的检测。如图 2-94 所示，将工件置于 V 形块内，选择一块与轴槽宽度尺寸相同的量块放入轴槽内，并使量块的平面处于水平位置，用百分表检测量块的 A 面与平板平面并读数，然后将工件转动 180°，用百分表测量量块 B 面与平板基准面并读数，两次读数之差值的一半，就是轴上键槽的对称度误差。

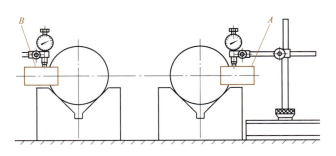

图 2-94 轴槽对称度的检测

三、技能训练

1. 读图 2-95 所示零件图

毛坯为 45 钢圆棒料，经精车或磨削。单件加工，采用机用平口钳装夹。轴槽宽度尺寸公差等级为 IT9，表面粗糙度值为 $Ra3.2\mu m$。封闭槽选用键槽铣刀 $\phi10mm$、$\phi12mm$ 各一把，在立式铣床上加工；半通槽选用盘形槽铣刀 $80mm \times 12mm \times 27mm$ 或相同的三面刃铣刀在卧式铣床上加工。

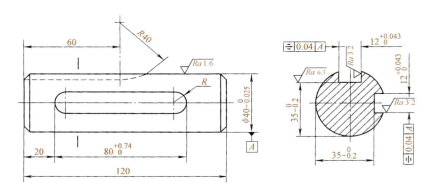

图 2-95 铣轴槽工件

2. 在立式铣床上铣封闭键槽

1）安装、校正机用平口钳；安装键槽铣刀。

2）调整铣削用量，取 $n = 475r/min$，一次背吃刀量 $a_p = 2 \sim 3mm$，手动进给铣削。

3）试铣以检查铣刀尺寸。

4）用杠杆百分表调整对中心，找正工件。

5）铣削封闭槽，先用 $\phi10mm$ 键槽铣刀分层粗铣，槽深留 0.2mm 加工余量，槽两端各留 0.5mm 加工余量。换 $\phi12mm$ 键槽铣刀精铣至要求尺寸。

6）测量，卸下工件。

3. 在卧式铣床上铣轴上半通键槽

1）安装、校正机用平口钳。

2）安装 $80mm \times 12mm \times 27mm$ 的盘形槽铣刀或三面刃铣刀。

3）调整切削用量，取 $n = 95\text{r/min}$，$v_f = 47.5\text{mm/min}$，a_e = 槽深（一次铣到深度）。

4）安装工件和铣刀，试铣检查尺寸。

5）用擦侧面调整对中心找正工件；铣槽。

6）测量，卸下工件。

四、轴上键槽的质量分析

1）轴槽宽度尺寸不合格的影响因素：铣刀尺寸不合适；铣刀摆动大；铣削时背吃刀量过大，进给量过大，产生"让刀"现象等。

2）轴槽两侧相对于工件轴线对称度的影响因素：铣刀对中不准；铣刀让刀量大；成批生产时，工件外圆尺寸公差过大；轴槽两侧扩铣余量不一致等。

3）轴槽两侧与工件轴线平行度的影响因素：工件外圆直径不一致，有大小头；用机用平口钳或V形块装夹工件时，没有校正好机用平口钳或V形块。

4）轴槽槽底与工件轴线不平行的影响因素：工件上素线未找准水平或选用的垫铁不平行、两V形块不等高。

思 考 题

1. 对台阶和直角沟槽有哪些技术要求？铣削台阶的方法有哪几种？各有何特点？
2. 用三面刃铣刀和立铣刀铣直角沟槽有哪些不同？
3. 铣台阶和直角沟槽时为什么要精确地校正夹具？怎样校正？
4. 铣削加工轴上键槽的装夹方法有哪几种？如何选用？
5. 铣轴槽时，常用的对中心方法有哪几种？如何选用？
6. 如何检测轴槽对称度？
7. 铣出的轴槽槽宽尺寸超差，原因有哪些？
8. 分析图2-96中两个工件出现质量问题的原因，并提出预防措施。

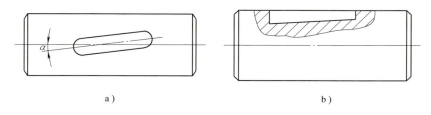

图2-96 轴槽不对称、槽底不平
a）轴槽不对称 b）槽底与工件轴线不平行

课题五　铣特形沟槽

任务一　铣 V 形 槽

一、实训教学目标与要求

1）掌握选择 V 形槽铣刀的方法。
2）掌握 V 形槽的铣削方法和检验方法。

二、基础知识

常见的特形沟槽有 V 形槽、T 形槽和燕尾形槽等。特形沟槽一般用刃口形状相应的铣刀铣削。

1. V 形槽的应用

V 形槽广泛应用于机床夹具，如机床导轨、工件划线、装夹测量等。V 形槽两侧面间的夹角一般为 90°或 60°，常用的是 90°的 V 形槽。

2. V 形槽的主要技术要求（图 2-97）

V 形槽中心平面对工件中心平面的对称度，V 形块的上平面对底平面的平行度。

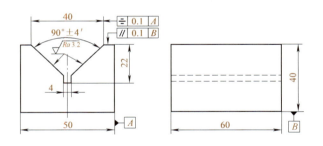

图 2-97　V 形槽

3. V 形槽的铣削方法

（1）用立铣刀铣 V 形槽　夹角大于或等于 90°的 V 形槽，可在立铣头上装夹立铣刀铣削，如图 2-98 所示。铣削前应先铣出窄槽，然后调转立铣头，用立铣刀铣削 V 形槽。铣完一侧 V 形面后，将立铣头转动角度后铣另一侧 V 形面；或将工件松开平转 180°后夹紧，再铣另一侧 V 形面。铣削时，夹具或工件的基准面应与工作台横向进给方向平行。

（2）调整工件铣 V 形槽　夹角大于 90°、精度要求不高的 V 形槽，可按划线校正 V 形槽的一个侧面，使之与工作台台面平行并装夹，铣完一侧后，重新校正装夹另一侧，再铣削成形；夹角等于 90°、尺寸不大的 V 形槽，可一次装夹铣削成形，如图 2-99 所示。

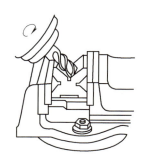

图 2-98 用立铣刀铣 V 形槽

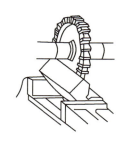

图 2-99 调整工件铣 V 形槽

(3)用角度铣刀铣 V 形槽 夹角小于 90°的 V 形槽,采用与其角度相同的对称双角铣刀在卧式铣床上铣削。铣削时,先用锯片铣刀铣出窄槽,夹具或工件的基准面应与工作台纵向进给方向平行,如图 2-100 所示。若无合适的对称双角铣刀,可用两把刃口相反、规格相同的单角铣刀组合起来铣削。

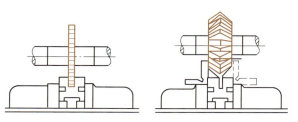

图 2-100 用对称双角铣刀铣 V 形槽

4. V 形槽的检测方法

V 形槽的检测项目有 V 形槽宽度 B、槽角 α 和对称度。

(1)V 形槽宽度 B 的检测

1)用游标卡尺直接测量槽宽 B,但检测精度差。

2)用标准量棒间接测量槽宽 B,测量精度较高,如图 2-101 所示。测量时,先间接测得尺寸 h,然后根据公式计算

$$B = 2\tan\frac{\alpha}{2}\left[\frac{R}{\sin\frac{\alpha}{2}} + (R - h)\right] \tag{2-7}$$

式中　R——标准量棒半径（mm）;

　　　α——V 形槽槽角（°）;

　　　h——标准量棒上素线至 V 形槽上平面的距离（mm）。

(2)V 形槽槽角 α 的检测

1)用角度样板测量。通过观察工件与样板间的缝隙判断 V 形槽槽角 α 是否合格。

2)用游标万能角度尺测量。图 2-102 所示为测量角度 A 或 B,间接测出 V 形槽半槽角 $\alpha/2$。

3)用标准量棒间接测量槽角 α。此法测量精度较高,如图 2-103 所示。测量时,先后用两根不同直径的标准量棒进行间接测量,分别测得尺寸 H 和 h,然后根据下式计算出槽角 α 的实际值

$$\sin\frac{\alpha}{2} = \frac{R - r}{(H - R) - (h - r)} \tag{2-8}$$

式中　R——大标准量棒的半径（mm）;

r——小标准量棒的半径（mm）；
H——大标准量棒上素线至 V 形块底面的距离（mm）；
h——小标准量棒上素线至 V 形块底面的距离（mm）。

（3）V 形槽对称度误差的检测　　测量时，在 V 形槽内放一标准量棒，分别以 V 形块两侧面为基准，放在平板基准平面上，用杠杆百分表测量量棒最高点，两次测量读数之差的一半，即为对称度误差。若两次测量的读数相同，说明 V 形槽的中心平面与 V 形块中心平面重合，如图 2-104 所示。

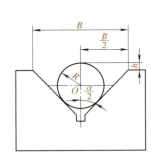

图 2-101　测量 V 形槽宽度 B

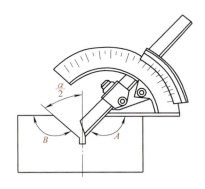

图 2-102　用游标万能角度尺测量 V 形槽槽角

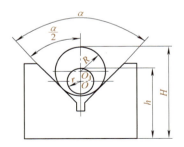

图 2-103　V 形槽槽角的测量计算

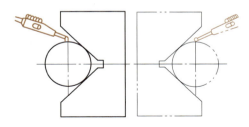

图 2-104　V 形槽对称度误差的检测

三、技能训练（铣 V 形槽工件）

加工方法与步骤如下。

1）分析图 2-97 所示工件的形状、尺寸和技术要求。

2）选择铣刀。选择 80mm×3mm×22mm 锯片铣刀和直径为 φ25mm 的锥柄立铣刀各一把。

3）划线。将工件竖起放在平板上，用游标高度卡尺测出尺寸 50mm 的真值。在铣 V 形槽的端面上用真值的 1/2 划出 V 形槽中心线，然后划 V 形槽两边缘线。

4）铣窄槽。在卧式铣床上用机用平口钳装夹工件，取 $n = 118$ r/min，用 80mm×3mm×22mm 锯片铣刀手动进给铣出窄槽至要求。

5）铣 V 形槽。在立式铣床上用立铣刀铣削。

① 工件用机用平口钳装夹，固定钳口校正至与工作台纵向进给方向平行，工件底面与

机用平口钳导轨贴实，侧面与固定钳口贴实并夹紧。

② 调转立铣头 45°。用 φ25mm 立铣刀，取 $n = 118\text{r}/\text{min}$，$v_\text{f} = 37.5\text{mm}/\text{min}$ 进行分层铣削。

③ 按划线粗铣 V 形槽 先铣一个侧面，然后将工件转 180°，铣另一侧面，留约 1mm 的加工余量。

④ 精铣 V 形槽一侧面，然后将工件转 180°装夹，精铣 V 形槽的另一侧面。

⑤ 卸下工件并测量。

四、铣 V 形槽的质量分析

1）V 形槽尺寸超差的原因：铣刀尺寸不准；铣 V 形槽时，深度不准；工作台移距不准。

2）V 形槽几何公差超差的原因：铣刀的形状不准确；用立铣刀、角度铣刀铣削时，立铣头倾斜角度不准确等。

3）V 形槽表面粗糙度值太大的原因：铣刀已钝；排屑不畅，有阻塞；铣削用量选择不当；铣削时有振动等。

五、注意事项

1）铣长方体：为了使铣 V 形槽时能有准确的定位面，需要把六个面加工平整，保证两面的平行度误差小于 0.02mm。

2）在铣窄槽时，应以某一个侧面为基准铣出两条窄槽。

3）窄槽槽底应略超出 V 形槽两侧面延长线的交线。

任务二 铣 T 形 槽

一、实训教学目标与要求

1）掌握铣削 T 形槽铣刀的选择方法。
2）掌握 T 形槽的加工方法及检验方法。
3）分析铣削 T 形槽时出现的质量问题。

二、基础知识

1. T 形槽的用途和主要技术要求

T 形槽（图 2-105）多用于机床（如铣床、牛头刨床等）工作台、机床附件、配套夹具的定位和固定。

T 形槽由直槽和底槽组成，根据使用要求分基准槽和固定槽。基准槽的尺寸精度和几何精度比固定槽高，其形状、尺寸等已经标准化。T 形槽的主要技术要求有：

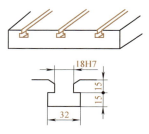

图 2-105 T 形槽工件

1）直槽宽度精度，基准槽的公差等级为 IT8，固定槽的公差等级为 IT12。
2）基准槽的直槽两侧面平行或垂直于工件的基准面。

3）底槽的两侧面与直槽的中心平面对称。

2. T形槽的铣削方法与步骤

T形槽的铣削如图 2-106 所示。铣削 T 形槽一般先用三面刃铣刀或立铣刀铣出直槽，槽底留 1mm 左右的加工余量，然后在立式铣床上用 T 形槽铣刀铣底槽至深度，最后用角度铣刀在槽口倒角，T 形槽铣刀应按直槽宽度尺寸选择，铣刀的直径尺寸即为 T 形槽的公称尺寸（直槽宽度）；两端不通的 T 形槽，铣削前应先在槽的一端钻落刀孔，如图 2-107 所示，落刀孔的直径应大于 T 形槽铣刀切削部分的直径，深度应大于 T 形槽底槽的深度；铣完直槽后，在落刀孔处对中，用 T 形槽铣刀铣出底槽。

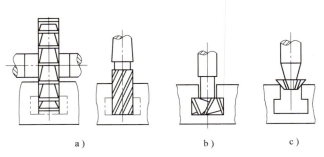

图 2-106 T形槽的铣削
a）铣直槽 b）铣底槽 c）槽口倒角

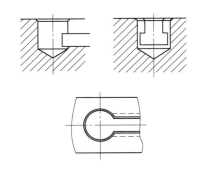

图 2-107 不通 T 形槽的落刀孔

3. T形槽的检测方法

T 形槽可用游标卡尺、杠杆百分表检测。

三、技能训练

1）读图 2-108，检查工件尺寸，确定基准。

2）选用 φ14mm 的锥柄立铣刀、φ16mm 的 T 形槽铣刀、45°角度铣刀。

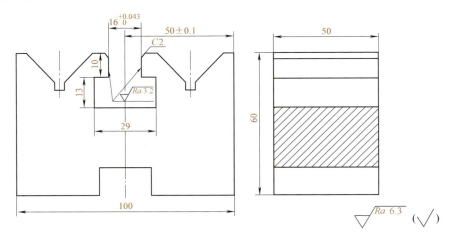

图 2-108 铣 T 形槽工件

3）安装、校正机用平口钳，装夹工件。
4）用立铣刀粗、精铣直槽，保证宽度为 $16_{\ 0}^{+0.043}$ mm，深度至22mm。
5）用T形槽铣刀铣底槽至尺寸，确定铣削用量，取 $n=118\text{r/min}$，$v_\text{f}=47.5\text{mm/min}$。
6）用角度铣刀倒角。
7）卸下工件并测量。

四、铣T形槽的质量分析

1）T形槽尺寸超差的原因：铣刀尺寸不准；铣T形槽时，深度不准使T形槽尺寸不准；工作台移动距离精确度差等。
2）T形槽几何公差超差的原因：铣刀的形状不准确；对中不准等。
3）T形槽表面粗糙度值太大的原因与V形槽相同。

五、注意事项

1）用T形槽铣刀切削时，切削部分埋在工件内，切屑不易排出，容易把容屑槽填满（塞刀）而使铣刀失去切削能力，甚至使铣刀折断。因此，应经常退刀，及时清除切屑。
2）用T形槽铣刀切削时，因排屑不畅，切削热不易散发，容易使铣刀产生退火而丧失切削能力。因而，在铣削钢件时，应充分加注切削液；在铣削铸铁时，应用吹气法进行冷却。
3）用T形槽铣刀切削时切削条件差，因此应选用较小的进给量和较低的铣削速度。

任务三 铣燕尾槽

一、实训教学目标与要求

1）掌握燕尾槽铣刀的选择方法。
2）掌握燕尾槽的加工方法和检测方法。

二、基础知识

1. 燕尾槽的用途和主要技术要求

燕尾槽与燕尾配合使用，如图2-109所示。常采用燕尾结构作为直线运动的引导件或紧固件，如燕尾导轨的燕尾槽和燕尾之间有相对直线运动。因此对角度、宽度、深度应具有较高的精度要求，斜面的平面度要求较高，且表面粗糙度值要小。燕尾角度 α 有45°、50°、55°、60°等多种，一般采用55°燕尾。

燕尾槽与燕尾在配合时，在中间有一块镶条，用以调整配合间隙。为便于间隙的调整，有时将燕尾槽一侧的燕尾侧面制成带斜度（图2-110）并与具有相同斜度的镶条相配，这样只要移动镶条的位置，就可方便、准确地调整间隙和补偿磨损。

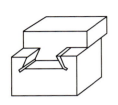
图 2-109 燕尾槽和燕尾

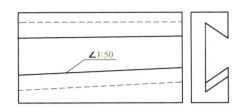
图 2-110 带斜度的燕尾槽

2. 燕尾槽和燕尾的铣削方法

铣削燕尾槽和燕尾时，先在立式铣床上用立铣刀或面铣刀铣直角槽或台阶，然后用燕尾槽铣刀铣出燕尾槽或燕尾，如图 2-111 所示。燕尾槽铣刀应根据燕尾的角度选取，铣刀锥面的宽度应大于工件燕尾槽斜面的宽度。

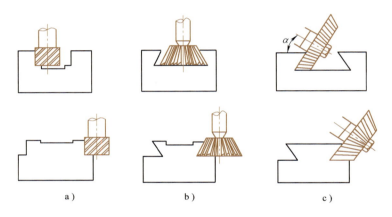

图 2-111 铣燕尾槽、燕尾
a) 铣直槽、台阶 b) 铣燕尾槽、燕尾 c) 用单角度铣刀铣燕尾槽、燕尾

单件生产时，可用单角度铣刀来铣削燕尾槽、燕尾，如图 2-111c 所示。

铣削带有斜度的燕尾槽，在铣削完直槽后，先用燕尾槽铣刀铣削无斜度的一侧，铣好后松开压板，将工件按规定斜度调整到要求并夹紧，然后铣削。

3. 燕尾槽的检测方法

1) 燕尾槽、燕尾的槽角 α 可用游标万能角度尺测量。

2) 燕尾槽的槽深、燕尾的高度可用游标深度、高度卡尺测量。

3) 由于工件有空刀槽和倒角，燕尾槽、燕尾的宽度要用两个标准量棒间接测量，如图 2-112 所示。用游标卡尺测得两标准量棒之间的距离尺寸 M 或 M_1，可计算出燕尾槽的宽度 A 或燕尾的宽度 a。燕尾槽宽度的计算公式为

$$A = M + d\left(1 + \cot\frac{\alpha}{2}\right) - 2H\cot\alpha \tag{2-9}$$

$$B = M + d\left(1 + \cot\frac{\alpha}{2}\right) \tag{2-10}$$

式中　A——燕尾槽最小宽度（mm）；

　　　B——燕尾槽最大宽度（mm）；

M——两标准量棒内侧距离（mm）；
d——标准量棒直径（mm）；
α——燕尾角度（°）；
H——燕尾槽槽深（mm）。

燕尾宽度的计算公式为

$$a = M_1 - d\left(1 + \cot\frac{\alpha}{2}\right) \tag{2-11}$$

$$b = M_1 + 2h\cot\alpha - d\left(1 + \cot\frac{\alpha}{2}\right) = a + 2h\cot\alpha \tag{2-12}$$

式中　a——燕尾最小宽度（mm）；
　　　b——燕尾最大宽度（mm）；
　　　M_1——两标准量棒外侧距离（mm）；
　　　d——标准量棒直径（mm）；
　　　α——燕尾角度（°）；
　　　h——燕尾高度（mm）。

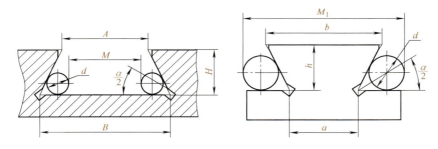

图 2-112　测量燕尾槽、燕尾

三、技能训练

1）读图 2-113，检查工件尺寸，确定基准。

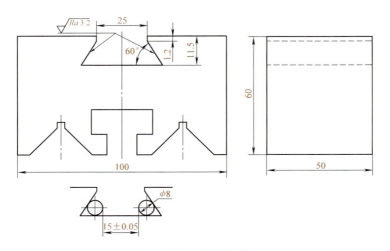

图 2-113　燕尾槽工件

2）选择直径为 $\phi22mm$ 的锥柄立铣刀，直径为 $\phi32mm$、角度为 60°的燕尾槽铣刀。

3）安装、校正机用平口钳，装夹工件。

4）用锥柄立铣刀铣直槽至尺寸 25mm，深度为 11mm。

5）用 60°燕尾槽铣刀铣燕尾槽，确定铣削用量，取 $n = 190 r/min$，$v_f = 37.5 mm/min$，至尺寸 $15mm ± 0.05mm$，深度为 11.5mm。

6）卸下工件并测量。

四、燕尾槽铣削的质量分析及注意事项

1）燕尾槽尺寸公差超差的原因：铣刀尺寸不准；铣燕尾槽深度不准；工作台移距不准等。

2）燕尾槽几何公差超差的原因：铣刀的形状不准确；用通用铣刀（如立铣刀、角度铣刀等）铣削燕尾槽时，立铣头倾斜角度不准确等。

3）燕尾槽表面粗糙度值太大的原因与 V 形槽相同。

4）铣燕尾槽、燕尾时，转速不能过高，背吃刀量、进给量不能过大，并应充分加注切削液。

5）铣直槽时槽深可留 0.5~1mm 的加工余量，留待在铣燕尾槽时同时铣至槽深。

6）燕尾槽应分粗铣、精铣，以提高燕尾斜面的表面质量。

思 考 题

1. V 形槽的铣削方法有几种？试述铣 T 形槽的方法和质量问题及注意事项。

2. 测量 90°的 V 形槽，用直径为 $\phi25mm$ 和直径为 $\phi40mm$ 的标准量棒测得 $H = 55mm$、$h = 26.38mm$，试计算 V 形槽实际槽角（参考图 2-103）。

3. 测量 120°的 V 形槽，用直径为 $\phi30mm$ 的标准量棒测得量棒上素线到 V 形槽上平面的距离是 17.87mm，试计算 V 形槽宽度 B（参考图 2-101）。

4. 测量 55°燕尾槽，已测得槽深 $H = 10.05mm$，用直径为 $\phi8mm$ 的标准量棒间接测量，两量棒内侧距离 $M = 20.75mm$，求燕尾槽槽宽 A（参考图 2-112）。

课题六 分度方法

任务一 万能分度头

一、实训教学目标与要求

1) 了解万能分度头的作用及其装夹工件的方法。
2) 掌握简单分度和铣多面体工件的方法。

二、基础知识

万能分度头是铣床的重要精密附件之一。例如,铣削螺旋槽、斜齿圆柱齿轮时,可以用分度头把工件等分或转动一定的角度。

1. 万能分度头的结构和传动系统

(1) 万能分度头的型号及功用

1) 型号。万能分度头的型号由大写的汉语拼音字母和数字两部分组成。

例如,FW250　F—分度头;W—万能型;250—夹持工件的最大直径为250mm。

常用的万能分度头有FW200、FW250和FW320三种。其中,FW250型最普遍和常用。

2) 万能分度头的主要功用:①能使工件做任意圆周等分或直线移距分度;②可把工件的轴线放置成水平、垂直或任意角度的倾斜位置;③通过交换齿轮,可使分度头主轴随铣床工作台的纵向进给运动而连续旋转,铣削出螺旋面和等速凸轮等。

(2) 万能分度头的结构　如图2-114所示。

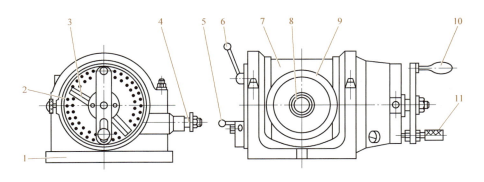

图2-114　万能分度头的结构

1—基座　2—分度盘　3—分度叉　4—侧轴　5—蜗杆脱落手柄　6—主轴锁紧手柄
7—回转体　8—主轴　9—刻度盘　10—分度手柄　11—定位插销

1) 基座。基座是分度头的本体。基座底面槽内装有两块定位键,可与铣床工作台面上的中央T形槽相配合，实现精确定位。

2）分度盘（又称孔盘）。分度盘套装在分度手柄轴上，盘上（正、反面）有若干圈在圆周上均布的定位孔，作为各种分度计算和实施分度的依据。分度盘配合分度手柄可完成不是整圈数的分度。不同型号的分度头都配有1块或2块分度盘，FW250型万能分度头有2块分度盘。分度盘上孔圈的孔数见表2-7。

表2-7 万能分度头分度盘孔圈的孔数

分度头类型	分度盘的孔数
带1块分度盘	正面：24、25、28、30、34、37、38、39、41、42、43 反面：46、47、49、51、53、54、57、58、59、62、66
带2块分度盘	第1块 正面：24、25、28、30、34、37 反面：38、39、41、42、43 第2块 正面：46、47、49、51、53、54 反面：57、58、59、62、66

分度盘左侧有一紧固螺钉，一般工作情况下分度盘由紧固螺钉固定。松开紧固螺钉，可使分度手柄随分度盘一起做微量的转动调整，或完成差动分度、螺旋面加工等。

3）分度叉。分度叉由两个叉脚组成，其开合角度的大小按分度手柄所需转过的孔距数予以调整并固定。分度叉的功用是防止分度差错和方便分度。

4）侧轴。侧轴用于与分度头主轴间或铣床工作台纵向丝杠间安装交换齿轮，进行差动分度、铣削螺旋面或进行直线移距分度。

5）蜗杆脱落手柄。蜗杆脱落手柄用以脱开蜗杆与蜗轮的啮合，用刻度盘9直接分度。

6）主轴锁紧手柄。主轴锁紧手柄通常用于在分度后锁紧主轴，使铣削力不致直接作用在分度头的蜗杆、蜗轮上，减少铣削时的振动，保持分度头的分度精度。

7）回转体。回转体用于安装分度头主轴等壳体类零件，主轴随回转体可沿基座的环形导轨转动，使主轴轴线在-6°~90°范围内做不同仰角的调整。调整时，应先松开基座上靠近主轴后端的两个螺母，调整后再予以紧固。

8）主轴。分度头主轴是一空心轴，前后两端均为莫氏锥度4号锥孔（FW250型），前锥孔用来安装顶尖或锥度心轴，后锥孔安装交换齿轮轴，在交换齿轮轴上安装交换齿轮。主轴前端的外部有一段定位锥体（短圆锥），用来安装自定心卡盘的法兰盘。

9）刻度盘。刻度盘固定在主轴的前端，与主轴一起转动。其圆周面上有0°~360°的刻线，在直接分度时用来确定主轴转过的角度。

10）分度手柄。分度时，摇动分度手柄，主轴按一定传动比回转。

11）定位插销。定位插销在分度手柄曲柄的一端，可沿曲柄径向移动到所选孔数的孔圈圆周，与分度叉配合，实现准确分度。

2. 万能分度头的附件及其功用

（1）尾座（图2-115） 配合分度头使用，装夹带中心孔的工件。转动手轮1可使顶尖3进退，以便装卸工件；松开紧固螺钉4、5，用调整螺钉6可调节顶尖升降或倾斜的角度；定位键7使尾座顶尖轴线与分度头主轴轴线保持同轴。

（2）顶尖、拨叉、鸡心夹头（图2-116） 用来装夹带中心孔的轴类零件。使用时，将顶尖装在分度头主轴前锥孔内，将拨叉（又称拨盘）装在分度头主轴前端端面上，然后用内六角圆柱头螺钉紧固。用鸡心夹头将工件夹紧,放在分度头与尾座两顶尖间,同时将鸡心夹头的弯头放入拨叉的开口内。工件顶紧后,拧紧拨叉开口上的紧固螺钉,使拨叉与鸡心夹头连接。

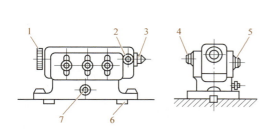

图 2-115 尾座
1—手轮 2、4、5—紧固螺钉 3—顶尖
6—调整螺钉 7—定位键

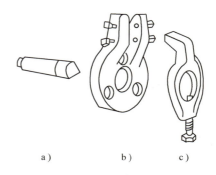

图 2-116 顶尖、拨叉、鸡心夹头
a) 顶尖 b) 拨叉
c) 鸡心夹头

（3）交换齿轮轴和交换齿轮架（图 2-117） 用来安装交换齿轮。交换齿轮架 1 安装在分度头的侧轴上,交换齿轮轴套 3 用来安装交换齿轮,它的另一端安装在交换齿轮架的长槽内,调整好交换齿轮后紧固在交换齿轮架上。支承板 4 通过螺钉轴 5 安装在分度头基座后方的螺孔上,用来支承交换齿轮架。锥度交换齿轮轴 6 安装在分度头主轴后锥孔内,另一端安装交换齿轮。

（4）交换齿轮 FW250 型万能分度头配有交换齿轮 13 个,其齿数是 5 的整倍数,分别是 25（2 个）、30、35、40、45、50、55、60、70、80、90、100。

（5）自定心卡盘（见车工部分） 自定心卡盘通过法兰盘安装在分度头主轴上,用来夹持工件。

3. 用万能分度头及附件装夹工件的方法

（1）用自定心卡盘装夹工件 加工轴套类工件,可直接用自定心卡盘装夹,并用百分表找正工件,如图 2-118 所示。用百分表找正工件时,用铜棒轻轻敲击高点,使轴向圆跳动或径向圆跳动符合规定要求。

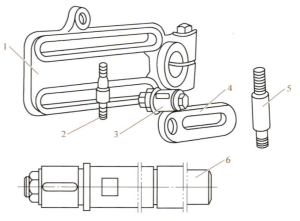

图 2-117 交换齿轮架和交换齿轮轴
1—交换齿轮架 2、5—螺钉轴 3—交换齿轮轴套
4—支承板 6—锥度交换齿轮轴

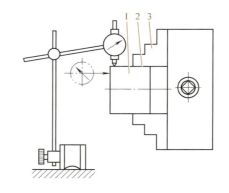

图 2-118 自定心卡盘装夹、百分表找正工件
1—工件 2—铜皮 3—卡爪

(2) 用两顶尖装夹工件 适用于装夹两端有中心孔的工件。装夹工件前，应先校正分度头和尾座，如图 2-119 所示，然后调整分度头，以保证主轴侧素线与工作台纵向进给方向的平行度公差，如图 2-120 所示。分度头校正完毕，再顶上尾座顶尖进行检测，如不符合要求，则仅需校正尾座，校正方法如图 2-121 和图 2-122 所示。

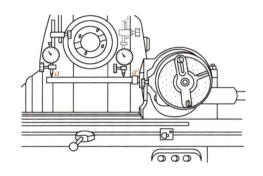

图 2-119 校正分度头主轴上素线

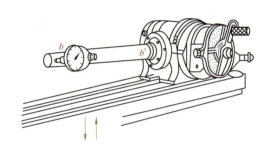

图 2-120 校正分度头主轴侧素线

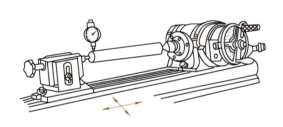

图 2-121 校正尾座上素线

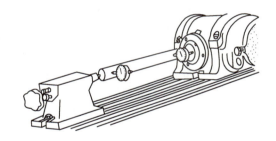

图 2-122 校正尾座侧素线

(3) 一夹一顶装夹工件（图 2-123） 适用于装夹较长的轴类工件。装夹工件前，应先校正分度头和尾座。

(4) 心轴装夹工件 适用于装夹套类工件。心轴有锥度心轴和圆柱心轴两种。装夹前，应先保证心轴轴线与分度头主轴轴线的同轴度。

4. 万能分度头的正确使用和维护

1) 分度头蜗杆和蜗轮的啮合间隙为 0.02～0.04mm，不得随意调整，以免因间隙过大而影响分度精度，或是因间隙过小而增加磨损。

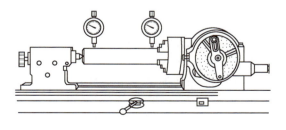

图 2-123 一夹一顶装夹找正工件

2) 在装卸、搬运分度头时，要保护好主轴和锥孔以及基座底面，以免损坏。

3) 在分度头上夹持工件时，最好先锁紧分度头主轴，切忌使用加长杆在扳手上施力。

4）分度前应松开主轴锁紧手柄，分度后锁紧分度头主轴；铣螺旋槽时，应松开主轴锁紧手柄。

5）分度时，应顺时针方向转动分度手柄，如手柄转错孔位，应将手柄沿逆时针方向转动半圈后再沿顺时针方向转到规定孔位。分度定位插销应缓慢插入分度盘的孔内，切勿突然将定位插销插入孔内，以免损坏分度盘的孔眼和定位插销。

6）调整分度头主轴的仰角时，不应将基座上部靠近主轴前端的两个内六角螺钉松开，否则会使主轴的零位位置变动。

7）使用前和使用后应清除表面污物，并将主轴锥孔和基座底面擦拭干净。

8）应按说明书规定定期对分度头各部分加注润滑油，存放分度头时应涂防锈油。

三、技能训练

用两顶尖装夹工件的校正练习。

1）用长度为 300mm 的莫氏 4 号锥度检验棒插入分度头主轴锥孔内，校正分度头主轴上素线及侧素线，在 300mm 长度上百分表读数差值应在 0.03mm 内。

2）取下锥度检验棒，安装分度头顶尖和尾座顶尖。

3）将标准心轴顶在两顶尖间。

4）校正标准心轴上素线及侧素线至符合要求。

四、注意事项

1）校正用的标准检验棒，其尺寸精度以及几何精度应符合要求。

2）使用锥度检验棒时，应将分度头主轴锥孔及心轴锥柄擦拭干净，以免影响校正精度。

3）校正时，百分表测量杆应垂直指向标准检验棒轴线，测头压紧量不能太大或太小，以免误读或测量不准确。

4）校正时，不准用锤子敲击检验棒、分度头和尾座。

任务二　等 分 工 件

一、实训教学目标与要求

1）掌握简单分度和铣多面体工件的方法。
2）能够分析铣削中出现质量问题的原因。

二、基础知识

1. 简单分度法

分度时，先将分度盘固定，然后转动分度手柄，使蜗杆带动蜗轮旋转，带动主轴和工件转过要求的角度。

（1）分度　FW250 型万能分度头的传动比为 1∶40，"40" 称为分度头的定数，即转动分度手柄 40 圈，分度头主轴转 1 圈。

例1 要把工件圆周 2 等分，转动分度手柄 20 圈，分度头主轴转了半圈；如把圆周 5 等分，转动分度手柄 8 圈，分度头主轴要转过 1/5 圈。由此可知，分度手柄的转数与工件等分数的关系为

$$40:1 = n:1/z$$

移项，得

$$n = 40/z \tag{2-13}$$

式中　n——分度手柄的转数；

　　　40——分度头的定数；

　　　z——工件的等分数。

式（2-13）为简单分度的计算公式。当计算得到的转数不是整数而是分数时，可利用分度盘上相应孔圈进行分度。具体方法是选择分度盘上某孔数的孔圈，其孔数为分母的整倍数，然后将该真分数的分子、分母同时增大到整数倍，利用分度叉实现非整转数部分的分度。

例2 在 FW250 型万能分度头上铣削一个正八边形工件，求每铣一边后分度手柄的转数？

解：以 $z = 8$ 代入式（2-13）后得：$n = 40/z = 80/4 = 5$（圈）

答：每铣完一边后，分度手柄应转过 5 圈。

例3 用 FW250 型万能分度头铣削一六角螺栓，铣完一面后，分度手柄应转过多少圈？

解：以 $z = 6$ 代入式（2-13）得：$n = 40/z = 40/6 = 6 + 2/3 = 6 + 44/66$（圈）

答：分度手柄应转 6 圈加在分度盘孔数为 66 的孔圈上转过 44 个孔距。

（2）分度盘和分度叉的使用　当按式（2-13）计算出分度手柄的转数为分数时，其非整转数部分的分度需要用分度盘和分度叉进行。使用分度盘和分度叉时应注意以下几点。

1）选择孔圈时，在满足孔数是分母的整倍数的条件下，一般选择孔数较多的孔圈。例如，$n = 6 + 2/3 = 6 + 16/24 = 6 + 20/30 = 6 + 44/66$，可选择的孔圈有 24、30、…、66 共八种，一般选择孔数多的孔圈，即选 66 孔，在分度盘的反面（表2-7）。这是因为分度盘上孔数多的孔圈离轴心较远，操作方便，更重要的是分度误差较小。

2）分度叉两叉脚间夹角的调整。调整的方法是使两叉脚间的孔数比需转的孔数多 1 个，如 $2/3 = 28/42 = 44/66$，选择孔数为 42 的孔圈时，分度叉脚间应有 28 + 1 = 29 个孔；选择孔数为 66 的孔圈时，则应有 45 个孔，因为 45 个孔有 44 个孔距。

2. 角度分度法

角度分度法是简单分度的另一种形式，只是计算的依据不同。简单分度是以工件的等分数 z 作为计算分度的依据，而角度分度法是以工件所需转过的角度 θ 作为计算的依据。由于分度手柄转过 40 转，分度头主轴带动工件转过 1 圈，即 360°。因此，分度手柄每转 1 圈，工件转过 9° 或 540′。因此，可得出角度分度法的计算公式为

工件角度 θ 的单位为（°）时

$$n = \theta/9 \tag{2-14}$$

式中　n——分度手柄的转数（r）；

　　　θ——工件所需转过的角度（°）。

工件角度 θ 的单位为（′）时

$$n = \theta/540 \qquad (2\text{-}15)$$

式中 n——分度手柄的转数（r）；

θ——工件所需转过的角度（′）。

例 4 在图 2-124 所示圆柱形工件上铣两个槽，其所夹圆心角 $\theta = 38°10′$，求分度手柄的转数。

解：$\theta = 38°10′ = 2290′$，代入式（2-15），$n = 2290/540 = 4 + 13/54$（圈），分度手柄在孔数为 54 的孔圈上转 4 圈又 13 个孔距。

图 2-124 铣两个槽

三、技能训练

铣削六方头工件的方法与步骤如下。

1）读图 2-125，检测工件尺寸。

2）工件的装夹。由于此工件短且要求不高，可直接用自定心卡盘装夹。

3）计算圈数。$n = 40/z = 40/6 = 6 + 44/66$（圈）。铣好一面后，分度手柄应在 66 孔圈上转过 6 圈又 44 个孔距，因此选择有 66 孔数的分度盘。调整分度叉，使分度叉内的孔距数为 44。

4）选择铣刀并安装。根据工件尺寸选择 $\phi 35$mm 的硬质合金立铣刀，在立式铣床上装夹工件。

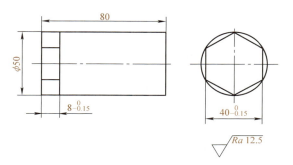

图 2-125 铣削六方头工件

5）确定铣削用量，取 $n = 175$r/min，$v_f = 37.5$mm/min。

6）检查工件、分度头、铣刀安装和铣削速度手柄及进给量手柄的位置。

7）调整背吃刀量或侧吃刀量。让铣刀旋转，上升工作台，使工件上表面靠近铣刀端面，直到铣刀端面轻轻擦到工件上表面为止。移动横向工作台，再摇动上升手柄，使工作台上升 4.5mm，紧固升降手柄。

8）进行铣削。起动机床使工作台做横向进给进行铣削，一面铣完后，关掉机床。铣另一面时，铣削层深度不变。松开分度头主轴锁紧手柄，拔出分度定位销，将分度手柄旋转 6 圈又 44 个孔距，使分度定位销插入第 45 个孔，然后拨动分度叉使其一侧紧靠定位销即可，锁紧主轴锁紧手柄，再铣第二面。用同样的方法铣完其余各面。

9）检测工件。

四、质量分析

1）产生等分误差的原因：看图不仔细，分度头调整不当；孔圈选错，分度算错或分度头使用不当；未消除分度头间隙等。

2）产生尺寸误差的原因：背吃刀量过大或过小；工件侧素线与进给方向不平行；工件装夹不牢，在加工过程中工件转动等。

3）表面粗糙度超差的原因：铣刀变钝，进给量太大；工件装夹不牢固，铣刀心轴摆动；在工件没有离开铣刀的情况下退回等。

五、注意事项

1) 应选择逆铣进行铣削。
2) 手动进给时必须连续和均匀,在加工余量较大的地方,进给速度要适当减慢。
3) 铣削时铣刀应慢慢地切入,以免突然撞击而损坏铣刀。
4) 铣削时,必须使铣刀最大直径切出整个工件为止。

任务三 铣矩形齿离合器

一、实训教学目标与要求

1) 了解矩形齿离合器的种类。
2) 掌握矩形齿离合器的铣削方法与万能分度头的使用方法。

二、基础知识

在机械传动中,矩形齿离合器的齿顶面和槽底面相互平行且均垂直于工件轴线,沿圆周展开齿形为矩形,按齿数不同分为奇数齿和偶数齿两种情况。

1. 奇数矩形齿离合器的铣削

奇数矩形齿离合器用三面刃铣刀或立铣刀加工。铣削时,铣刀可穿过离合器整个端面,一次进给铣削两个齿侧面,进给次数与离合器齿数相等。

(1) 铣刀选择 选用三面刃铣刀或立铣刀,铣刀宽度 L 或立铣刀直径应等于或小于齿槽的最小宽度 b,如图 2-126 所示。铣刀宽度的计算公式为

$$L \leqslant b = (d_1/2)\sin\beta = (d_1/2)\sin(180°/z) \quad (2\text{-}16)$$

式中 L——铣刀宽度;
d_1——离合器齿圈内径(mm);
β——离合器齿槽角(°);
z——离合器的齿数。

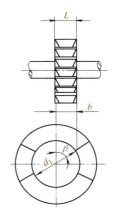

图 2-126 铣刀宽度的计算

(2) 工件的装夹和找正 工件装夹在分度头自定心卡盘上,装夹时应找正工件的径向圆跳动和轴向圆跳动。

(3) 对刀 铣削时,应使三面刃铣刀的侧面切削刃或立铣刀的圆周切削刃通过工件中心。调整的方法:让旋转的三面刃铣刀的侧面切削刃或立铣刀的圆周切削刃与工件圆柱表面接触,下降工作台,使工件向铣刀横向移动工件半径的距离。铣刀对中后,按齿槽深度调整工作台的垂直距离,并将横向和升降进给机构锁紧,同时将对刀时工件上切伤的部分转到齿槽位置。

(4) 铣削 如图 2-127 所示,铣刀每次进给可以穿过离合器整个端面,一次铣出两个齿的各一个侧面。每次进给结束,退出工件后用分度头分度,使工件转到新的切削位置,然后继续下一次进给,直至铣削结束,铣削的总进给次数等于离合器的齿数。

(5) 铣齿侧间隙 采取将离合器的齿侧多铣去一些来增大齿槽宽度的方法。齿侧间隙的铣削方法如下:

1) 偏移中心法。如图 2-128a 所示,铣刀对中后,使三面刃铣刀的侧面切削刃或立铣刀的圆周切削刃向齿侧方向偏移 0.2~0.3mm。由于齿侧面不通过工件轴线,工作时齿侧接触面减小,会影响承载能力,所以偏移中心法只用于精度要求不高的离合器。

2) 偏转角度法。如图 2-128b 所示,铣刀对中后,依次将全部齿槽铣完,然后将工件转过一个角度 $\Delta\theta$(2°~4°或按图样规定),再铣一次各齿侧面。因为此法铣削后齿面中心仍通过工件轴线,所以偏转角度法适用于精度要求较高的离合器。

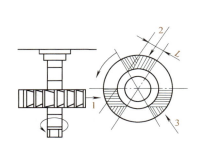

图 2-127 奇数矩形齿离合器
的铣削顺序

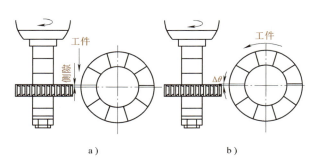

图 2-128 铣齿侧间隙
a) 偏移中心法 b) 偏转角度法

2. 偶数矩形齿离合器的铣削(图 2-129)

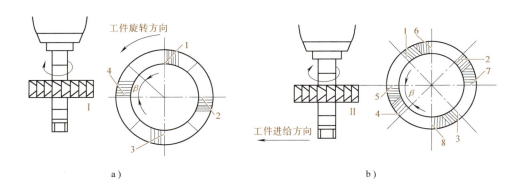

图 2-129 偶数矩形齿离合器的铣削顺序

用三面刃铣刀或立铣刀加工偶数矩形齿离合器,铣削时,铣刀不能穿过离合器整个端面,以免对面的齿被铣刀切伤,同时,进给时铣刀轴线应超过离合器齿圈内圆,以保证加工出的齿侧平面的完整性和槽底是平面。注意:一次进给只能加工一个齿侧面。

(1) 铣刀选择 三面刃铣刀的宽度 L 或立铣刀的直径按式(2-16)计算,三面刃铣刀的直径 D 按下式计算

$$D \leqslant (T^2 + d_1^2 - 4L^2)/T \tag{2-17}$$

式中　D——三面刃铣刀允许最大直径(mm);
　　　T——离合器齿槽深(mm);

d_1——离合器齿圈内径（mm）；

L——三面刃铣刀宽度（mm）。

注意：铣削小直径的偶数矩形齿离合器，当三面刃铣刀直径 D 无法满足式（2-17）的要求时，可用立铣刀在立式铣床上铣削；铣齿槽宽度大于25mm 的矩形齿离合器时，应用立铣刀。

（2）铣削方法　偶数矩形齿离合器的铣削，要经过两次调整才能铣出准确的齿形。图 2-129 所示为齿数为 4 的离合器的铣削顺序。第一次调整使三面刃铣刀侧面切削刃Ⅰ对准工件中心，通过分度依次铣出各齿的同侧齿侧面 1、2、3、4，如图 2-129a 所示；然后进行第二次调整，将工作台上升一个铣刀的宽度 L，使三面刃铣刀的侧面切削刃Ⅱ对准工件中心，同时使工件转过一个齿槽角 $180°/z$，通过分度依次铣出各齿的另一侧侧面 5、6、7、8，如图 2-129b 所示。

为了得到一定的齿侧间隙，在第二次调整时可将工件转过的角度增大 2°~4°。

两种矩形齿离合器的工艺性分析：铣削奇数矩形齿离合器时，铣刀进给次数少，用三面刃铣刀铣削时，铣刀直径不受离合器尺寸大小的限制，生产率高，此外，铣削过程中铣床工作台无须偏移，分度头无须偏转，加工简便；铣削偶数矩形齿离合器时，在各齿一侧侧面铣削完成后，必须将工作台升降一个距离（三面刃铣刀宽度 L 或立铣刀直径），需将分度头绕其主轴偏转一个角度（齿槽中心角 $\beta = 180°/z$）后才能铣削各齿的另一侧侧面，铣刀进给次数多。因此，奇数矩形齿离合器的工艺性比偶数矩形齿离合器好，应用更为广泛。

三、技能训练（铣削矩形齿离合器）

1）读图 2-130，检测工件尺寸。

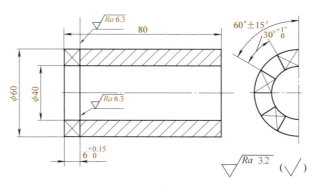

图 2-130　铣削矩形齿离合器

2）工件的装夹。在装夹工件之前，应先安装和调整分度头。在卧式铣床上用盘形铣刀加工，分度头主轴要垂直放置；而在立式铣床上用立铣刀加工，分度头则水平放置，必要时应检测工件径向圆跳动误差和轴向圆跳动误差。

3）铣刀的选择。$L \leq (d_1/2)\sin\beta = (d_1/2)\sin(180°/z) = 40/2 \times \sin(180°/6)$ mm = 10mm。$D \leq (T^2 + d_1^2 - 4L^2)/T = (6^2 + 40^2 - 4 \times 10^2)/6$ mm = 206mm。选 80mm×10mm×27mm 的错齿三面刃铣刀。

4）对刀。使铣刀侧面切削刃的回转平面通过工件轴线，采用侧面对刀法，使铣刀侧面切削刃擦到工件外圆（$\phi 60\mathrm{mm}$）后，工件向铣刀方向横向移动 30mm。

5）铣削用量的选择。$a_p = L = 10$mm；$a_e = T = 6$mm；$v_f = 47.5$mm/min；$n = 95$r/min。

6）铣削齿的一侧。调整侧吃刀量（即 $a_e = 6$mm）后，分度依次铣削各齿的同侧侧面，分度头调整手柄转数 $n = 40/z = 40/6 = 6 + 36/54$（圈）。铣削时，注意不能损伤对面的齿。

7）铣削齿的另一侧前，应进行调整：使分度头旋转一个齿槽中心角 $\beta = 31°$，分度手柄应转 $n = \beta/9 = 31/9 = 3 + 24/54$（圈）；工作台横向移动距离 $S = L = 10$mm，使三面刃铣刀另一侧面切削刃回转平面通过工件轴线，然后依次铣削各齿的另一侧面。

8）卸下工件并测量。

四、离合器的质量分析

1）齿侧工作面表面质量差的原因：铣刀不锋利；工件装夹不稳固；进给量太大；传动系统间隙过大；切削液不充分。

2）槽底未接平的原因：盘铣刀柱面齿刃口缺陷；立铣刀端刃缺陷或立铣刀轴线与工作台面不垂直；分度头主轴与工作台面不垂直；升降工作台走动，刀轴松动或刚性差等。

3）各齿外圆弦长不等的原因：分度不均匀；分度装置精度太低；装夹后工件不同轴等。

4）离合器嵌合后接触齿数太少的原因：分度错误；齿槽角铣得太小；工件装夹不同轴；对刀不准等。

5）一对离合器接合后贴合面积过小的原因：工件装夹不同轴；对刀不准等。

五、注意事项

1）为了保证偶数矩形齿离合器的齿侧留有一定的间隙，一般齿槽角比齿面角铣大 $2° \sim 4°$。

2）铣削偶数矩形齿离合器时，常用立铣刀加工，因为用三面刃盘铣刀会切伤相对的另一个齿。

思 考 题

1. 万能分度头的主要功用有哪些？如何校正万能分度头的主轴？
2. 用万能分度头及附件装夹工件的方法有哪些？各适用于哪类工件的装夹？
3. 如何正确使用和维护万能分度头？
4. 在铣床上用万能分度头可进行哪几种分度？各用在什么分度场合？
5. 什么叫分度头的定数？常用分度头的定数是多少？
6. 试作下列等分数在 FW250 型万能分度头上的简单分度计算。
   （1）$z = 18$；（2）$z = 35$；（3）$z = 64$。
7. 用 FW250 型万能分度头铣削齿数 $z = 73$ 的直齿圆柱齿轮，应如何分度？
8. 差动分度时，如何选择假定等分数？为什么通常选择的假定等分数都小于实际等分数（即 $z_0 < z$）？
9. 铣削矩形齿离合器的三面刃铣刀的宽度或立铣刀的直径应如何确定？
10. 铣削奇数矩形齿离合器与铣削偶数矩形齿离合器的方法有何不同？
11. 获得矩形齿离合器齿侧间隙的方法有哪两种？各有何特点？
12. 简述图 2-131 所示离合器的分度计算和加工步骤。

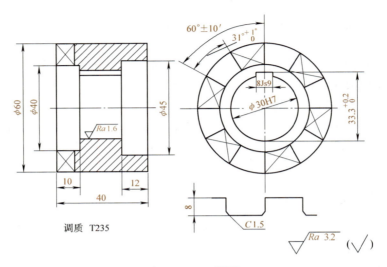

图 2-131　12 题图

课题七 铣齿条

一、实训教学目标与要求

1）了解齿条的基本参数与基本尺寸计算。
2）掌握直齿条的加工方法。

二、基础知识

1. 齿条的基本参数和基本尺寸计算

齿条可视为齿数 z 趋于无穷多的圆柱齿轮，其分度圆、齿顶圆、齿根圆为互相平行的直线，分别称为分度线、齿顶线、齿根线，如图 2-132 所示，其主要计算公式见表 2-8。

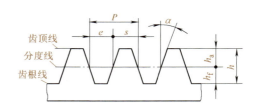

图 2-132 直齿条的几何要素

表 2-8 直齿条基本参数、代号和计算公式

名称	代号	计算公式
模数	m	$m = P/\pi$，已经标准化，查表取标准值
压力角	α	$\alpha = 20°$
齿顶高	h_a	$h_a = m$
齿根高	h_f	$h_f = 1.25\ m$
齿高	h	$h = h_a + h_f = 2.25m$
齿距	P	$P = \pi m$
齿厚	s	$s = P/2 = \pi m/2$
槽宽	e	$e = P/2 = \pi m/2$

2. 直齿条的铣削

通常情况下，直齿条在卧式万能铣床上用盘形齿轮铣刀铣削，如图 2-133 所示。

（1）短齿条的铣削

1）铣刀的选择。铣削短齿条的铣刀一般选用 8 号齿轮铣刀。齿条精度要求较高时，可采用专用齿条铣刀。

2）工件的装夹。采用机用平口钳装夹或在工作台台面上用压板压紧工件，工件的齿顶面必须与工作台台面平行，定位用的

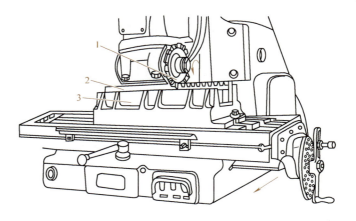

图 2-133 在卧式万能铣床上铣齿条
1—铣刀 2—齿条工件 3—夹具

侧面必须与工作台横向进给方向平行。

3）齿距的控制。常用的移距方法有：

① 刻度盘法。利用工作台横向进给手柄使刻度盘转过一定格数，实现移距。这种方法仅适用于精度要求不高、齿数不多的短齿条。刻度盘转过格数的计算公式为

$$n = \frac{\pi m}{F} \tag{2-18}$$

式中　n——刻度盘应转过的格数（格）；

　　　m——齿条的模数（mm）；

　　　F——工作台每格移动的距离（mm/格）。

例 5　加工模数 $m = 4$mm 的短齿条，刻度盘移距时转多少格？

解：X6132 型铣床横向进给手柄刻度盘每转一格，工作台移动距离为 0.05mm，刻度盘要转 $n = \pi m/F = 3.1416 \times 4/0.05$ 格 ≈ 251.33 格。刻度盘转动 0.33 格不易控制，故此法加工的齿条精度低。

② 分度盘法。将分度头的分度盘和分度手柄安装在工作台横向进给丝杠头部，如图 2-134 所示。每铣好一个齿后，用分度手柄转过一定转数，带动工作台横向移距，计算公式为

$$n = \frac{\pi m}{P_{丝}} \tag{2-19}$$

式中　n——分度手柄应转过的转数（r）；

　　　m——齿条的模数（mm）；

　　　$P_{丝}$——工作台横向进给丝杠的螺距（常用 $P = 6$mm）。

将参数代入式（2-19），$n = 3.1416 \times 4$mm/6mm ≈ 2.09 ≈ 2 + 4/43（圈），即分度手柄应在孔数为 43 的孔圈上转过 2 圈又 4 个孔距。用分度盘法移距，移距精确，且调整和操作简便。

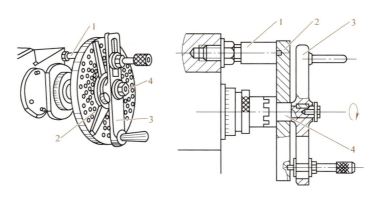

图 2-134　分度盘安装在横向进给丝杠上
1—定位销　2—分度盘　3—分度手柄　4—离合器轴

③ 百分表移距法。当铣床精度不高时，可采用百分表控制移距值，将磁力表座吸附在横向导轨上，使百分表压在工作台侧面，移距数值大于齿距即可，然后横向向里、再向外移动齿距，卸下磁力表座，进行铣削，如图 2-135 所示。

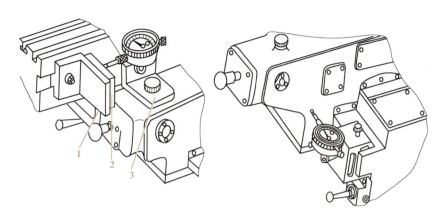

图 2-135 用百分表、量块精确移动工作台
1—角铁 2—量块 3—百分表固定架

(2) 长齿条的铣削

1) 工件的装夹。加工长齿条时,由于铣床工作台横向移动距离不够,因此工作台要纵向移距分齿,即要求工件一侧的定位基准面与工作台纵向进给方向平行。工件可直接压紧在工作台台面上或用专用夹具装夹。

2) 铣刀的安装。加工长齿条时,齿距由工作台纵向丝杠控制,因此卧式铣床上原铣刀杆的方向不能满足加工要求,必须使铣削方向与工作台纵向进给方向平行,为此要对铣床主轴进行改装。

用横向刀架改变铣刀杆方向,如图 2-136 所示。安装了一个横向铣刀杆的托架,通过一对螺旋角为 45°的斜齿圆柱齿轮与铣床主轴连接,使铣刀的回转平面与齿条的齿槽一致。将万能铣头转过一个角度,使铣头主轴轴线平行于工作台纵向进给方向。由于万能铣头外形较大,影响铣削,所以在万能铣头处再加一个专用铣头,专用铣头的轴线同样应平行于工作台纵向进给方向,如图 2-137 所示。

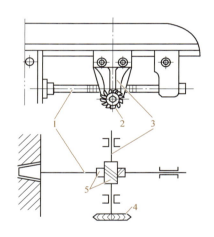

图 2-136 安装横向刀架铣齿条
1—主轴 2、4—铣刀 3—铣刀头
5—螺旋齿轮

3. 齿条的测量

(1) 齿厚的测量 用游标齿厚卡尺测量齿厚。调整使高度 $h_a = m$,测量齿厚 s。

(2) 齿距 p 的测量

1) 用游标齿厚卡尺测量,如图 2-138 所示,调整使高度 $h_a = m$,测量两个齿形间的距离 $T = p + s$,则齿距 $p = T - s$。

2) 用齿距样板测量,如图 2-139 所示。

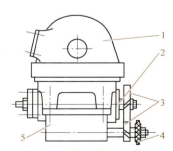

图 2-137 改装万能铣头铣齿条
1—万能铣头 2—铣头主轴 3—齿轮 4—铣刀
5—专用铣头

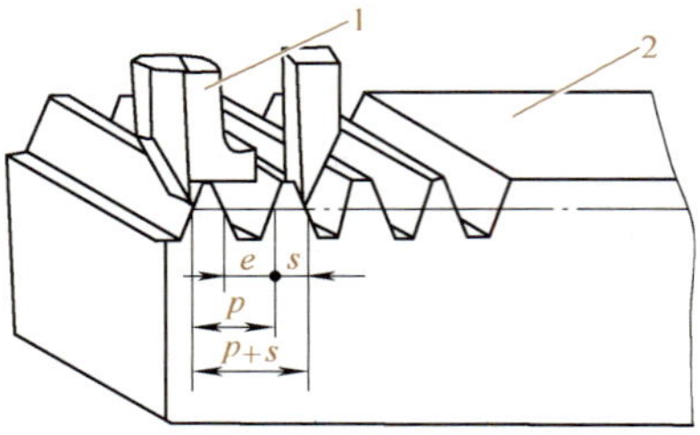

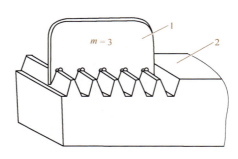

图 2-138　用游标齿厚卡尺测量齿距
1—游标齿厚卡尺　2—被测齿条

图 2-139　用样板测量齿距
1—齿距样板　2—被测齿条

三、技能训练

1）读图并分析加工工艺。工件如图 2-140 所示，齿条模数 $m=2$mm，齿数 $z=10$，总长为 67mm，属短齿条。在卧式铣床上用机用平口钳装夹，用百分表移距法铣削。

2）选用 $m=2$mm、$\alpha=20°$ 的 8 号盘形齿轮铣刀并安装。

3）用百分表校正机用平口钳固定钳口与铣床主轴轴线的平行度，调整好后紧固。

4）使齿条长度方向与刀轴平行并夹紧。

5）确定铣削用量，取 $n=95$r/min，$v_f=47.5$mm/min。

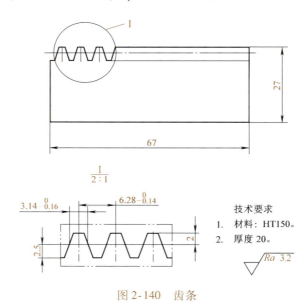

图 2-140　齿条

6）铣第一个齿。对刀，上升工作台，使铣刀与工件顶面轻微接触，退出工作台；使铣刀侧面与工件端面接触，并根据工件实际测量长度，移动一定的距离（理论值是 2.1mm），进刀，用逆铣的铣削方式铣第一个齿的左侧面；铣完后，再横向移动 6.28mm，铣第一个齿的右侧面。

7）检测齿厚。铣出第一个齿，退出工作台，用游标齿厚卡尺检测第一齿齿厚 $s=$

$3.14_{-0.16}^{0}$ mm，齿顶高 $h_a = 2$ mm，判断是否合格，根据测量结果对机床用百分表法进行微量调整，采用相同的方法铣第二个齿。当第二齿铣好后同时对齿距进行检测，检测合格后，进行下一齿的铣削。依此类推，直至铣出全部齿。

8）测量，卸下工件。

四、齿条的质量分析及注意事项

1）齿厚不相等、齿距误差超差、齿全高和齿形不正确的原因：百分表未对好或看错；未消除丝杠间隙；铣削深度过大或过小；铣刀号数不对等。

2）齿面表面粗糙度超差的原因：进给量太大或铣刀钝化；铣刀摆动误差太大，工件未装平稳；机床及工艺系统刚性差等。

3）分齿时应准确测量工件的实际长度，铣完两三个齿后必须检查齿厚及齿距。

4）齿条基本尺寸应计算准确，并正确选择铣刀，因为齿条的形状完全依靠铣刀的形状来保证。

5）为提高铣刀的装夹刚性，挂架与床身的距离应尽量短一点。

思 考 题

1. 什么是齿条？如何选择铣削齿条的铣刀？铣削齿条时，如何控制齿距？
2. 加工 $m = 3$ mm 的直齿条，每铣完一个齿后，工作台横向或纵向应移动多少？
3. 简述图 2-141 所示齿条的加工步骤和分齿方法。

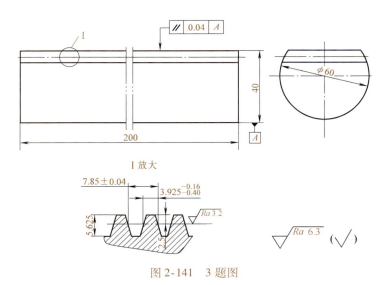

图 2-141　3 题图

课题八　综合训练及铣床的保养

任务一　综合训练

一、实训教学目标与要求

1）了解铣削加工工艺规程制订的步骤和方法。
2）掌握综合类零件铣削加工的方法。

二、基础知识

1. 制订零件加工工艺规程的步骤

工艺规程是将比较合理的工艺过程确定下来,以表格形式写成工艺文件。根据生产过程的工艺性质不同,有毛坯制造、机械加工、热处理及装配等不同的工艺规程。其中,规定零件机械加工工艺过程和操作方法的工艺文件,称为机械加工工艺规程。

制订工艺规程是在一定的生产条件下,从产品优质、高产、低耗、环保等方面综合考虑,在保证加工质量的前提下,选择最经济、合理的加工方案,并注意以下原则:技术上的先进性、经济上的合理性、有良好的工作条件和有利环保。

制订工艺规程的原始资料有:产品图样和验收质量标准;产品的生产纲领(年产量);毛坯资料,包括毛坯制造方法及技术要求、毛坯图等;现有的生产条件;国内外同类产品的工艺技术资料等。

制订工艺规程的步骤如下:零件图的工艺分析→确定毛坯→拟订工艺路线→确定各工序的机床、夹具、量具和辅具→确定加工余量、工序尺寸及公差→确定切削用量和工时定额→确定鉴定、检验方法→填写工艺文件。

2. 平面和成形面加工工艺方案的选择

1）加工精度要求不高的非配合面,只用粗铣或粗刨完成加工。

2）尺寸公差等级为IT8～IT11,表面粗糙度值为$Ra1.6～6.3\mu m$,采用粗刨→精刨或粗铣→精铣完成加工。

3）导向平面和重要接合面,尺寸公差等级为IT6～IT8,表面粗糙度值为$Ra0.2～0.8\mu m$,采用粗铣→精铣→高速细铣,粗铣→精铣→刮削或粗刨→精刨→宽刃细刨;淬火平面采用粗铣（粗刨）→精铣（精刨）→磨削完成加工。

4）窄长精密平面,采用粗刨→精刨→宽刃精刨（或刮削）完成加工。

5）尺寸公差等级为IT5～IT6,表面粗糙度值$Ra<0.1\mu m$的超精密平面,采用粗铣→精铣→磨削→研磨完成加工。

6）非铁金属平面的精加工:采用粗铣→精铣→高速精铣完成加工。

3. 刀具与工件的装夹

（1）刀具的装夹　在装夹各种刀具前，一定要把刀柄、刀杆、导套等擦拭干净；刀具装夹后，用对刀装置或试切法等检查其装夹的正确性。

（2）工件的装夹

1）在机床工作台上安装夹具时，要先擦净其定位基准面并校正其与刀具的相对位置。

2）装夹工件前将其定位面、夹紧面和垫铁、夹具的定位夹紧面擦拭干净，不得有毛刺。

3）按工艺规程中规定的定位基准装夹，若工艺规程中未规定装夹方式，操作者可自行选择定位基准和装夹方法。选择定位基准应按以下原则。

① 尽可能使定位基准与设计基准重合。

② 尽可能使各加工面采用同一定位基准。

③ 粗加工定位基准应尽量选择不加工或加工余量比较小的平整表面，且只能使用一次。

④ 精加工工序的定位基准应是已加工表面。

⑤ 选择的定位基准必须使工件定位、夹紧方便，加工时稳定可靠。

4）对不用夹具的工件，装夹时按以下原则进行找正。

① 工件划线。应按划线方法与步骤进行，并找正。

② 对不划线工件，在本工序后尚需继续加工的表面，找正精度应保证下道工序有足够的加工余量。

③ 在本工序加工到成品尺寸的表面，其找正精度应小于尺寸公差和位置公差的1/3；未注几何公差的表面，其找正精度应高于未注几何公差的要求。

5）装夹组合件时应注意检查接合面的定位情况。

6）夹紧工件时，夹紧力的作用点应通过支承点或支承面。对刚性较差的（或加工时有悬空部分的）工件，应在适当的位置增加辅助支承，以增强其刚性。

7）夹持精加工面和软材质工件时，应垫以软垫，如纯铜皮等。

8）用压板夹紧工件时，压板支承点应略高于被压工件表面，而且压紧螺栓应尽量靠近工件，以保证压紧力。

4. 加工要求

1）为了保证加工质量和提高生产率，可根据工件材料、精度要求和机床、刀具、夹具等情况，合理选择铣削用量。加工铸件时，为了避免表面夹砂、硬化层等损坏刀具，在许可的条件下，背吃刀量应大于夹砂或硬化层深度。

2）在加工时，对有公差要求的尺寸应尽量按其中间公差加工。

3）工艺规程中未规定表面粗糙度要求的粗加工工序，加工后的表面粗糙度值 $Ra \leqslant 25\mu m$。

4）下道工序需进行表面淬火、超声波探伤或滚压加工的工件表面，本工序加工的表面粗糙度值 $Ra \leqslant 6.3\mu m$。

5）应经常检查工件是否松动，以防因松动而影响加工质量或发生意外事故。

6）当粗、精加工在同一台机床上进行时，粗加工后应松开工件，待其冷却后再重新装夹。

7）在铣削过程中，若发出不正常的声音或表面质量突然变差，应立即退刀，停车检查。

8）在加工过程中，操作者必须对工件进行自检。

9）检查时应正确使用测量器具。测量器具使用后应擦净，放置到规定位置。

5. 加工后的处理

1) 工件在加工后应做到无屑、无水、无脏物，并按规定摆放整齐，以免磕碰、划伤等。

2) 对暂不进行下道工序加工的或精加工后的表面，应进行防锈处理。

3) 凡相关工件成组配对加工的，加工后须做标记（或编号）。

6. 其他要求

1) 工艺夹具用完后要擦拭干净（涂好防锈油），放到规定的位置或交还工具库。

2) 产品图样、工艺规程和使用的其他技术文件，要注意保持整洁，严禁涂改。

三、技能训练

铣工实训综合考件一如图 2-142 所示，制订零件加工工艺及加工方法，经指导教师审核、同意后方可进行加工。评分标准见表 2-9。

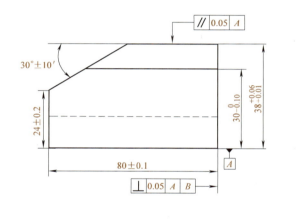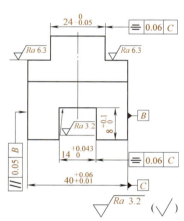

图 2-142　综合考件一

表 2-9　综合考件一评分标准

项目	技术要求	评分标准	配分	实测值	实得分
六面体	80mm ± 0.1mm	超差 0.05mm 扣 1 分	5		
	$40^{+0.06}_{+0.01}$ mm	超差 0.01mm 扣 1 分	6		
	$38^{+0.06}_{+0.01}$ mm	超差 0.01mm 扣 1 分	6		
	// 0.05 A	超差 0.01mm 扣 1 分	5		
	// 0.05 B	超差 0.01mm 扣 1 分	5		
	⊥ 0.05 A B	超差 0.01mm 扣 1 分	8		
斜面	30° ± 10′	超差 2′ 扣 1 分	5		
	24mm ± 0.2mm	超差 0.04mm 扣 1 分	4		

（续）

项目	技术要求	评分标准	配分	实测值	实得分
直槽	$14^{+0.043}_{0}$ mm	超差0.01mm扣1分	8		
直槽	$8^{+0.1}_{0}$ mm	超差0.02mm扣1分	4		
直槽	⚌ 0.06 C	超差0.01mm扣1分	6		
凸面	$24^{0}_{-0.05}$ mm	超差0.01mm扣1分	7		
凸面	$30^{0}_{-0.10}$ mm	超差0.02mm扣1分	4		
凸面	⚌ 0.06 C	超差0.01mm扣1分	6		
表面粗糙度值	$Ra6.3\mu m$	每面超差一级扣1分	3		
表面粗糙度值	$Ra3.2\mu m$	每面超差一级扣1分	10		
安全文明生产	学生必须独立安装和调整工、夹、刀具，合理整齐摆放工、量具，穿戴好劳保用品，违反者视情节扣2~4分，发生设备、人身事故者视情节扣分		8		
说明	1. 工件尺寸超差0.50mm以上者总分扣5分 2. 工件有严重损伤者（伤痕在0.50mm以上）总分扣5分				

铣工实训综合考件二如图2-143所示，其评分标准见表2-10。

制订零件加工工艺及加工方法，经指导老师审核、同意后方可进行加工。

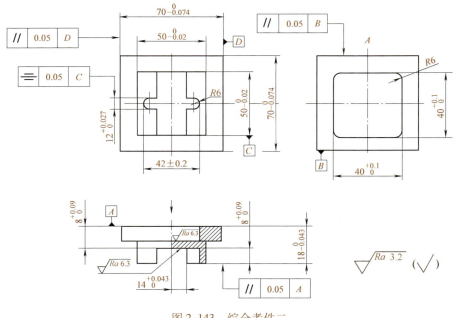

图2-143 综合考件二

表 2-10　综合考件二评分标准

项目	技术要求	评分标准	配分	实测值	实得分
六面体	$70_{-0.074}^{0}$ mm	超差 0.01mm 扣 1 分	5		
	$70_{-0.074}^{0}$ mm	超差 0.01mm 扣 1 分	5		
	$18_{-0.043}^{0}$ mm	超差 0.01mm 扣 1 分	6		
	// | 0.05 | D	超差 0.01mm 扣 1 分	5		
	// | 0.05 | B	超差 0.01mm 扣 1 分	5		
	// | 0.05 | A	超差 0.01mm 扣 1 分	5		
键槽	$14_{0}^{+0.043}$ mm	超差 0.01mm 扣 2 分	5		
	$12_{0}^{+0.027}$ mm	超差 0.02mm 扣 2 分	5		
	$8_{0}^{+0.09}$ mm	超差 0.02mm 扣 2 分	4		
	≡ | 0.05 | C	超差 0.01mm 扣 1 分	5		
	42mm ± 0.2mm	超差 0.04mm 扣 1 分	4		
凸台	$50_{-0.02}^{0}$ mm	超差 0.01mm 扣 1 分	5		
	$50_{-0.02}^{0}$ mm	超差 0.01mm 扣 1 分	5		
	$8_{0}^{+0.09}$ mm	超差 0.01mm 扣 1 分	5		
凹面	$40_{0}^{+0.1}$ mm	超差 0.02mm 扣 1 分	4		
	$40_{0}^{+0.1}$ mm	超差 0.02mm 扣 1 分	4		
	$8_{0}^{+0.09}$ mm	超差 0.02mm 扣 1 分	4		
表面粗糙度值	$Ra6.3\mu m$	每面超差一级扣 1 分	3		
	$Ra3.2\mu m$	每面超差一级扣 1 分	8		
安全文明生产	学生必须独立安装和调整工、夹、刀具，合理整齐摆放工、量具，穿戴好劳保用品，违反者视情节扣 2~4 分，发生设备、人身事故者视情节扣分		8		
说明	1. 工件尺寸超差 0.50mm 以上者总分扣 5 分 2. 工件有严重损伤者（伤痕在 0.50mm 以上）总分扣 5 分				

任务二　铣床的保养

一、实训教学目标与要求

1）掌握铣床一级保养的方法。
2）使学生对机床结构更熟悉。

二、基础知识

铣床运转 500h 左右要进行一次一级保养。对铣床的一级保养必须在教师的指导下进行，必要时可请维修工人配合进行。

1. 铣床一级保养的内容及要求

铣床一级保养的部位、内容与要求见表 2-11。

表 2-11 铣床一级保养的部位、内容与要求

序号	部位	内容与要求
1	床身及表面	（1）清洗机床表面及死角，直到漆见本色、铁见光 （2）消除导轨面的毛刺
2	主轴箱	各定位手柄应无松动
3	进给箱	（1）各变速手柄应无松动 （2）调整摩擦片间隙（由机修工进行）
4	工作台	（1）应清洗各部。台面应无毛刺，凸起处应刮平 （2）调整导轨斜铁的间隙在 0.04mm 左右 （3）调整丝杠、螺母间隙，消除轴向窜动量
5	润滑	（1）清洗各油管、液压泵、油网，要求油路畅通，液压泵有效，油标及油窗醒目 （2）按规定加油
6	冷却系统	（1）冷却槽应无杂物和铁屑 （2）擦拭冷却泵的外表面
7	电气部分	（1）清理电气箱、电气盒内的积油和灰尘（由电工进行） （2）检查各电气触点和接线（由电工进行）

2. 一级保养的操作步骤

一级保养应在切断电源状态下进行。

1）擦净床身上部，包括横梁、挂架、挂架轴承、横梁燕尾槽、主轴孔、主轴的前端和尾部以及垂直导轨上部。

2）拆卸铣床工作台：首先快速向右进给到极限位置，拆下左撞块；拆卸左端手柄、刻度环、离合器、螺母及推力球轴承；拆卸左端的轴承架和塞铁；拆卸右端螺母、圆锥销、推力球轴承和轴承架，然后用手旋动并取下丝杠，在取下丝杠时，要注意丝杠键槽向下，否则会碰落平键；最后取下工作台。

3）清洗拆下的各零件、部件，并修去毛刺。

4）检查和清洗工作台底座内的各零件，并检查手动液压泵及油管是否正常。

5）安装工作台，安装顺序与拆卸顺序相反。

6）调整塞铁及推力球轴承的间隙。

7）调整丝杠与螺母之间的间隙。

8）拆卸横向工作台的油毡、夹板和塞铁，并清洗好。

9）转动手柄，使横向工作台前后移动，擦净并检查横向导轨和横向丝杠，修光毛刺

后，装上塞铁、油毡等。

10）使工作台上下移动，清洗、检查垂向进给丝杠、导轨等，并相应调整好，同时还要检查润滑油的质量。

11）拆洗电动机罩，擦净电动机，清扫电气箱并进行检查。

12）清洁铣床外部，检查润滑系统，清洗冷却系统。

思 考 题

1. 机床为什么要进行一级保养？简述一级保养的内容和步骤。
2. 简述图 2-144 所示工件铣削加工的方法和步骤。

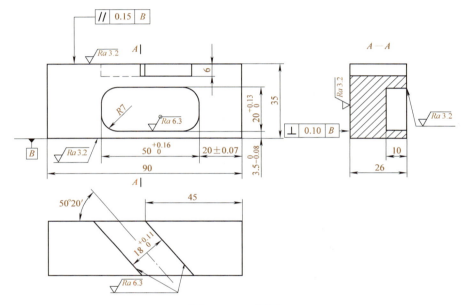

图 2-144　2 题图

单元三　数控车工实训

课题一　安全文明生产及数控车床概述

一、实训教学目标与要求

1）了解企业安全文明生产制度。
2）了解数控车床的组成、特点和加工范围。
3）掌握数控车床安全操作规程。

二、安全文明生产

1. 安全操作基本注意事项
1）工作前，穿好工作服、安全鞋，戴好安全帽及防护眼镜，严禁戴手套操作机床。
2）严禁随意移动、损坏机床安全标识、标志。
3）严禁在机床周围放置障碍物。
4）数控机床只能一人操作，严禁他人协作。
5）不许使用压缩空气清扫机床、电气柜及控制站。

2. 数控车床安全操作规程
为确保数控车床操作员的人身安全，减少人为造成的机械事故，保证生产顺利进行，数控车床操作员应严格遵守以下规程。

1）操作前，穿戴好防护用品（工作服、安全帽、防护眼镜等）。女生应将发辫卷入帽内，不得外露，严禁穿拖鞋、凉鞋。
2）操作时，操作员必须扎紧袖口，束紧衣襟，严禁戴手套、围巾或敞开衣服，以防手、衣物卷入旋转的卡盘和刀具之间。
3）操作前，应检查车床各部件及安全装置是否安全可靠，检查设备电气部分安全可靠程度是否良好。
4）工件、夹具、工具、刀具必须装夹牢固。运转机床前要观察周围动态，有妨碍运转、传动的物件要先清除，确认一切正常后，才能操作。
5）练习或对刀时，一定要牢记增量方式的倍率"×1""×10""×100""×1000"，适时选择合理的倍率，避免机床发生碰撞。X轴、Z轴的正负方向不能搞错，否则可能发生意外。
6）正确设定工件坐标系。编辑或复制加工程序后，应校验后再运行。

7)机床运转时,不得调整、测量工件和改变润滑方式,以防触及刀具碰伤手指。一旦发生危险或紧急情况,马上按下操作面板上红色的"急停"按钮,使伺服进给及主轴运转立即停止工作,机床一切运动停止。

8)在主轴旋转未完全停止前,严禁用手制动。

9)在机床主轴上装卸卡盘应在停机后进行,不可借用电动机的力量取下卡盘。

10)夹持工件的卡盘、拨盘、鸡心夹头的凸出部分最好使用防护罩,以免绞住衣服及身体的其他部位。如无防护罩,操作时要注意保持距离,不要靠近。

11)用顶尖装夹工件时,顶尖与中心孔应完全匹配,不能用破损或歪斜的顶尖,使用前应将顶尖和中心孔擦净,尾座顶尖要顶牢。

12)车削细长工件时,为保证安全,应采用中心架或跟刀架,长出车床部分应有标志。车削不规则工件时,应装平衡块,并试转平衡后再切削。

13)刀具装夹要牢固,刀头伸出部分不要超出刀体高度的1.5倍,垫片的形状尺寸应与刀体形状尺寸相一致,垫片应尽可能少而平。转动刀架时,要把车刀退回到安全的位置,防止车刀碰撞卡盘。

14)除车床上装有的运转中自动测量装置外,测量工件均应停车,并将刀架移到安全位置。

15)对切削下来的带状切屑、螺旋状长切屑,应用钩子及时清除,严禁用手拉。

16)为防止崩碎切屑伤人,应在加工时关上安全门。

17)用砂布打磨工件表面时,应把刀具移动到安全位置,不要让衣服和手接触工件表面;加工内孔时,不可用手指夹持砂布,应用木棍,同时速度不宜太快。

三、数控车床的组成

认识数控车床

如图3-1所示,数控车床由机床基础件、数控系统、伺服进给单元、驱动装置、主轴系统、自动刀架、强电控制柜、辅助装置等组成。

(1)机床基础件 是指由床身、溜板箱、尾座、刀架座等构成的机床机架的大型铸件体。

(2)数控系统 数控系统是机床实现自动加工的核心,主要由输入装置、监视器、主控制系统、可编程控制器、各类输入/输出接口等组成。主控制系统主要由中央处理器、存储器、控制器等组成。数控系统的主要控制对象是位置和速度。主控制器内的插补模块根据所读入的零件程序,通过译码、编译等处理后进行相应的刀具轨迹插补运算,来控制机床各坐标轴的位移。

可编程控制器是一种以微处理器为基础的通用型自动控制装置,专为在工业环境下应用而设计,常被称为可编程逻辑控制器(PLC),当PLC用于控制机床顺序动作时,可称为编程机床控制器。

(3)伺服进给单元 伺服进给单元由驱动器、驱动电动机组成,并与机床上的执行部件和机械传动部件组成数控机床的进给系统。

伺服系统是数控系统和机床本体之间的电传动联系环节,主要由伺服电动机、驱动控制系统和位置检测与反馈装置等组成。伺服电动机是系统的执行元件,驱动控制系统则是伺服电动机的动力源。数控系统发出的指令信号与位置反馈信号比较后作为位移指令,再经过驱动系统的功率放大后,驱动电动机运转,通过机械传动装置带动工作台或刀架运动。

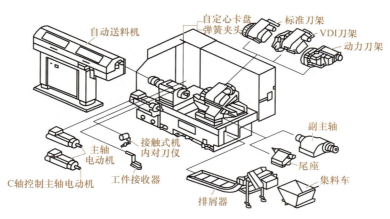

图 3-1 数控车床的基本组成

（4）驱动装置 驱动装置把经放大的指令信号变为机械运动，通过简单的机械连接部件驱动机床，使工作台精确定位或按规定的轨迹做严格的相对运动，最后加工出符合图样要求的零件。和伺服单元相对应，驱动装置有步进电动机、直流伺服电动机和交流伺服电动机等。伺服单元和驱动装置可合称为伺服驱动系统，它是机床工作的动力装置，数控系统的指令要依靠伺服驱动系统付诸实施。因此，伺服驱动系统是数控机床的重要组成部分。

（5）主轴系统 包括主轴驱动系统和主轴控制系统。主轴驱动系统是数控机床的大功率执行机构，其功能是接受数控系统（CNC）的 S 码（速度指令）及 M 码（辅助功能指令），驱动主轴进行切削加工。主轴驱动系统接受来自数控系统的驱动指令，经速度与转矩（功率）调节输出驱动信号驱动主轴电动机转动，同时接受速度反馈实施速度闭环控制。主轴驱动系统还通过 PLC 将主轴的各种现实工作状态通告给数控系统，用以完成对主轴各项功能的控制。对于具有 C 轴功能的数控车床，其主轴具有伺服轴的一切功能。

为满足车削加工要求，主轴电动机必须具备下述功能。

1）输出功率大。

2）在整个调速范围内速度稳定，且恒功率范围宽。

3）在断续负载下电动机转速波动小，过载能力强。

4）加速时间短。

5）电动机温升小。

6）振动、噪声小。

7）电动机可靠性高，寿命长，易维护。

（6）自动刀架 数控车床在车削时，换刀是通过自动刀架的回转运动或平行移动来完成的，刀架的形式根据机床布局而定。一般的自动刀架分为回转式刀架和平移式刀架，回转式刀架又分为水平卧式和垂直立式，如图 3-2 所示。平移式刀架通常用于小型数控车床，刀架通过平移来使用不同刀位上的刀具进行车削。卧式刀架和立式刀架均采用回转式换刀，而平移式刀架则是通过水平移动换刀。除此之外，有些复合数控车床的刀架还配置了用于径向加工的动力头，从而扩大了刀架的功能。

（7）强电控制柜 强电控制柜主要用于安装机床强电控制的各种电气元件。它除了提供数控、伺服等一类弱电控制系统的输入电源，以及各种短路、过载、欠电压等电气保护

图 3-2　自动刀架
a）立式刀架　b）卧式刀架

外，主要在 PLC 的输出接口与机床各类辅助装置的电气执行元件之间起桥梁作用，控制机床辅助装置的各种交流电动机、液压系统电磁阀或电磁离合器等。此外，它也与机床操作台有关手动按钮连接。强电控制柜由各种中间继电器、接触器、变压器、电源开关、接线端子和各类电气保护元器件等构成，与一般普通机床类似，但为了提高弱电控制系统的抗干扰性，各类频繁起动或切换的电动机、接触器等电磁感应元器件中均必须并联 RC 阻容吸收器，对各种检测信号的输入均要求用屏蔽电缆连接。

（8）辅助装置　辅助装置主要包括自动换刀装置（ATC）、工件夹紧放松机构、辅助送料装置、液压控制系统、润滑装置、切削液装置、排屑装置、过载和保护装置等。各种装置互相配合，共同完成对数控机床的控制。

四、数控车床的分类

1. 按主轴布局分类

（1）立式数控车床　立式数控车床主轴垂直于水平面，有一个直径很大的圆形工作台，用来装夹工件。这类机床主要用于加工径向尺寸大、轴向尺寸相对小的大型复杂零件。

（2）卧式数控车床　卧式数控车床又分为数控水平导轨卧式车床和数控倾斜导轨卧式车床。倾斜导轨结构可以使车床具有更大的刚性，并易于排屑。

2. 按加工零件的基本类型分类

（1）卡盘式数控车床　这类车床没有尾座，适合车削盘类（含短轴类）零件。其夹紧方式多为电动或液动控制，卡盘结构多具有可调卡爪或不淬火卡爪（即软卡爪）。

（2）顶尖式数控车床　这类车床配有普通尾座或数控尾座，适合车削较长的零件及直径不太大的盘类零件。

3. 按刀架数量分类

（1）单刀架数控车床　一般数控车床都配置有各种形式的单刀架，如四工位卧式转位刀架或多工位转塔式自动转位刀架。

（2）双刀架数控车床　这类车床的双刀架常平行分布，也可以是垂直分布。

4. 按功能分类

（1）经济型数控车床　采用步进电动机和单片机对普通车床的进给系统进行改造后形成的简易型数控车床，成本较低，但自动化程度和功能都比较差，车削加工精度也不高，适用于要求不高的回转类零件的车削加工。

（2）普通数控车床　根据车削加工要求在结构上进行专门设计并配备通用数控系统而

形成的数控车床，数控系统功能强，自动化程度和加工精度也比较高，适用于一般回转类零件的车削加工。这类数控车床可同时控制两个坐标轴，即 X 轴和 Z 轴。

(3) 车削加工中心　在普通数控车床的基础上，增加了 C 轴和动力头，更高级的数控车床带有刀库，可控制 X 轴、Z 轴和 C 轴三个坐标轴，联动控制轴可以是（X、Z）、（X、C）或（Z、C）。由于增加了 C 轴和铣削动力头，这种数控车床的加工功能大大增强，除可以进行一般车削外，还可以进行径向和轴向铣削、曲面铣削、中心线不在零件回转中心的孔和径向孔的钻削等加工。

5. 其他分类方法

按数控系统（控制方式等指标）的不同，可将数控车床分为直线控制数控车床、两主轴控制数控车床等；按特殊或专门工艺性能的不同，可将数控车床分为螺纹数控车床、活塞数控车床、曲轴数控车床、汽车轮毂数控车床等。

五、数控车床的性能指标

1. 主要规格尺寸

数控车床主要规格尺寸是指最大回转直径、最大车削长度、最大车削直径等。

2. 主轴系统

数控车床主轴采用直流或交流电动机驱动，具有较宽的调速范围和较高的回转精度，主轴本身的刚度与抗震性比较好。主轴可以通过操作面板上的转速倍率开关调整转速。在加工端面时，主轴具有恒线切削速度（mm/min）。

3. 进给系统

该系统有进给速度范围、快速（空行程）速度范围、运动分辨率、定位精度等主要技术参数。进给速度是影响加工质量、生产率和刀具寿命的主要因素。进给速度可通过操作面板上的进给倍率开关调整。

定位精度和重复定位精度是指数控机床各移动轴在确定的终点所能达到的实际位置精度，其误差称为定位误差。定位误差包括伺服系统、检测系统、进给系统等的误差，还包括移动部件导轨的几何误差等。重复定位精度反映机床多次到达同一位置的能力。二者将直接影响零件的加工精度。

4. 刀具系统

数控车床刀具系统指标包括刀架工位数、工具孔直径、刀杆尺寸、换刀时间、重复定位精度等内容。

六、数控车床的特点

与普通车床相比，数控车床具有以下特点。

1）主轴功率大、刚度高、抗震性好、热变形小。

2）进给传动采用滚珠丝杠副、直线滚动导轨副等，具有传动链短、结构简单、传动精度和效率高等特点。

3）具备刀具自动交换功能。

4）数控车床本身具有很高的动、静刚度。

5）采用全封闭罩壳。由于数控车床是自动完成加工，为了操作安全等，一般采用移动门结构的全封闭罩壳，对机床的加工部件进行全封闭。

6）适应性强。由于数控车床能实现 X、Z 坐标的联动，所以对于形状复杂的零件，特别是对于可用数学方程式和坐标点表示的零件，加工非常方便。更换加工零件时，数控车床只需更换加工零件的数控程序。

7）加工质量稳定。对于同一批零件，由于使用同一车床和刀具及同一加工程序，刀具的运动轨迹完全相同，这就保证了零件加工的一致性好，且质量稳定。

8）效率高。数控车床的主轴转速和进给速度比普通车床高，生产能力约为普通车床的 3 倍，甚至更高。

9）精度高。数控车床有较高的加工精度，一般为 0.005~0.1mm。数控车床进给轴反向间隙和丝杠的螺距误差等都可以通过数控装置进行补偿，因此其进给精度较高。

10）劳动强度低。在输入程序并起动车床后，车床就自动地连续加工，直至完毕。这就简化了工人的操作，使劳动强度大大降低。

七、数控车床的加工范围

数控车床是一种高精度、高效率的自动化机床，也是使用数量最多的数控机床，约占数控机床总数的 25%。它主要用于精度要求高、表面质量要求高、轮廓形状复杂的轴类、盘类等回转体零件的加工，能够通过程序控制自动完成圆柱面、圆锥面、圆弧面和各种螺纹的切削加工，并能进行车槽、钻孔、扩孔、铰孔等加工。

由于数控车床具有加工精度高、能进行直线和圆弧插补，有些数控车床还具有非圆曲线插补功能，以及加工过程中具有自动变速功能等特点，所以它的工艺范围要比普通车床宽很多。

1. 精度要求高的回转体零件

由于数控车床刚性好，制造和对刀精度高，能方便和精确地进行人工补偿和自动补偿，所以能加工精度要求高的零件，甚至可以以车代磨。

2. 表面质量要求高的回转体零件

数控车床具有恒线速切削功能，可选用最佳速度来切削锥面和端面，使切削后的工件表面粗糙度值小且一致性好。数控车床还适合加工各表面质量要求不同的工件。表面质量要求不高的部位选用较大的进给量，要求高的部位则选用小的进给量。

3. 轮廓形状特别复杂和难于控制尺寸的回转体零件

由于数控车床具有直线和圆弧插补功能，部分车床数控装置还有某些非圆曲线和平面曲线插补功能，所以可以加工形状特别复杂或难于控制尺寸的回转体零件。

4. 带特殊螺纹的回转体零件

普通车床所能车削的螺纹类型相当有限，它只能车等导程的直、锥面米制、寸制螺纹，而且一台车床只能限定加工若干导程的螺纹。而数控车床不但能车削任何等导程的直、锥面螺纹和端面螺纹，而且能车削变螺距螺纹，还可以车削高精度螺纹。

思 考 题

1. 与普通车床相比，数控车床有什么特点？
2. 数控车床有哪些性能指标？
3. 数控车床的加工范围有哪些？

课题二 SSCK20A 数控车床面板及基本操作

一、实训教学目标和要求

1) 了解 SSCK20A 数控车床的主要技术参数。
2) 掌握 SSCK20A 数控车床面板按键的功能。
3) 掌握正确的开关机、程序手动输入编辑、机床运行等操作。

二、SSCK20A 数控车床主要技术参数

1) 卡盘直径为 200mm。
2) 床身最大回转直径为 450mm。
3) 最大加工直径为 200mm。
4) 最大加工长度为 500mm。
5) 主轴孔直径为 55mm。
6) 主轴转速（无级）为 100~3000r/min。
7) 快速移动速度：纵向（Z 轴）为 12m/min，横向（X 轴）为 10m/min。
8) 刀架工位为 6 工位。
9) 最小分辨率为 0.001mm。
10) 定位精度：纵向（Z 轴）为 0.012mm，横向（X 轴）为 0.008mm。
11) 重复定位精度：纵向（Z 轴）为 0.008mm，横向（X 轴）为 0.007mm。
12) 主轴电动机功率为 11kW。
13) 伺服电动机功率为 1.2kW。
14) 数控系统为 FANUC 0i Mate-TB。

三、SSCK20A 数控车床操作面板

SSCK20A 数控车床的操作面板位于机床右上方，分上、下两个部分，上部为 FANUC-0i 数控系统操作面板，下部为机床操作面板。

数控系统操作面板由 CRT 显示器和 MDI 键盘组成，又称 CRT/MDI 操作面板。

1. CRT 显示器

CRT 显示器主要显示当前的加工状态，如当前机床坐标系和工件坐标系的 X、Z 坐标值、主轴转速、进给速度，以及各种参数的输入值。当系统读入加工文件后，CRT 显示器还可以显示加工的 G 代码。

CRT 显示器上有菜单，菜单的选择依靠其下方的菜单软键。菜单有嵌套，一个菜单下可能有若干个子菜单，通过菜单，能访问到系统所有的功能和设置。

CRT 显示器的最下面是菜单功能区，即软键，各软键的具体名称随按下的功能键而改变。

菜单功能键区中间有五个按钮（除两侧的箭头按钮），如图3-3所示，对应着CRT显示器上的五个菜单，按下菜单软键即选择了对应的菜单命令。

FANUC系统
面板介绍

返回键　　　　　　　　　　　　　　　　　　　　扩展键

图3-3　菜单软键

左端的箭头软键为返回键，由中间的五个软键选择操作功能后，按此键返回最初界面，即在MDI键盘上选择操作功能时的界面状态。

右端的箭头软键为扩展键，用于显示当前操作功能界面未显示的内容。

2. MDI键盘

（1）功能键区　表3-1是FANUC 0i-TB系统各功能键及说明。

表3-1　FANUC 0i-TB系统各功能键及说明

按键名称	含义	功能说明
POS	位置键	用于显示机床坐标位置
PROG	程序键	用于程序显示。在编辑方式下，编辑、显示程序；在MDI方式下，输入、显示手动数据输入；在自动运行方式下，显示程序指令
OFFSET/SETTING	偏置/设置键	显示刀具偏置、设定界面
MESSAGE	信息键	显示信息界面
CUSTOM GRAPH	图形模拟键	用于轨迹图形显示
SYSTEM	系统设置键	用于显示、设置系统参数等

（2）地址/数字键　该键区共有24个键，同一个键可用于输入地址，也可输入数值及符号，系统自动判别取字母还是取数字。输入地址、数字后，输入的信息到了缓冲寄存器中，显示在CRT显示器的最下一行。如果想把缓冲寄存器中的信息输入到寄存器中，则必须按【INSERT】键，输入的数据显示在CRT显示器上。其中，【EOB】键表示程序段结束。

（3）光标移动键　光标移动键有四个，分别表示光标的不同移动方向。

1）【↑】键用于将光标朝上或倒退方向移动。在倒退方向，光标按一段大尺寸单位移动。

2）【→】键用于将光标朝右或前进方向移动。在前进方向，光标按一段短的单位移动。

3）【←】键用于将光标朝左或倒退方向移动。在倒退方向，光标按一段短的单位移动。

4）【↓】键用于将光标朝下或前进方向移动。在前进方向，光标按一段大尺寸单位移动。

（4）翻页键　翻页键包括【PAGE↑】和【PAGE↓】两个键，【PAGE↑】用于在屏幕上朝上翻一页，【PAGE↓】用于在屏幕上朝下翻一页。

（5）取消键　取消键【CAN】用于删除已输入到输入缓冲器的最后一个字符或符号。

（6）输入键　输入键【INPUT】用于输入参数和补偿值。当按了地址键或数字键以后，数据被输入到缓冲器，并在CRT显示器上显示出来。为了把输入到缓冲器中的数据复制到寄存器中，可按【INPUT】键。这个键相当于【INPUT】软键，按此二键的结果是一样的。

(7）编辑键　编辑键有三个，主要用于程序的改变。

1）【ALTER】键用于程序替换。

2）【INSERT】键用于程序的插入。

3）【DELETE】键用于删除程序。

（8）复位键　复位键【RESET】可使数控系统复位，用以消除报警等。当机床自动运行时，按此键则机床的所有运动都停止。在编辑方式下编辑程序时，按此键，屏幕光标会返回程序最前端。

四、SSCK20A 数控车床机床面板

1. 工作方式选择键

SSCK20A 数控车床机床面板可提供以下七种不同的操作方式。

FANUC 系统机床面板介绍

1）以 JOG（手动进给）方式进行伺服轴手动连续进给，运动速度由进给倍率旋钮调整。

2）HANDLE（手轮）方式，手摇脉冲发生器使工作台沿 X、Z 轴移动，每次只能操作一个伺服轴，通过轴选择开关来选定要操作的轴。

3）AUTO（自动循环）方式，可执行存储器中的当前程序。

4）EDIT（编辑）方式，可以进行程序的输入、修改、删除等编辑操作。

5）MD（手动数据输入）方式，可以进行数据输入，运行十行以内的程序段，但该程序段不被存储，只被运行一次。

6）回零方式，用于返回参考点。

7）STEP（步进）方式，按一次方向键，机床移动固定距离，方向键是 +Z、+X、-X、-Z，移动距离由【+X】【-X】【+Z】【-Z】四个按键确定。

2. 快速倍率旋钮和进给倍率旋钮

（1）快速倍率　手动进给时，可选择相应的四种倍率之一，使被选轴以"0.001""0.01""0.1""1"增量移动。这四种倍率也可作为 G00 速度的倍率选择，共有"1%""25%""50%""100%"四种。另外，当手动快速移动车床溜板时，其速率也由该快速倍率旋钮选择。

（2）进给倍率　在手动或自动方式中，用于进给速度的修调。自动运行时，程序中由 F 指令指定的进给速度，可以用此旋钮调整，调整范围为 0%～150%，每格增量 10%。但在车螺纹时，不允许调整进给倍率。

3. 键的功能

按下【自动】键时，机床按照存储的程序进行加工，并对存储程序的顺序号进行检索。

在程序自动运行过程中按下【进给保持】键时，暂停执行程序。在此状态下，可进行点动、步进和手动换刀、重新装夹刀具、测量工件尺寸等手动操作。要使机床继续工作，须按下【循环启动】键。

按下【编辑】键时，可以把工件程序读入数控系统，并对读入的程序进行修改、插入和删除。

按下【录入方式】键时，可以通过数控系统操作面板上的按键把数据输入数控系统中，所输入的数据均能在 CRT 显示屏上显示出来。

按下【单段运行】键时，刀具执行一段程序后就停止，再按一次【循环启动】键，刀具执行下一程序段后又停止。用此方法可以检查程序。

按下【机床锁住】键时，指示灯亮，表示机床锁住机能有效，此时机床刀架不能移动，机床不能执行进给运动，但机床的执行和显示都正常。再按一下此键，机床锁住机能取消。

按下【空运行】键时，指示灯亮，表示空运行机能有效。此时，运行程序中的全部 F 指令无效，机床的进给按照最快速度运行。该功能用于从工作台上卸下工件时，检查机床的运动。

按下【循环启动】键时，在自动运行方式下即可启动加工程序自动运行或者开始图形模拟运行。程序运行中途暂停（包括【进给保持】键暂停、【单段运行】键暂停、程序中的 M00 和 M01 指令暂停）以后，也需要按【循环启动】键继续运行。

按下【回参考点】键时，按【点动】键，刀架可回到机床参考点位置。

按下【手动】键时，可用【+X】或【-X】，以及【+Z】或【-Z】键使滑板沿 X 轴或者 Z 轴正、负方向移动。手动回参考点通常一次移动一个轴。

按下【手轮】键时，手摇控制面板起作用。按手轮进给轴选择开关，选择机床要移动的一个轴，然后选择机床移动的倍率，就可以旋转手轮使机床沿所选轴移动。【×1】【×10】【×100】旋钮都属于增量倍率修调按钮。

【冷却】键用于手动开/关切削液。

按下【手动换刀】键时，在手动方式下实现转塔转位换刀。

【+X】【-X】【+Z】【-Z】四个键均属于轴向移动键，利用它们可以进行手动点动进给和手动步进进给，每次只能控制一个坐标轴的运动。按下其中之一，就可以实现刀架向坐标轴某一方向运动。

同时按下【快移】键与轴向移动键时，刀架按照数控系统参数设定的快速移动速度快速运动。

【主轴正转】【主轴反转】【主轴停】三个键可控制主轴正转、反转和停转。

4. 状态指示

数控车床在处于某一运行状态时，数控车床操作面板上的按键指示灯会亮起，以提醒操作者当前数控车床正处于怎样的运行状态之中。本机操作面板上有如下的状态指示，请操作者注意。

1）X、Z 回参考点指示。

2）单段运行指示。

3）机床锁指示。

4）空运行指示。

5）快速指示。

6）程序段选跳指示。

7）辅助功能锁指示。

五、SSCK20A 数控车床的基本操作

1. 开关机

（1）开机准备　接通数控车床电源前，应检查数控车床电气柜内的

FANUC 数控车床开机与关机

电气元件和线路是否正常，自动润滑泵及液面是否正常。通电后应检查有无异常。

（2）数控车床开机的操作顺序

1）打开电气柜侧面总电源开关，接通主电源，此时机床工作灯点亮，电气柜风机起动。

2）按机床面板上的起动按钮，等待数控系统自检数秒后，主轴停止按键指示灯点亮，完成机床起动。

（3）数控车床关机的操作顺序

1）确认机床不在自动循环方式下运行。

2）确认机床主轴已停止。

3）按下机床面板上的【电源关断】按钮。

4）最后关闭电气柜侧的总电源开关。

2. 数控车床的手动操作

（1）手动返回参考点操作　数控车床在以下几种情况下必须进行手动返回参考点操作：当数控系统电源接通时；当按下【急停】按钮后再起动时；当电网断电之后再次上电时；当机床闭锁解除后；当机床在操作过程中超程报警解除后。

手动返回参考点的操作顺序如下：

1）观察数控车床 Z、X 轴是否在参考点附近，如果是，应先将该轴手动沿负方向离开参考点位置 50mm 以上。

2）将工作方式选择置于返回参考点位置。

3）选择要返回参考点的轴，一般先使 X 轴返回参考点，再进行 Z 轴操作。

4）按下【+X】或【+Z】键，车床溜板在所选择的轴向自动快速移动回参考点，当溜板停留在参考点位置时，面板上相应轴的回参考点指示灯点亮。

（2）手动进给操作　手动操作数控车床溜板进给时，其操作方法如下。

1）手动连续进给。用这种方法，刀具能点动或连续移动，具体操作如下：

① 将工作方式选择置于手动位置。

② 设置进给倍率修调旋钮的位置，选择手动移动的速度修调倍率。

③ 按住所要移动的轴及方向所对应的点动键，此时，车床溜板在所选轴的方向上以进给倍率修调的速度连续移动。当放开点动键时，溜板停止移动。

2）手动快速移动操作。在数控车床换刀或手动操作时，要求刀具能快速移动，此时可以进行快速移动操作，具体操作如下：

① 将工作方式选择旋钮置于【手动】位置。

② 按住所要移动的轴及方向所对应的点动键，同时按下手动【快移】键，车床溜板在所选轴的方向上以快速倍率修调的速度连续移动。放开点动键，溜板停止快速移动。

3）手轮进给操作。用手轮也可移动调整数控车床轴的移动，具体操作如下：

① 选择数控车床工作方式为手动进给。

② 选择 X 轴进给或 Z 轴进给，对应指示灯点亮。

③ 顺时针方向转动手轮，车床溜板向所选轴的正向移动；逆时针方向转动手轮，车床溜板向所选轴的负向移动。

(3) 主轴手动操作　在手动进给操作方式下对主轴进行操作。

1) 按【主轴正转】键，主轴正转，按键指示灯点亮。

2) 按【主轴反转】键，主轴反转，按键指示灯点亮。

3) 按【主轴停止】键，主轴停止旋转，按键指示灯点亮。

(4) 机床急停操作　无论是手动还是自动运行方式下，遇到不正常情况，需要数控车床紧急停止运行时，有下面几种方式实现机床急停。

1) 按下【急停】按钮。按下此按钮后，数控车床的所有动作和功能会立即停止执行。此时，CRT 显示器显示急停报警信号。故障排除后，顺时针方向旋转【急停】按钮，使其自然弹起，急停状态解除。再在编辑方式下按【RESET】键，使数控系统复位。此时，应进行手动返回参考点操作。

2) 按【RESET】键。在数控车床自动和 MDI 运行方式下，按【RESET】键，则机床全部运动均停止。

3) 按【电源关断】按钮。按下此按钮，数控车床全部运动均停止。

4) 按【循环保持】键。在数控车床自动和 MDI 运行方式下，按此键（该键指示灯点亮）可暂停正在执行的程序段，数控车床主轴停止运动，但数控车床其他功能仍然有效。当需要恢复数控车床运行时，按【循环启动】键（按键指示灯点亮），循环保持解除（按键指示灯灭），数控车床从当前位置开始继续执行程序。

(5) 程序校验操作

1) 程序编辑完成后，在编辑状态下按【RESET】键，使光标置于程序前端。

2) 按下【机床闭锁】键（此时机床闭锁指示灯点亮），按下【试运行】键（此时试运行指示灯点亮）。

3) 旋转【方式选择】旋钮至【自动】位置。

4) 按【GRAPH】键，显示图形界面。

5) 按下【循环启动】绿色按键，此时，程序校验开始，数控车床坐标显示会正常显示坐标数值的变化，而数控车床实际轴不动；图形显示界面显示刀具轨迹。

(6) 数控车床对刀　自动设置坐标系法对刀采用的是在刀偏表中设定试切直径和试切长度，选择需要的工件坐标系，数控车床自动计算出工件端面中心点在机床坐标系中的坐标值。

1) X 向对刀。用标准刀具试切零件外圆，然后沿 Z 轴方向退刀。主轴停止转动后，按【OFFSET】→【补正】→【形状】，输入 "X + 外圆直径值"，按【测量】软键，刀具 "X" 补偿值即自动输入到几何形状中。

2) Z 向对刀。用标准刀具试切工件端面，然后沿 X 轴方向退刀，输入 "Z 0"，按【测量】软键，刀具 "Z" 补偿值即自动输入到几何形状中。

六、数控车床实操练习

1) 数控车床上电、关停机训练。

2) 数控车床回参考点操作训练，并理解回参考点的意义和注意事项。

3) MDI 方式下主轴的起动和停止训练。

4) 手摇电子脉冲发生器移动 X、Z 轴训练，掌握进给倍率旋钮对于轴速度的控制。

5）手动轴移动操作训练，感知轴移动方向和速度。

6）手动对刀建立工件坐标系操作练习。

7）手动输入下列程序，进行编辑和图形校验操作，认识、掌握各个功能按键和旋钮的作用。

%1000；
G54　G99　G97；
G00　X100　Z100；
T0101　M03　S600；
X62　Z2；
G90　X54　Z-55　F0.2；
X48.2　Z-35；
X36；
X32.2；
X26　Z-15；
X20.2；
G00　X16；
G42　G01　Z0　F0.1　S800；
X20　Z-2；
Z-15；
X28；
X32　W-2；
Z-35；
X44；
X48　W-2；
Z-55；
X60；
G40　X62；
G00　X100　Z100；
M30；

七、SSCK20A 数控车床实训评价

数控车床实训评价见表3-2。

表3-2　数控车床实训评价表

评价项目	评价内容	分值	自我评价	小组评价	教师评价	总评
理论知识	车间环境下安全认知	10				
	SSCK20A 数控车床基本组成	5				
	车床坐标命名	5				

（续）

评价项目	评价内容	分值	自我评价	小组评价	教师评价	总评
实操技能	MDI 操作	5				
	回参考点操作	10				
	手轮操作	5				
	手动模式操作	5				
	输入编辑操作	10				
安全文明生产	正确开、关机	10				
	设备维护	5				
	环境卫生	5				
工作态度	出勤情况	10				
	车间纪律	10				
	团队协作精神	5				

思 考 题

1. 对刀的作用是什么？
2. 简述程序校验功能的作用及意义。
3. 简述数控车床回参考点的意义。
4. 简述数控车床急停的操作方法。

课题三　数控车床编程基础

一、实训教学目标与要求

1）了解数控车床坐标系的定义。
2）了解数控加工程序的格式、组成及常用指令代码。
3）掌握数控车床编程的基本知识，并能灵活运用。

二、数控车削加工编程的特点

1）可以采用绝对值编程（用 X、Z 表示）、增量值编程（用 U、W 表示）或二者混合编程。
2）直径方向（X 方向）系统默认为直径编程，也可以采用半径编程，但必须更改系统设定。
3）X 方向的脉冲当量应取 Z 方向的一半。
4）采用固定循环，简化编程。
5）编程时，常认为车刀刀尖是一个点，而实际上为圆弧，因此在编制加工程序时，需要考虑对刀具进行半径补偿。

三、数控车床编程的工作内容

数控车床是按照编制的程序进行控制来加工零件的，编制零件加工程序一般应包括以下内容。

1. 分析零件图，编制数控车削工艺

分析零件图，明确加工的内容和要求，确定加工方案，并选择合适的机床、装夹方式、刀具、量具，同时确定合理的加工走刀路线和切削参数。在进行车削工艺处理时，应充分发挥数控车床的功能，同时兼顾经济性。图样上标注的几何要素，应通过工艺处理，转换成与数控车床加工相适应的数值坐标要素，其中包括正确合理地选择编程原点及坐标系，设定合理的加工走刀路线等。

（1）设定工件坐标系的原则
1）工件坐标系原点设定应尽可能使加工误差小。
2）工件坐标系原点的选择应便于找正和检查。
3）工件坐标系的设定应使编程工作量少，便于数值计算。

（2）确定加工路线的原则
1）有利于保证加工质量和提高表面质量。
2）尽可能缩短走刀行程，减少换刀等辅助时间，提高生产率。
3）尽快能缩短加工行程，减少进给机构的机械磨损。
4）合理确定各刀具在不同工步中与加工路线的衔接。
5）合理设计、分配粗、精加工路线。
6）确保加工过程安全可靠，避免刀具干涉。

2. 数值计算

在完成工艺处理后，需要根据零件图标注的几何尺寸、建立的工件坐标系和确定的加工路线进行刀具轨迹点位数值计算，同时按照工艺要求计算粗、精加工时的工艺参数。

3. 程序编制

编程者首先应了解数控车床数控系统的指令格式、机床性能、参数。先把合理的工艺思路设计成正确的加工程序。当加工路线、工艺参数及工件坐标数值确定后，就可以按照数控系统规定的功能指令代码和程序格式，逐段编写程序。初学者应从简单外圆车削开始，练习手工编程。

4. 程序校验与试加工

将编制好的程序以人工或通信的方式输入或传输到机床数控系统的程序存储器中，经过程序校验后，进行试加工。

程序校验是利用数控系统提供的图形模拟功能，动态地描述走刀路线和轨迹。编程者通过观察屏幕上的刀具轨迹，确认走刀路线是否与所加工零件几何形状一致或相似，判断程序的正确性。

四、数控车床编程入门知识

数控车床加工程序编制必须严格遵守相关的标准。数控编程是一项很严肃的工作，首先必须掌握一些基础知识，才能学好编程的方法并编出正确的程序。

1. 数控车床坐标系与运动方向

建立坐标系的基本原则如下：

1）假定工件静止，刀具相对于工件移动。

2）坐标系采用笛卡儿直角坐标系，如图 3-4 所示。大拇指的方向为 X 轴的正方向，食指指向为 Y 轴的正方向，中指指向为 Z 轴的正方向。在确定了 X、Y、Z 轴的基础上，根据右手螺旋法则，可以很方便地确定出 A、B、C 三个旋转坐标轴的方向。

3）规定 Z 轴的运动由传递切削动力的主轴决定，与主轴轴线平行的坐标轴即为 Z 轴，X 轴为水平方向，平行于工件装夹面并与 Z 轴垂直。

4）规定以刀具远离工件的方向为坐标轴的正方向。

依据以上原则，当车床为前置刀架时，X 轴正向向前，指向操作者，如图 3-5 所示。

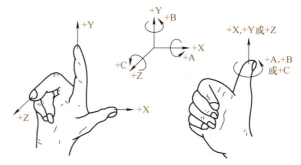

图 3-4 笛卡儿直角坐标系

当车床为后置刀架时，如 SSCK20A 数控车床，X 轴正向向后，背离操作者，如图 3-6 所示。

2. 机床坐标系

机床坐标系是以机床原点为坐标系原点建立起来的直角坐标系。

(1) 机床原点 机床原点（又称机械原点）即机床坐标系原点，是机床上的一个固定点，其位置是由机床设计和制造单位确定的，通常不允许用户改变。

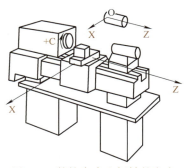

图 3-5 数控车床坐标轴的方向

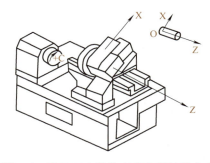

图 3-6 SSCK20A 数控车床坐标轴的方向

数控车床的机床原点一般为主轴回转中心与卡盘后端面的交点,如图 3-7 所示。

(2) 机床参考点 机床参考点也是机床上的一个固定点,它是用机械挡块或电气装置来限制刀架移动的极限位置。其作用主要是给机床坐标系一个定位。因为如果每次开机后无论刀架停留在哪个位置,系统都把当前位置设定成 (0,0),这就会造成基准的不统一。数控车床在开机后首先要进行

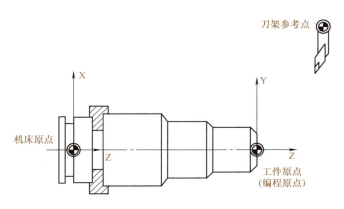

图 3-7 机床原点、工件原点、机床参考点

回参考点(也称回零点)操作。机床在通电之后,返回参考点之前,不论刀架处于什么位置,此时 CRT 显示器上显示的 Z 与 X 的坐标值均为 0。只有完成了返回参考点操作后,刀架运动到机床参考点,此时 CRT 显示器上显示刀架基准点在机床坐标系中的坐标值,即建立了机床坐标系。

3. 工件坐标系

数控车床加工时,工件可以通过卡盘夹持于机床坐标系下的任意位置,使得在机床坐标系下编程就很不方便。因此,编程人员在编写零件加工程序时通常要选择一个工件坐标系,也称编程坐标系,程序中的坐标值均以工件坐标系为依据。工件坐标系的原点可由编程人员根据具体情况确定,一般设在图样的设计基准或工艺基准处。根据数控车床的特点,工件坐标系原点通常设在工件左、右端面的中心或卡盘前端面的中心,如图 3-7 所示。

注意:机床坐标系与工件坐标系的区别,机床原点、机床参考点和工件原点的区别。

五、数控车床加工程序的结构与格式

1. 程序段结构

一个完整的车削加工程序,一般由程序名、程序内容和程序结束三部分组成。

(1) 程序名 FANUC 系统程序名是 O××××。××××是四位正整数,可以为 0000~9999,如 O2255。程序名一般要求单列一段且不需要程序段号。

(2) 程序主体　程序主体是由若干个程序段组成的，表示数控机床要完成的全部动作。每个程序段由一个或多个指令构成，每个程序段一般占一行，用";"作为每个程序段的结束代码。

(3) 程序结束指令　程序结束指令为 M02 或 M30，一般要求单列一段。

2. 程序段格式

现在最常用的是可变程序段格式。每个程序段由若干个地址字构成，而地址字又由表示地址字的英文字母、特殊文字和数字构成，见表3-3。

表 3-3　可变程序段格式

1	2	3	4	5	6				7	8	9	10	11
N_	G_	X_	Y_	Z_	I_	J_	K_	R_	F_	S_	T_	M_	CR
程序段号	准备功能	尺寸功能							进给功能	主轴转速功能	刀具功能	辅助功能	结束符号

可变程序段格式示例：N50　G01　X30.0　Z40.0　F100；

说明：

1) N×× 为程序段号，由地址符 N 和后面的若干位数字表示。在大部分系统中，程序段号仅作为"跳转"或"程序检索"的目标位置指示，因此它的大小及次序可以颠倒，也可以省略。程序段在存储器内以输入的先后顺序排列，而程序的执行严格按信息在存储器内的先后顺序逐段执行。也就是说，执行的先后次序与程序段号无关。但是，当程序段号省略时，该程序段将不能作为"跳转"或"程序检索"的目标程序段。

2) 程序段的中间部分是程序段的内容，主要包括准备功能字、尺寸功能字、进给功能字、主轴转速功能字、刀具功能字、辅助功能字等。但并不是所有程序段都必须包含这些功能字，有时一个程序段内可仅含有其中一个或几个功能字，如下列程序段都是正确的程序段。

N10　G01　X100.0　F100；

N80　M05；

3) 程序段号也可以由数控系统自动生成，程序段号的递增量可以通过"机床参数"进行设置，一般可设定增量值为 10，以便在修改程序时方便进行"插入"操作。

六、数控车床的编程指令体系

FANUC 0i 系统为目前我国数控机床上采用较多的数控系统，其常用的功能指令分为准备功能指令、辅助功能指令和其他功能指令三类。

1. 准备功能指令

常用的准备功能指令见表3-4。

表 3-4　FANUC 系统常用准备功能指令

G 指令	组别	功能	程序格式及说明
▲G00	01	快速定位	G00　X(U)_　Z(W)_；
G01		直线插补	G01　X(U)_　Z(W)_　F_；
G02		顺时针圆弧插补	G02　X(U)_　Z(W)_　R_　F_；
G03		逆时针圆弧插补	G03　X(U)_　Z(W)_　I_　K_　F_；

（续）

G 指令	组别	功能	程序格式及说明
G04	00	暂停	G04 X＿；或 G04 U＿；或 G04 P＿；
G27		返回参考点检查	G27 X＿ Z＿；
G28		返回参考点	G28 X＿ Z＿；
G32	01	螺纹车削	G32 X＿ Z＿ P＿；P 为导程
G34		变螺距螺纹车削	G34 X＿ Z＿ P＿ K＿；
▲G40	07	刀尖圆弧半径补偿取消	G40 G00 X(U)＿ Z(W)＿；
G41		刀尖圆弧半径左补偿	G41 X(U)＿ Z(W)＿ D＿；
G42		刀尖圆弧半径右补偿	G42 X(U)＿ Z(W)＿ D＿；
G50	00	坐标系设定或主轴最高转速设定	G50 X＿ Z＿；或 G50 S＿；
G52		局部坐标系设定	G52 X＿ Z＿；
G53		机床坐标系选择	G53 X＿ Z＿；
▲G54	14	工件坐标系 1	G54；
G55		工件坐标系 2	G55；
G56		工件坐标系 3	G56；
G57		工件坐标系 4	G57；
G58		工件坐标系 5	G58；
G59		工件坐标系 6	G59；
G70	00	精车循环	G70 P(ns) Q(nf)；
G71		粗车外圆复合循环	G71 U(Δd) R(e)； G71 P(ns) Q(nf) U(Δu) W(Δw) F＿ S＿ T＿；
G72		粗车端面复合循环	G72 U(Δd) R(e)； G72 P(ns) Q(nf) U(Δu) W(Δw) F＿ S＿ T＿；
G73		固定形状粗加工复合循环	G73 U(Δi) W(Δk) R(d)； G73 P(ns) Q(nf) U(Δu) W(Δw) F＿ S＿ T＿；
G76		螺纹切削复合循环	G76 P(m)(r)(a) Q(Δdmin) R(d)； G76 X(U)＿ Z(W)＿ R(i)＿ P(k)＿ Q(Δd)＿ F(L)＿；
G90	01	外径/内径单一形状固定循环	G90 X(U)＿ Z(W)＿ F＿； G90 X(U)＿ Z(W)＿ R＿ F＿；
G92		单一螺纹切削循环	G92 X(U)＿ Z(W)＿ F＿； G92 X(U)＿ Z(W)＿ R＿ F＿；
G94		端面切削循环	G94 X(U)＿ Z(W)＿ F＿； G94 X(U)＿ Z(W)＿ R＿ F＿；
G96	02	恒线速度控制	G96 S＿；
▲G97		取消恒线速度控制	G97 S＿；
G98		每分钟进给	G98 F＿；
▲G99		每转进给	G99 F＿；

注：1. 标▲的为开机默认指令。

2. 00 组 G 指令都是非模态指令。

3. 不同组的 G 指令能够在同一程序段中指定。如同一程序段中指定了同组 G 指令，则最后指定的 G 指令有效。

4. G 指令按组号显示，对于表中没有列出的功能指令，请参阅有关厂家的编程说明书。

2. 辅助功能指令

FANUC 系统常用的辅助功能指令见表 3-5。

表 3-5　FANUC 系统常用的辅助功能指令

代码	功能	说明
M00	程序停止	用 M00 停止程序的执行，按【循环启动】键后程序继续执行
M01	程序有条件停止	与 M00 一样，但仅在按下【选择停止】功能键后才生效
M02	程序结束	在程序的最后一段被写入
M03	主轴正转	
M04	主轴反转	
M05	主轴停止	
M08	切削液开	
M09	切削液关	
M30	程序结束且回到程序起点	

3. F、T、S 功能指令

（1）F 指令　设定进给速度指令，进给速度的大小由 F 后面的数值确定。

在数控车床系统中，每转进给速度指令 G99 是开机默认的，此时 F 后面数值的单位是 mm/r。当执行指令 G98 后，进给速度 F 的单位是 mm/min。指令 G99 和 G98 均为模态指令，并且可互相注销。

（2）T 指令　数控车床换刀指令，用 T 和其后的四个数字来表示，格式为"T____"。其中，前面两位数字表示刀具号，后面两位数字表示刀具补偿组别。例如，T0203 表示选择 02 号刀具，执行 03 组刀具补偿。

（3）S 指令　设定主轴转速，由 S 及其后面的数字组成。S 指令与其他指令配合使用，其功能及注意事项如下：

1）与 M03（M04）一起指定主轴转速，如 M03　S500，表示主轴以 500r/min 正转；M04　S600，表示主轴以 600r/min 反转。

2）与 G50 一起限定主轴最高转速。G50 指令除了有设定坐标系的功能外，还与 S 指令一起设定主轴最高转速。其格式为"G50　S_"。

例如，G50　S1500 表示主轴最高转速限定为 1500r/min。

3）与 G96 一起设定恒线速度控制。格式为"G96　S_"。此时 S 后面的数值为切削线速度，其单位是 m/min。G96 指令是恒线速度控制指令，系统执行该指令后，主轴转速使切削点的线速度始终保持在 S 指定的数值上。

例如，G96　S120，即线速度保证在 120m/min。

4）与 G97 一起取消恒线速度控制。其格式为"G97　S_"。此时 S 后面的数值为主轴转速，其单位是 r/min。

例如，G97　S1200 表示主轴转速为 1200r/min。

5）注意事项：用恒线速度控制加工端面、锥度和圆弧时，由于 X 坐标不断变化，当刀具逐渐接近回转中心时，主轴转速不断增高，有发生危险的可能，因此为了防止事故发生，必须在 G96 指令之前用 G50 指令限定主轴最高转速。也就是说，G50、G96、G97 应配合使用。

4. 编程方式

数控车床编程时，除了采用绝对值编程、增量值编程两种方式外，还可以在同一个程序段中以绝对值和增量值混合编程。工件径向尺寸的表示方法与普通车床一样，都是以直径为读数的。因此，在直径方向上用绝对值编程时，X 值以直径表示；用增量值编程时，以径向位移量的 2 倍表示，并有方向符号。

5. 常用指令及格式说明

（1）模态指令与非模态指令 模态指令是指某功能指令一经设置后一直有效，直到该功能指令被注销重新设置。非模态指令是指某功能指令仅在书写了该指令的程序段中有效。示例程序如下：

G00　X100　Z100；　　　（快速定位至 X100　Z100 处）

X20　Z3；　　　　　　　（快速定位至 X20　Z3 处，G00 为模态指令，可省略）

G01　X25　Z－15　F0.2；（直线插补至 X25　Z－15 处，进给速度为 0.2r/min）

X30；　　　　　　　　　（直线插补至 X30 处，G01、F 均为模态指令，可省略）

G00　Z20；

（2）常用 G 指令

1）G00（模态）快速点定位指令。执行 G00 指令时，刀具以点定位方式从当前点快速运动到坐标指定的目标位置。G00 指令只是快速定位，并非插补移动指令，两轴先按照 1:1 的脉冲比例运动，再运动剩余一个轴的位移，因此在车床 X、Z 轴联动时，G00 指令的运动轨迹并非直线。如从 A 点快速移动到 C 点（25，2），执行 G00　X25　Z2；程序后的运动轨迹为 A→B→C，如图 3-8 所示。所以 G00 指令只用于快进，不能用于工进。G00 快速移动速度不是由程序给出，而是由系统提前设定好的。

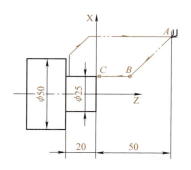

图 3-8　快速移动指令轨迹

2）G01（模态）直线插补指令。执行 G01 指令时，机床数控轴以联动的方式按照指定的 F 进给速度直线运动。F 指令也为模态指令。

格式：G00　X（U）＿　Z（W）＿；

例如，工件形状如图 3-9 所示，刀尖从 A 点直线移动到 B 点，进行车外圆、车槽、倒角。

车削 φ29mm 外圆的数控加工程序如下：

O1000；

G40　G97　G99；

T0101　M03　S500；

G00　X29　Z2；

G01　Z－20　F0.2；

X34；

G00　X100；

Z100；

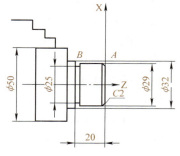

图 3-9　G01 指令功能

M05；

M30；

车槽的数控加工程序如下：

O2000；

G40　G97　G99；

T0101　M03　S500；

G00　X35　Z－20；

G01　X25　F0.1；

X34；

G00　X100；

Z100；

M05；

M30；

车倒角的数控加工程序如下：

O3000；

G40　G97　G99；

T0101　M03　S500；

G00　X21　Z2；

G01　X29　Z－2　F0.2；

W－2；

G00　X100；

Z100；

M05；

M30；

3）G01 直线插补的过渡功能。

① 圆弧过渡。

格式：G01　X_　R_　F_　；或 G01　Z_　R_　F_；

在车削圆弧过渡时，X 轴向 Z 轴过渡倒圆（即圆弧是凸），R 值为负；Z 轴向 X 轴圆弧过渡倒圆（即圆弧是凹），R 值为正。

② 45°倒角过渡。

格式：G01　X_　C_　F_；或 G01　Z_　C_　F_；

在车削 45°倒角过渡时，X 轴向 Z 轴过渡倒角，C 值为负；Z 轴向 X 轴过渡倒角，C 值为正。

例如，图 3-10 所示的零件，应用 G01 指令，进行圆弧、倒角过渡的数控加工程序如下：

O4000；

G40　G97　G99；

T0101　M03　S500；

G00　X0　Z2；

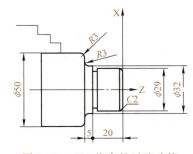

图 3-10　G01 指令的过渡功能

G01　Z0　F0.2；
G01　X29　C-2；
G01　Z-20；
G01　X32；
G01　Z-25　R3；
G01　X50　R-3；
Z-29；
X50.5；
G28　X80　Z100；
M30；

4）G02、G03 圆弧插补。

格式：G02/G03　X（U）_　Z（W）_　R_　F_；或 G02/G03　X（U）_　Z（W）_　I_　K_　F_；

其中，X、Z 为工件坐标系中的圆弧终点坐标，增量编程时，U、W 为圆弧终点相对于圆弧起点的坐标增量值；I、K 为圆心相对于圆弧起点的增量坐标。已知起点和终点并不能确定圆弧轨迹，所以需要同时具备：①圆弧旋转方向；②圆弧插补的平面；③圆心坐标或半径。在同时具备以上条件的情况下，R 为正值时为小于或等于180°的圆弧，R 为负值时为大于180°的圆弧。

G02 指令的功能是进行顺时针圆弧插补，G03 指令的功能是进行逆时针圆弧插补。

在 SSCK20A 数控车床上，圆弧的顺逆方向与顺逆时针方向相同，如图 3-11 所示。

应用 G02/G03 指令车削图 3-12 所示的零件，程序如下：

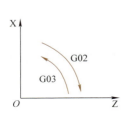

图 3-11　G02/G03 方向

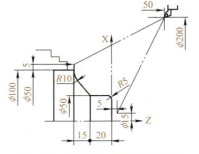

图 3-12　G02/G03 车削加工程序

O5000；
G99　G54　G97　G40；
T0101；
G00　X200　Z50；
G96　M03　S200；
G00　X15　Z5；
G01　Z0　F0.25；
X40；
G03　X50　Z-5　R5；

G01　Z-20；
X74.142　Z-32.017；
G02　X88.284　Z-35　R10；
G01　X110；
G00　X200　Z50；
M30；

5）返回参考点功能指令。

① G27 返回参考点检查。机床长时间连续工作时，可用 G27 指令来确认工件原点的正确性，从而保证加工零件的精度和机床运行的可靠性。

格式：G27　X（U）_　Z（W）_；

其中，X、Z 值是指机床参考点在工件坐标系中的绝对值坐标；U、W 表示机床参考点相对刀具目前所在位置的增量坐标。

G27 指令用法如下：

当执行完成一次循环，在程序结束前，执行 G27 指令，则刀具将以 G00 移动方式返回机床参考点，如果刀具准确到达参考点位置，则面板上的参考点返回指示灯点亮；如果工件原点位置在某个轴向有误差，则该轴对应的指示灯不亮，且系统将停止执行程序，并报警。

使用 G27 指令前，应使用 G40 指令取消刀尖圆弧半径补偿。

② G28 返回参考点。G28 指令的功能是使刀具从当前位置以 G00 方式，经中间点返回到参考点。指定中间点可使刀具沿安全路径返回参考点。

格式：G28　X（U）_　Z（W）_；

其中，X、Z 用于定义刀具经过中间点的绝对坐标；U、W 是刀具经过的中间点相对于起点的增量坐标。当中间点与刀具当前位置点重合时，或返回参考点时无中间点，从当前位置直接返回参考点时，增量方式编程的数控加工程序为：

G28　U0　W0；

③ G29 从参考点返回指令。该指令的功能是使刀具由机床参考点经过中间点到达目标点。

格式：G29　X_　Z_；

其中，X、Z 后面的数值是刀具的目标点坐标。这里的经过的中间点就是 G28 指令中指定的中间点，刀具可经过这个安全路径到达要加工的目标位置点。因此，使用 G29 指令之前，必须先使用 G28 指令，否则 G29 指令会因没有中间点而发生错误。

思 考 题

1. 数控车床的坐标系是怎样确定的？
2. 数控车床的辅助功能指令有哪些？
3. 数控车床编程主要内容有哪些？
4. 什么是模态指令？什么是非模态指令？
5. 简述圆弧插补的格式。
6. 简述返回参考点功能指令的格式。

课题四 数控车床的刀具补偿

一、实训教学目标与要求

1）了解数控车床刀具补偿和刀尖圆弧半径补偿的作用。
2）掌握数控车床刀具位置补偿和刀尖圆弧半径补偿的方法。

二、刀具位置补偿

1. 刀具位置补偿的意义

对于数控车床刀架上各个刀具而言,其定位及相互位置精度会直接影响加工零件的精度。每一把刀具安装的位置和伸出长度都存在一定的位置偏差。这个位置偏差可通过刀具补偿值设定,使刀具在 X 方向及 Z 方向获得相应的补偿量。通过对刀或刀具预调,使各刀具的刀位点尽可能地重合于理想基准点,同时测定各号刀具的刀位偏差值,存入相应的刀具补偿偏置寄存器中,以备加工时调用。

2. 刀具位置补偿的应用

程序中,T 指令后四位数字中的前两位表示刀具号,后两位为刀具补偿偏置寄存器的地址号,刀具补偿号可以是 00～32 中的任意一个数,刀具补偿号为 00 时,表示不进行刀具补偿或取消刀具补偿。

3. 刀具位置补偿的注意事项

1）刀具补偿程序内有 G00 或 G01 指令时才有效,而且偏移量补偿在一个程序的执行过程中完成,这个过程是不能省略的。
2）调用刀具必须在取消刀具补偿状态下调用。

三、刀尖圆弧半径补偿

刀尖圆弧半径补偿是补偿实际加工时使用刀具切削刃的切削点与编程时的理想刀位点的偏差值,从而保证加工精度。

1. 刀尖圆弧半径补偿的意义

数控加工程序是针对刀位点按工件轮廓尺寸编制的,实际上的刀位点在刀具上不是理想的点,而是一段圆弧,这个圆弧切削出的轮廓与理想刀位点所在轮廓会产生位置偏差。同时,当刀具使用一段时间后,由于刀具磨损,会使刀具的切削点偏离理想的刀位点,从而产生加工误差。这些偏差可通过刀尖圆弧半径补偿减小到可以接受的范围内。

2. 刀尖圆弧半径补偿指令

格式:G00/G01 G41/G42 X(U)_ Z(W)_;
……
G00/G01 G40 X(U)_ Z(W)_;

其中，G41 指令用于刀尖圆弧半径左补偿，G42 指令用于刀尖圆弧半径右补偿，G40 指令用于取消刀尖圆弧半径补偿。

3. 刀尖圆弧半径补偿的注意事项

1）刀尖圆弧半径补偿指令只能通过直线运动建立或取消，即 G41/G42/G40 只能在 G01 或 G00 模式下使用。

2）调用新刀具前或要更改刀尖圆弧半径补偿方向时，必须取消刀尖圆弧半径补偿，以免产生加工误差。

3）程序必须以取消刀尖圆弧半径补偿状态结束。

4）使用刀尖圆弧半径补偿 G41/G42 指令后的程序段，不能出现连续两个及以上的不移动指令。

4. 刀尖圆弧半径补偿程序实例

加工图 3-12 所示零件，使用刀尖圆弧半径补偿指令编程时，程序如下：

O5000；
G99　G54　G97　G40；
T0101；
G00　X200　Z50；
G96　M03　S200；
G00　G42　X15　Z5；
G01　Z0　F0.25；
X40；
G03　X50　Z-5　R5；
G01　Z-20；
X74.142　Z-32.017；
G02　X88.284　Z-35　R10；
G01　X110；
G00　X200　Z50　G40；
M30；

思 考 题

1. 什么是刀具位置补偿？
2. 什么是刀尖圆弧半径补偿？
3. 简述刀尖圆弧半径补偿指令的格式及用法。
4. 简述刀尖圆弧半径补偿的注意事项。

课题五 固定循环功能指令应用

一、实训教学目标与要求

1) 掌握 G90、G94、G71、G72、G73、G70 的指令格式。
2) 能够正确应用 G90、G94、G71、G72、G73、G70 指令编程。

二、G90 外（内）径车削单一固定循环指令

1. 指令格式

格式：G90　X（U）_　Z（W）_　F_；

其中，X（U）、Z（W）表示循环切削终点处的坐标，可以使用 X、Z 进行绝对坐标编程，也可以使用 U、W 进行相对坐标编程。F 表示循环切削过程中的进给速度，为模态值。

G90 指令在外径车削时的走刀路线如图 3-13 所示。

刀具从循环起点 A 开始以 G00 方式径向移动至指令中的 X 坐标处，再以 G01 方式沿轴向切削至指令中的 Z 坐标处，然后退至循环开始时的 X 坐标处，最后以 G00 方式返回循环起点 A 处，准备下一个动作。

2. G90 指令的注意事项

1) G90 指令为循环指令，需要指定循环的起刀点，起刀点的位置不能低于任何一段切削路径，每次循环结束后，刀具均返回起刀点。

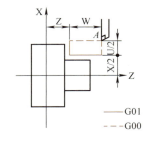

图 3-13　G90 外径车削走刀路线

2) G90 属于单一车削循环指令，每次的背吃刀量由 X（U）坐标确定，在加工时应注意合理选择。

3) G90 单一固定循环过程中，T 功能不能改变。若要改变，必须在 G00/G01 指令下进行，然后再执行 G90 指令。

3. G90 指令车外圆实例

加工图 3-14 所示零件，数控车削加工程序见表 3-6。

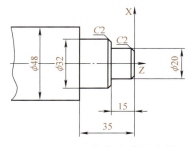

图 3-14　G90 指令车外圆实例

表 3-6　数控车削加工程序

程　序	说　明
O1000;	
G40　G97　G99　G54;	
G00　X80　Z20　T0101　S650　M03;	
X50　Z2;	循环起刀点
G90　X42　Z-35　F0.2;	
X36;	
X32.2;	φ32mm 外径留 0.2mm 加工余量
X26　Z-15;	
X20.2;	φ20mm 外径留 0.2mm 加工余量
G00　X16;	准备倒角
G42　G01　Z0　F0.1　S800;	建立刀尖圆弧半径补偿
X20　Z-2;	倒角
Z-15;	
X28;	
X32　W-2;	
Z-35;	
X44;	
X48;	
G40　X50;	取消刀尖圆弧半径补偿
G00　X100　Z100;	
M30;	

三、G90 锥面车削单一固定循环指令

1. 指令格式

格式：G90　X（U）_　Z（W）_　R_　F_；

其中，X（U）、Z（W）表示锥面切削终点坐标值，R 定义的数值为切削起点与终点在半径方向上的增量，F 定义的数值为切削速度。G90 锥面车削走刀路线如图 3-15 所示。

刀具从循环起点 A 先以 G00 方式沿 X 向进刀至 R 值指定的切削始点位置，再以 G01 方式到达锥面切削终点（X（U），Z（W））点，之后以 G00 方式先沿 X 向退刀至循环起点 A 的 X 坐标处，再沿 Z 方向返回到循环起点 A 的 Z 坐标处，此时一个循环结束，准备下一个动作。

2. G90 锥面车削指令的注意事项

1）G90 指令为循环指令，需要指定循环的起刀

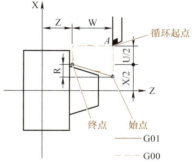

图 3-15　G90 锥面车削走刀路线

点，起刀点的位置不能低于任何一段切削路径，每次循环结束后，刀具均返回起刀点。

2）R 为切削起点与终点在半径方向上的增量，为矢量值。切削起刀点半径大于切削终点半径时，R 值为正；切削起刀点半径小于切削终点半径时，R 值为负。

3）其余注意事项与 G90 外径车削相同。

3. 用 G90 指令车削锥面实例

用 G90 指令车削锥面零件，形状如图 3-16 所示，数控车削加工程序见表 3-7。

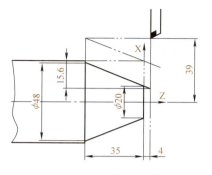

图 3-16 用 G90 指令车削锥面

表 3-7 用 G90 指令车削锥面零件加工程序

程　序	说　明
O2000;	
G40 G97 G99 G54;	
T0101 S600 M03;	
G00 X100 Z100;	
X78 Z4;	循环起始点
G90 X72 Z35 R-15.6 F0.2;	设定锥面终点，锥面切削始点与终点坐标差-15.6
X66 R-15.6;	
X60 R-15.6;	
X54 R-15.6;	
X49 R-15.6;	
X48 R-15.6;	六次循环至尺寸
G00 X100 Z100;	快速退刀
M30;	结束

四、G94 端面车削单一固定循环指令

1. 指令格式

格式：G94 X(U)_ Z(W)_ R_ F_;

其中，X、Z 表示端面切削终点坐标值；U、W 表示端面切削终点相对循环起点的坐标分量；R 表示端面切削始点至切削终点的位移在 Z 轴方向上的坐标增量，端面切削循环时，R 为零，可省略；F 表示进给速度。

2. G94 指令端面车削循环方式（R=0）

图 3-17 所示为用 G94 指令车削端面的走刀路线，刀具由循环起点 A 开始沿 Z 方向以 G00 方式快速到达 G94 指令中的 Z 坐标处，再以 G01 方式沿 X 方向切削进给至 G94 指令定义的终点 X 坐标处，然后切削到达循环起始点 A 的 Z 坐标处，再以 G00 方式沿 X 方向返回至循环起点 A 处，准备下一个动作。

3. G94 指令锥度端面车削循环方式（R≠0）

图 3-18 所示为用 G94 指令车削锥度端面的走刀路线，刀具由循环起点 A 开始沿 Z 方向以 G00 方式快速到达 G94 指令中的 Z+R 坐标处，再以 G01 方式沿 R 指定的锥面至 G94 指令定义的终点（X，Z）处，然后切削到达循环起始点 A 的 Z 坐标处，再以 G00 方式沿 X 方向返回至循环起点 A 处，准备下一个动作。

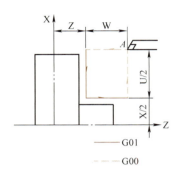

图 3-17　G94 指令车削端面的走刀路线　　图 3-18　G94 指令车削锥度端面的走刀路线

R 为端面车削始点到终点的位移在 Z 方向的坐标增量，锥面起点 Z 坐标大于终点 Z 坐标时，R 为正；锥面起点 Z 坐标小于终点 Z 坐标时，R 为负。

4. G94 锥度端面车削循环指令的注意事项

1）G94 指令为循环指令，在应用循环前应指定循环起点 A 的位置（坐标），注意循环起点 A 不要低于切削时的切削路径。

2）G94 指令为单一循环切削，每次的切削深度由 G94 中指定的 Z（W）坐标确定。

3）执行 G94 指令时，功能都不能改变。如需改变，应在 G00 或 G01 的指令中变更，然后再指定 G94。

图 3-19　G94 端面车削零件图

5. 用 G94 指令车削端面实例

用 G94 指令加工图 3-19 所示零件，程序见表 3-8。

表 3-8　G94 端面车削单一固定循环指令加工程序

程　序	说　明
O3000;	
G97　G99　G54　T0101;	
G00　X100　Z100;	
M03　S700;	
X84　Z13;	循环起点定位
G94　X25　Z10　R-14　F0.2;	第一次循环
Z7　R-14;	
Z4　R-14;	

(续)

程　序	说　明
Z1　R-14；	
Z-2　R-14；	
Z-5　R-14；	
Z-5.5　R-14；	最后一次循环
G00　X100　Z100；	
M30；	

五、G71 外圆粗车循环指令

1. 指令格式

格式：G71　U（Δd）　R（e）；

G71　P（ns）　Q（nf）　U（Δu）　W（Δw）　F_　S_　T_；

其中，Δd 为切削深度，即每次径向背吃刀量，半径给定，模态值；e 为径向退刀量；ns 为循环加工中第一个程序段号；nf 为循环加工中最后一个程序段号；Δu 为 X 方向的余量；Δw 为 Z 方向的余量。

外圆车削循环指令 G71

2. G71 指令走刀路线

加工图 3-20 所示零件，运行 G71 指令前，先要指定循环起刀点，并且刀具首先要到达循环起刀点 C 处。执行指令时，刀具从循环起刀点沿 X 轴径向以 G00 方式进给一个 Δd，再以 G01 切削进给方式沿 Z 向走刀至程序指定的 Z 坐标处，然后按照径向退刀量 e 沿斜向 45°退刀，再以 G00 方式沿 Z 方向快退至循环起点的 Z 坐标位。依次循环下去，直到去除所有粗加工余量后，再沿编程路径，按照切削径向 X 余量 Δu 和轴向 Z 余量 Δw 进行一次轮廓加工，刀具回到循环起刀点，整个循环结束。

3. G71 指令的注意事项

1）A 和 A'之间的刀具轨迹是在包含 G00 或 G01 顺序号为"ns"的循环的第一个程序段中指定的，但在这个程序段中不能有指定 Z 轴运动的指令。

2）刀具轨迹在 X 方向和 Z 方向必须逐渐递增或递减。

3）粗车循环由带有 P 和 Q 的指令实现，在 ns 和 nf 程序段中指定的 F、S、T 功能无效，而在 G71 程序段或前面程序段中指定的 F、S、T 功能有效。

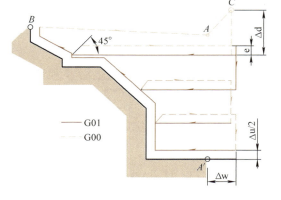

图 3-20　G71 指令的走刀路线

4）MDI 方式下不能使用 G71 指令。

5）在 P 和 Q 指定的顺序号之间的程序中，不能有下列指令：

① 除 G04 指令以外的非模态 G 指令。

② 除 G00、G01、G02、G03 外的所有 01 组 G 指令。

③ 06 组 G 指令。
④ 子程序调用指令。
6）G71 指令中由 P 指定的程序段中，应当指定 G00 或 G01。
7）在 P 和 Q 指定的顺序号之间的程序段中，不能使用图样尺寸直接编程。
8）刀尖圆弧半径补偿指令不能用于 G71 粗加工，只在运行 G70 时起作用。
9）执行多重循环时不能执行中断型用户宏程序。

六、G72 端面粗车循环指令

1. 指令格式

格式：G72　U（Δd）　　R（e）;
　　　G72　P（ns）　　Q（nf）　　U（Δu）　　W（Δw）　　F_ S_ T_;

其中，Δd 是切削深度，即每次轴向背吃刀量，不带符号，模态值；e 是轴向退刀量；ns 是循环加工中的第一个程序段号；nf 是循环加工中的最后一个程序段号；Δu 是 X 方向的余量；Δw 是 Z 方向的余量。

2. G72 指令的走刀路线

如图 3-21 所示，运行 G72 指令前，刀具要到达一个指定的循环起刀点 C。执行 G72 指令时，刀具从起刀点沿 Z 轴进给一个 Δd，沿 X 轴径向以 G01 方式走刀至程序指定的 X 坐标处，然后斜向 45°退刀，再以 G00 方式退至起刀点所在的 Z 坐标处。依此循环下去，直到去除所有粗加工余量后，再沿编程路径，按照切削径向 X 余量 Δu 和轴向 Z 余量 Δw 进行一次轮廓加工，刀具回到循环起刀点。至此，整个循环结束。

3. G72 指令的注意事项

1）A 和 A' 之间的刀具轨迹在包含 G00 或 G01、顺序号为"ns"的程序段中指定，但在这个程序段中不能有指定 X 轴的运动指令。

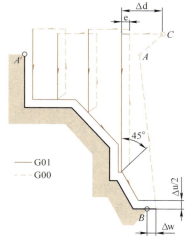

图 3-21　G72 指令的走刀路线

2）A' 和 B 之间的刀具轨迹沿 X 和 Z 方向都必须单调变化。

3）与 G71 指令相反，G72 指令一般选择径向进刀，轴向退刀，并在此时加入或取消刀补。

七、G73 复合形状固定循环指令

1. 指令格式

格式：G73　U（Δi）　　W（Δk）　R（d）;
　　　G73　P（ns）　　Q（nf）　　U（Δu）　　W（Δw）F_ S_ T_;

其中，Δi 是 X 方向退刀量，模态值；Δk 是 Z 方向退刀量，模态值；d 是分刀数，模态值；ns 是循环中的第一个程序段号；nf 是循环中最后一个程序段号；Δu 是径向 X 方向的余量；Δw 是轴向 Z 方向的余量。

2. G73 指令的走刀路线

如图 3-22 所示，在执行 G73 指令时，每一个循环路径轨迹是相同的，只是每一次循环

走刀就是切削轨迹向工件移动一个位置,移动距离的大小与 Δi、Δk 和 d 参数的值有关。粗加工最后一刀留下径向精加工余量 Δu 和轴向精加工余量 Δw。循环结束,刀具返回到循环起刀点。

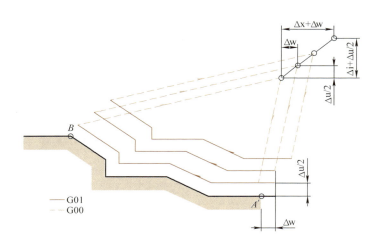

图 3-22 G73 指令的走刀路线

3. G73 指令的注意事项

1)该指令适合毛坯轮廓形状与零件轮廓形状基本接近的铸、锻毛坯的粗车加工。

2)G73 指令编程路径的选择与 G71 指令相同,轴向进刀,加入刀补;径向退刀,取消刀补。

3)程序段号 ns、nf 之间包含的 F、S、T 功能被忽略,而在 G73 指令程序段中的 F、S、T 功能有效。

八、G70 精车循环加工指令

1. 指令格式

格式:G73 P(ns) Q(nf);

其中,ns 是精车加工程序第一个程序段号;nf 是精车加工程序最后一个程序段号。

2. G70 指令的注意事项

G70 指令的走刀路线由 ns 与 nf 程序段之间的指令指定。

在 G71、G72、G73 程序段中规定的 F、S、T 功能无效,但在 G70 程序段中,ns 与 nf 之间指定的 F、S、T 功能有效。也可在 G70 程序行中加上 F、S、T 功能,程序同样执行新的 F、S 值。

当 G70 循环加工结束时,刀具返回到循环起刀点,并执行下一个程序段,因此 G70 精车循环结束时,要注意快速退刀的路线,以免发生干涉。

九、程序应用实例

1. 实例 1

实例 1 零件如图 3-23 所示,其数控车削加工程序见表 3-9。

表 3-9　实例 1 零件数控车削加工程序

程序	说明
O0001；	
G54　G97　G99；	
G00　X100　Z100；	
T0101；	
M03　S700；	
G00　X57　Z2；	循环起刀点
G71　U1.5　R0.5；	背吃刀量为 1.5mm，径向退刀量为 0.5mm
G71　P1　Q2　U0.2　W0.05　F0.3；	留径向精车余量 0.2mm，轴向精车余量 0.05mm
N1　G00　X0；	循环路线开始
G42　G01　Z0　F0.1；	
G03　X20　Z-10　R10；	
G01　Z-15；	
X31；	
X35　W-2；	
Z-25；	
X50　Z-40；	
Z-60；	
X55；	
N2　G40　X57；	循环路线结束
G00　X100　Z100；	
M05；	
M03　S1000；	
G70　P1　Q2；	精车
G00　X100　Z100；	返回
M30；	程序结束

2. 实例 2

实例 2 零件如图 3-24 所示，其数控车削加工程序见表 3-10。

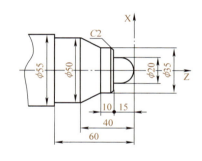

图 3-23　实例 1 零件图

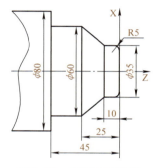

图 3-24　实例 2 零件图

表 3-10 实例 2 零件数控车削加工程序

程序	说明
O0002;	
G54 G40 G97 G99;	
G00 X100 Z100;	
T1010;	
M30 S600;	
G00 X82 Z2;	循环起刀点
G72 W1 R0.5;	每次背吃刀量为 1mm，退刀量为 0.5mm
G72 P1 Q2 U0.2 W0.05 F 0.3;	
N1 G00 Z-45;	循环路径开始
G41 G01 X80 F0.1;	
X60;	
Z-25;	
X35 Z-10;	
Z-5;	
G02 X25 Z0 R5;	
G01 X0;	
N2 G40 Z2;	循环路径结束
G00 X100 Z100;	
M05;	
M03 S1000;	
G00 X82 Z2;	
G70 P1 Q2;	精车循环
G00 X100 Z100;	
M30;	

3. 实例 3

实例 3 零件如图 3-25 所示，其数控车削加工程序见表 3-11。

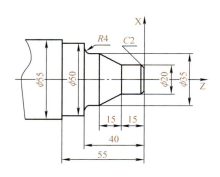

图 3-25 实例 3 零件图

表 3-11　实例 3 零件数控车削加工程序

程序	说明
O0001；	
G40　G97　G99　G54　T0101；	
G00　X100　Z100；	
M03　S800；	
G00　X57　Z2；	循环起刀点
G73　U19.5　W0　R13；	
G73　P1　P2　U0.2　W0.05　F0.3；	
N1　G00　X0；	循环路径开始
G01　G42　Z0　F0.1；	
X16；	
X20　Z-2；	
Z-15；	
X35　Z-30；	
Z-36；	
G02　X43　W-4　R4；	
G01　X50；	
Z-55；	
X55；	
N2　G40　X57；	循环路径结束
G00　X100　Z100；	
S1000；	
G00　X52　Z2；	
G70　P1　Q2；	
G00　X100　Z100；	
M30；	

思 考 题

1. 画出 G90 指令在外径车削时的走刀路线。
2. 写出 G90 锥面车削指令格式。
3. 简述 G94 端面车削单一固定循环指令。
4. 简述 G71 外圆粗车循环指令。
5. 写出 G70 精车循环加工指令格式。
6. 写出 G72 端面粗车循环指令格式。
7. 画出 G73 指令的走刀路线，简述其注意事项。

课题六 车 螺 纹

一、实训教学目标与要求

1）掌握车削普通螺纹、圆锥螺纹的程序指令格式。
2）掌握螺纹车削固定循环指令的用法。

二、G32 普通螺纹车削指令

1. 指令格式

格式：G32　X（U）＿　Z（W）＿　F＿；

其中，X（U）、Z（W）是螺纹车削终点坐标值；F 为导程，单位为 mm/r。G32 指令可以车削等导程的圆柱螺纹和圆锥螺纹。

2. G32 螺纹车削指令的注意事项

1）车削螺纹时，主轴转速必须保持不变。
2）在车削螺纹时，进刀和退刀应在工件之外开始和结束。
3）车削圆锥螺纹，当锥角大于 45°时，导程由 X 方向值指定。

3. G32 指令车削普通螺纹编程实例

如图 3-26 所示，车削普通螺纹，参考程序见表 3-12。

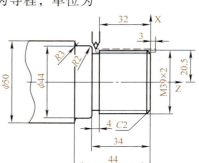

图 3-26　G32 指令加工普通螺纹

表 3-12　G32 指令加工普通螺纹数控车削加工程序

程　　序	说　　明
O0001；	
G54　G97　G99　G40；	
T0303　S600　M03；	
G00　X52　Z2；	
G90　X41　Z-34　F0.3；	外圆固定循环加工螺纹外径
X40；	
X39；	
X38.8；	
G00　X41　Z2；	
X33.8　Z0；	
G01　X38.8　Z-2.5；	
Z-34；	

（续）

程　序	说　明
G00　X52　Z-34；	
G90　X49　Z-44；	车 φ44mm 外圆及倒圆
X47；	
X45；	
G03　X44　Z-36　R2；	
G01　Z-41；	
G02　X50　Z-44　R3；	
G00　X52；	
G00　X100　Z100；	
T0505；	车槽
G00　X52　Z2；	
Z-34；	
G01　X35.5　F0.1；	
X52；	车槽退刀
G00　X100　Z100；	
T0606；	螺纹车刀
G00　X41　Z-32；	
X38.6；	
G32　Z3　F2；	车螺纹1
G00　X41；	
Z-32；	
X38.2；	
G32　Z3　F2；	车螺纹2
G00　X41；	
Z-32；	
X37.9；	
G32　Z3　F2；	车螺纹3
G00　X41；	
Z-32；	
X37.3；	
G32　Z3　F2；	车螺纹4
G00　X41；	
Z-32；	
X37.1；	
G32　Z3　F2；	车螺纹5
G00　X41；	
Z32；	

（续）

程　　序	说　　明
X36.9；	
G32　Z3　F2；	车螺纹 5
G00　X41；	
Z－32；	
X36.8；	
G32　Z3　F2；	车螺纹 6
G00　X100　Z100　M05；	
M30；	

4. G32 指令车削锥螺纹编程实例

如图 3-27 所示，车削锥螺纹，参考程序见表 3-13。

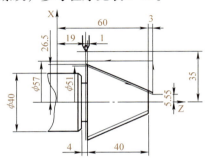

图 3-27　G32 指令加工锥螺纹

表 3-13　G32 指令加工锥螺纹数控车削加工程序

程　　序	说　　明
O0002；	
G54　G97　G99　G00　X100　Z100；	
T0101　M03　S600；	
X70　Z19；	
X57；	
X52.2；	第一次切入 0.8mm
G32　X12.3　Z63　F1.5；	
G00　X57；	
Z19；	
X51.2；	第二次切入 0.6mm
G32　X11.7　Z63　F1.5；	
G00　X57；	
Z19；	
X50.2；	第三次切入 0.6mm
G32　X11.1　Z63　F1.5；	

(续)

程　序	说　明
G00　X57；	
X200　Z100　M05；	
M30；	

三、G92 螺纹车削固定循环指令

1. 指令格式

1）圆柱螺纹车削循环指令格式：G92　X（U）_　Z（W）_　F_。

2）圆锥螺纹车削循环指令格式：G92　X（U）_　Z（W）_　R_ F_。

其中，X、Z 是螺纹车削终点坐标值；U、W 是螺纹车削终点相对于起点的增量坐标。

用 G92 指令车削图 3-28 所示的圆柱螺纹时，刀具从循环起刀点开始，按照 A→B→C→D→A 自动循环。

用 G92 指令车削图 3-29 所示的圆锥螺纹时，刀具按照 A→B→C→D→A 循环。R 为锥体大小端的半径差。锥面起点坐标大于终点坐标时，R 为正，反之为负。

外螺纹加工指令 G92

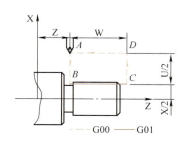

图 3-28　G92 指令车削圆柱螺纹　　　　图 3-29　G92 指令车削圆锥螺纹

2. G92 指令车削普通直螺纹实例

如图 3-30 所示，用 G92 指令车削普通螺纹，参考程序见表 3-14。

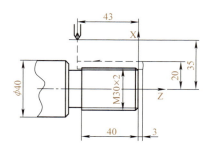

图 3-30　G92 指令车削普通螺纹

表 3-14　G92 指令车削普通螺纹的数控加工程序

程　　序	说　　明
O0003;	
G54　G97　G99　G40;	
G00　X100　Z100;	
T0101　S100　M03;	
G00　X70　Z-43;	循环起刀点
X40;	
G92 X 29.5　Z3　F2;	
X28.9;	
X28.3;	
X28;	
X27.8;	
G00　X70;	
M05;	
G00　X100　Z100;	
M30;	

思 考 题

1. 写出 G32 普通螺纹车削固定循环指令格式。
2. 写出 G92 普通螺纹车削指令格式。
3. G32 指令与 G92 指令有什么相同点和不同点?
4. 简述 G32 指令的注意事项。

课题七 综合工件加工实训

一、实训教学目标与要求

1)掌握固定循环指令的综合应用。
2)掌握典型综合工件的数控车削加工工艺及编程方法和步骤。

二、数控车削编程和实训

1. 数控车削实训工件 1

分析图 3-31 所示工件,并应用所学内容进行数控车削编程。

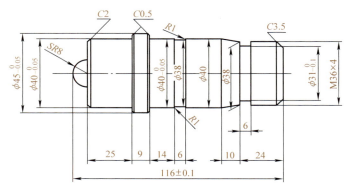

图 3-31 数控车削编程综合实训工件 1

1)夹持右端,加工左端,参考程序如下:
O0071;
G99 G97 G00 G54 X100 Z100 M03 S600;
T0303;
X52 Z2;
G71 U2 R1;
G71 P60 Q160 U0.5 W0.1 F0.3;
N60 G00 X0;
G01 Z0 F0.05;
G02 X16 Z-8 R8 F0.1;
G01 X36 F0.3;
X40 Z-10;
Z-33;
X44;
X45 W-0.5;

Z-42；

X48；

N160 G00 X100 Z100；

T0303 M03 S1000；

X52 Z2；

G70 P60 Q160；

G00 X100 Z100 M05；

M30；

2）夹持左端，完成全部加工，参考程序如下：

O0072；

G54 G99 G97 G00 X100 Z100 M03 S600；

T0303；

X52 Z2；

G90 X45 Z-74 F0.3；

X44；

X43；

X42；

X40；

G00 X52 Z-74；

G01 X44；

X45 Z-74.5；

X48；

G00 X52 Z2；

G90 X40 Z-24 F0.3；

X38；

X37；

X36；

X35.2；

G00 X52 Z-24；

G90 X45 Z-34 R-1 F0.3；

X43；

X42；

X41；

G90 X40 Z-34 R-1 F0.1；

G00 X100 Z100；

T0505；

X52 Z-24；

G01 X31；

X52；

Z－22；
X31；
G00　X52　Z－60；
G01　X38；
G03　X38　Z－61　R1　F0.1；
G00　X52　Z－58；
G01　X38　F0.3；
G02　X38　Z－57　R1　F0.1；
G01　X52；
G00　X100　Z100；
T0606；
X52　Z2；
G92　X35.2　Z6　F4；
X34.2；
X33.4；
X33；
X32.6；
X32.3；
X32；
X31.8；
X31.6；
G00　X100　Z100　M05；
M30；

2. 数控车削实训工件2

分析图3-32所示工件，并应用所学内容进行数控车削编程。

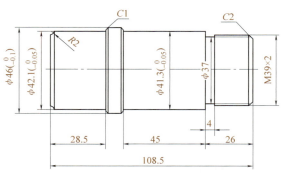

图3-32　数控车削编程综合实训工件2

1）夹持右端，加工左端，参考程序如下：
O0021；
G54　G99　G97　G00　X100　Z100　M03　S600；
T0303；

X52　Z2；
G01　Z0；
X48；
Z-37.5；
X52　Z0；
X46；
Z-37.5；
X52　Z0；
X44；
Z-28.5；
X52　Z0；
X43；
Z-28.5；
X52　Z0；
X42.5；
Z-28.5；
X52　Z0；
X38.1；
G02　X42.1　Z-2　R2　F0.1；
G01　Z-28.5；
X44；
X46　Z-29.5；
X52；
G00　X100　Z100　M05；
M30；
2）夹持左端，完成全部加工，参考程序如下：
O0022；
G54　G99　G97　G00　X100　Z100　M03　S600；
T0303；
X52　Z2；
G90　X48　Z-71　F0.3；
X46；
X44；
X42；
X41.3；
G00　X52　Z2；
G01　Z0；
X39；
Z-26；

G00　X52　Z2；
G01　X38.2；
Z-26；
G00　X100　Z100；
T0505；
X52　Z26；
G01　X37；
X52；
G00　X100　Z100；
T0606；
X52　Z-26；
G92　X38.2　Z3　F2；
X37.8；
X37.4；
X37.2；
X37；
X36.9；
X36.8；
G00　X100　Z100　M05；
M30；

3. 数控车削实训工件3

分析图3-33所示工件，并应用所学内容进行数控车削编程。

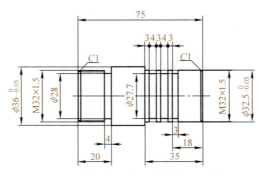

图3-33　数控车削编程综合实训工件3

1）夹持右端，加工左端，参考程序如下：
O0001；
G54　G99　G97；
G00　X100　Z100；
T0101　M03　S600；
X39　Z1；
G71　U1　R0.5；

G71　P60　Q120　U0.5　W0.1　F0.25;
N60　G00　X27.85;
G01　X31.85　Z-1　F0.15;
Z-20;
X35;
X36　W0.5;
Z-42;
N120　X39;
G70　P60　Q120　S1000;
G00　X100　Z100;
T0202　M03　S350;
X37　Z-20;
G01　X28　F0.1;
G04　X1;
G00　X100;
Z100;
T0303　M03　S500;
X34　Z-18;
G92　X31.3　Z3　F1.5;
X30.9;
X30.6;
X30.3;
X30.1;
X29.9;
X29.85;
G00　X100　Z100;
M05;
M30;

2) 夹持左端，完成全部加工，参考程序如下：
O0002;
G54　G99　G97;
G00　X100　Z100;
T0101　M03　S600;
X39　Z1;
G71　U1　R0.5;
G71　P60　Q120　U0.5　W0.1　F0.25;
N60　G00　X27.85;
G01　X31.85　Z-1　F0.15;
Z-17.5;

X32.5;
Z-35;
X35;
N120　X37　W-1;
G70　P60　Q120　S1000;
G00　X100　Z100;
T0202　M03　S350;
X34　Z-32;
G01　X27.8　F0.1;
G00　X34;
W1;
G01　X27.7　F0.1;
W-1;
G00　X34;
Z-25;
G01　X27.8　F0.1;
G00　X34;
W1;
G01　X27.7　F0.1;
W-1;
G00　X34;
Z-18;
G01　X29　F0.1;
G04　X1;
G00　X100;
Z100;
T0303　M03　S500;
X34　Z-17.5;
G92　X31.3　Z3　F1.5;
X30.9;
X30.6;
X30.3;
X30;
X29.9;
X29.85;
G00　X100　Z100;
M05;
M30;

三、数控车削编程和实训综合评价

数控车削编程和实训综合评价可按表 3-15 进行。

表 3-15　数控车削编程和实训综合评价表

评价项目	评价内容	分值	自我评价	小组评价	教师评价	总评
理论知识	1. 加工工艺知识	5				
	2. 基础知识融会情况	5				
	3. 图样分析	5				
	4. 合理选择切削参数	5				
	5. 程序编制	5				
实操技能	1. 主要尺寸正确	5				
	2. 加工过程完整合理	5				
	3. 试加工步骤完整	10				
	4. 切削参数合理选择	5				
	5. 加工零件要素正确	10				
文明生产	1. 安全生产	10				
	2. 设备维护	5				
	3. 环境卫生	5				
工作态度	1. 出勤情况	10				
	2. 车间纪律	5				
	3. 团队协作精神	5				

单元四　数控铣工实训

课题一　数控铣床概述与基本操作

一、实训教学目标与要求

1）了解安全文明实训和生产的规程。
2）了解 DXK45 数控铣床的坐标定义与功能参数。
3）掌握 DXK45 数控铣床操作面板按键功能和基本操作方法。

二、数控铣床实训操作规程

操作数控铣床应做到以下几点。
1）遵守设备通用操作规程。
2）操作机床前，应认真阅读本设备操作使用说明书及数控系统操作说明书。
3）操作机床前，应熟悉机床结构及技术参数，按照机床规定的上电顺序起动机床。
4）机床通电后，检查各个按钮、按键和开关是否正常，有无报警和其他异常。
5）机床手动回参考点，按照先使 Z 轴回参考点，然后使 X、Y 轴回参考点的顺序进行。
6）正确输入程序并严格检查，在机床锁定或者 Z 轴锁定的情况下，单段执行程序进行图形模拟校验，确定走刀路线是否正确、合理。
7）检查程序中选用的切削参数 S、F 及其他指令是否正确、合理。
8）在工作台上安装工具、工件时，应尽可能处于工作台的中间位置，合理利用工作台面且装夹定位合理、可靠。
9）检查刀具装夹是否正确、可靠。
10）正确对刀，建立工件坐标系，并手动移动各轴，确认对刀的正确性。
11）连续自动运行加工之前，应进行试加工，确保无废品产生。
12）试加工进刀在刀具运行至距离工件表面 30~50mm 处时，必须在进给保持下，验证剩余坐标值和 X、Y 轴坐标值与图样是否一致。
13）对刀尖圆弧半径补偿等刀具参数，可以边试边修改，采用"渐进"的方法。
14）加工中如果更换刀具，必须重新对刀。
15）程序修改后，对修改部分应仔细计算，检查核对。
16）使用手动方式、手轮方式操作时，必须检查所选择的轴、方向、倍率是否正确，弄清楚后再操作。

17）机床运行时，必须关闭机床防护门。

18）机床加工中，禁止清扫切屑，应等待机床停止运转后，用毛刷清扫切屑。

19）换刀时必须先擦净刀柄和主轴锥孔；严禁在主轴上敲击夹紧刀具，换刀、装刀应将刀柄放置在刀具安装台上进行。

20）机床应单人单机操作，其他人不得随意按动机床按钮。

21）不得变动机床系统中设置好的参数。

22）下班前，认真、如实填写设备运行记录，做好交接班工作。

三、数控铣床的日常维护

做好机床日常维护保养可以延长其寿命和易损件的更换周期，防止生产过程中发生意外，使机床保持稳定工作。机床日常维护应严格按照机床使用说明书进行，主要包括以下方面。

数控铣床日常维护与保养

1）机床润滑。定期检查、清洗自动润滑系统，及时添加或更换自动润滑油箱内的润滑油，应按照机床润滑标牌提示时间更换润滑油。

2）机床精度检查。定期对轴运动、丝杠间隙、主轴回转精度进行检查，使机床在不丧失精度的状态下工作。

3）日常清理。确保机床环境卫生，做到无灰尘、无油污、无潮气。灰尘、油污、湿气会直接影响机床导轨、丝杠、轴承等，并加速其磨损，还会导致电气、电路板出现电路故障，同时也会影响主轴、电动机等的自然散热。

四、数控铣床概述

1. 数控铣床的基本组成

数控铣床一般由数控系统、伺服进给系统、基础件、主轴系统，以及外围辅助装置等组成。

认识数控铣床

（1）数控系统　铣床数控系统是铣床各坐标轴运动、主运动及辅助设备的控制中枢。铣床数控系统具有直线插补、圆弧插补、刀具补偿、进给丝杠螺距补偿、固定循环、用户宏程序等功能，能够实现铣削、镗削、钻削、攻螺纹等自动循环加工。

（2）伺服进给系统　由伺服放大器、进给伺服电动机，以及进给执行机构组成，可按照数控系统程序设定的进给指令实现刀具和工件的相对运动。一般数控铣床伺服进给有（刀具上下）垂直方向、工作台纵向和工作台横向进给运动。这三个方向的进给均由交流伺服电动机来驱动实现。

（3）基础件　数控铣床的基础件一般有床身、立柱、横梁、工作台、底座等结构件，这些部件俗称大件，构成了数控铣床的基本框架。

（4）主轴系统　数控铣床主轴系统是铣床刀具实现切削的主动力系统，包括主轴箱、主轴传动系统、刀柄夹持拉紧系统、卸刀柄系统和主轴润滑冷却系统。大多数数控铣床采用无级变速的主轴电动机通过同步带驱动主轴，也有的采用主轴、电动机一体化的铣床专用电主轴来实现刀具回转。

（5）外围辅助装置　外围辅助装置是机床正常工作必不可少的重要装置，一般包括液压系统、气动系统、工件冷却系统、机床防护装置、排屑收集装置、自动或手动集中润滑系统。

2. 数控铣床的加工范围

数控铣床是一种生产率高、适应性强、灵活性好的半自动化机械产品，它的加工范围主要包括平面加工、曲面加工、各种复杂轮廓加工、壳体、箱体类零件加工，同时还可以进行钻、扩、铰、镗及螺纹孔加工。近年来，随着高速铣削技术和 CAM 技术的发展，数控铣床还可以加工形状更为复杂的零件。

（1）平面类零件加工　数控机床铣削平面分为对工件水平面（XY）的加工，对工件正平面（XZ）的加工和对工件侧平面（YZ）的加工。使用两轴半控制的数控铣床就能完成这样的平面铣削加工。

（2）曲面类零件加工　如果铣削复杂的曲面，则需要使用三轴甚至更多轴联动的数控铣床。在进行曲面铣削时，铣刀切削刃始终与工件被加工表面接触，一般采用球头铣刀三坐标轴联动铣削。而对于复杂的空间曲面零件，刀具干涉无法避免，可用四坐标或五坐标联动铣削加工。

（3）带孔零件加工　一般当零件上的孔位置精度、尺寸精度要求较高且批量较大时，较为适合在数控铣床上加工。由于数控铣床不具备自动换刀功能，所以不适合复杂多工序孔的加工。

3. 数控铣床的坐标定义

数控铣床坐标在机床制造时就已经确定，内容包括机床坐标轴名称和运动的正负方向。数控铣床操作者和编程者都需要熟悉数控铣床坐标系的定义规则，因为数控铣床坐标是确定刀具运动路径及定位的依据。为了使编程坐标系与制造商确定的机床坐标系统一，使程序编制简单方便，且程序对同类型机床具有互换性，国家标准 GB/T 19660—2005《工业自动化系统与集成　机床数值控制坐标系和运动命名》对各类数控机床坐标命名做了明确规定。

（1）数控铣床坐标　不论机床在实际加工时是工件运动还是刀具运动，在确定编程坐标和加工路径时，均看作工件相对静止而刀具运动。这个原则可保证编程者在不知道机床加工工件时是刀具运动还是工件移动时，就可根据图样确定机床的加工过程。

（2）数控铣床坐标名称　数控铣床坐标是一个笛卡儿直角坐标系，三个主要轴名称为 X、Y 和 Z 轴；平行于机床坐标系轴的运动为机床主要直线运动，分别指定为 X、Y 和 Z。

（3）数控铣床坐标系原点　数控铣床坐标系原点位置应由铣床制造厂规定。

（4）DXK45 数控铣床坐标轴的确定　标准中规定，先确定 Z 轴，然后确定 X 轴和 Y 轴。数控铣床 Z 轴平行于主轴。对 DXK45 数控铣床来讲，主动轴垂直于工作台面，因此主轴箱上下方向即为 Z 轴方向；同时标准又规定从工件到刀具为 +Z 轴方向。

一般情况下，X 轴应是水平方向，当 Z 轴为垂直轴，对单立柱 DXK45 数控铣床，从机床的前面朝立柱看时，X 轴正方向应指向右；Y 轴正方向由右手坐标系确定。

4. DXK45 数控铣床主要技术参数及各部分组成

（1）技术参数　DXK45 数控铣床主要技术参数如下：

工作台面积：1200mm×450mm；

工作台左右行程（X轴）：750mm；
工作台前后行程（Y轴）：400mm；
主轴箱上下行程（Z轴）：470mm；
T形槽宽×槽数：18mm×3；
主轴端面至工作台面距离：180～650mm；
主轴锥孔：BT40；
主轴转速：30～3000r/min；
主轴驱动电动机（FANUC主轴电动机）功率：5.5kW/7.5kW；
数控轴快速移动速度X、Y轴：15m/min，Z轴：10m/min；
进给速度：0～4000mm/min。

（2）各部分组成　DXK45数控铣床各部分组成如下：

1）数控系统。FANUC 0i-B数控系统，可实现三轴联动。

2）主轴系统。主轴电动机通过同步带驱到主轴；主轴转速为30～3000r/min；主轴驱动电动机（FANUC交流主轴电动机）功率为5.5kW/7.5kW。

3）数控轴进给系统。X、Y、Z轴运动均由交流伺服电动机通过联轴器与丝杠直接连接，Z轴电动机有抱闸。

4）刀柄装夹及换刀系统。刀柄由主轴内部碟形弹簧拉紧，卸刀柄时手动起动换刀液压工作站，由液压缸推动拉杆克服弹簧力，卸下刀柄。

5）自动润滑系统。机床的导轨、丝杠等运动副的润滑均由数控系统控制间歇（间歇周期可调）润滑，当自动润滑油箱中的润滑油减少到低位时，系统会自动报警提示。

6）工件冷却系统位于机床左侧下面，由球阀控制流量，可以在手动方式、自动方式或MDI方式下开启和关停切削液。

五、DXK45数控铣床基本操作

1. 机床上电操作

数控机床的制造商不同、控制系统不同，机床的上电顺序和操作方式也不同，因此机床上电前，应认真阅读机床操作说明书。在确定机床外围电源无异常的情况下，DXK45数控铣床的上电顺序及操作如下：

1）先将数控铣床右侧电气柜上的电源主开关旋到"ON"位置。

2）按下主操作面板上绿色的数控系统通电按钮，等待系统自检30s，起动完成，最后旋起【急停】按钮。

FANUC系统开机与关机

2. 机床关机操作顺序

1）当机床处于自动循环工作模式并正在执行程序时，禁止关闭机床数控系统的电源和机床总电源。

2）在关机前，应将机床工作台在X方向、Y方向置于机床行程的中间位置。

3）DXK45数控铣床的关机顺序及操作如下：

① 按下主操作面板上黑色的数控系统断电按钮。

② 按下【急停】按钮。

③ 将机床右侧电气控制柜上的电源主开关旋到"OFF"位置，关机完成。

3. 机床操作面板说明及各功能键的操作

（1）CRT/MDI 操作面板功能键说明 CRT/MDI 操作面板功能键如图 4-1 所示，按键符号、名称及功能说明见表 4-1。

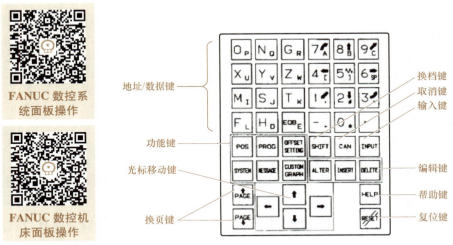

图 4-1 CRT/MDI 操作面板功能键

表 4-1 按键符号、名称及功能说明

序号	按键符号	名称	功能说明
1	POS	位置显示键	显示刀具的坐标位置
2	PROG	程序显示键	在 EDIT 模式下显示存储器内的程序；在 MDI 模式下，输入和显示 MDI 数据；在 AUTO 模式下，显示当前待加工或正在加工的程序
3	OFFSET SETTING	参数设定/显示键	设定并显示刀具补偿值、工件坐标系及宏程序变量
4	SYSTEM	系统显示键	系统参数设定与显示，以及自诊断功能数据显示等
5	MESSAGE	报警信息显示键	显示数控系统报警信息
6	CUSTOM GRAPH	图形显示键	显示刀具轨迹等图形

（2）主操作面板 主操作面板位于 CRT/MDI 操作面板下方，包括操作机床的各个开关、各个波段开关、【急停】按钮、机床状态指示灯等，见表 4-2。

表 4-2 主操作面板

旋钮符号	名称	功能说明	旋钮符号	名称	功能说明
	进给倍率旋钮	以给定的 F 指令进给时，可在 0%～150% 的范围内修改进给率。使用 JOG 方式时，也可用其改变 JOG 速率		快速倍率旋钮	用于调整手动或自动模式下快速进给速度；在 JOG 模式下，调整快速进给及返回参考点时的进给速度；在 MEM 模式下，调整 G00、G28、G30 指令进给速度
	机床的工作模式选择旋钮	DNC：DNC 工作方式 EDIT：编辑方式 MEM：自动方式 MDI：手动数据输入方式 MPG：手轮进给方式 RAPID：手动快速进给方式 JOG：手动进给方式 ZRN：手动返回机床参考点方式		主轴倍率旋钮	在自动或手动操作主轴时，转动此旋钮可以调整主轴转速

1）机床的工作模式有以下几种。

① 手轮方式。当方式选择旋钮置于"手轮"位置时，按手摇脉冲发生器上的指定轴，以手轮进给方式移动。

② 手动方式。当方式选择旋钮置于"手动"位置时，用轴选择旋钮选择要移动的轴，按下【JOG+】或【JOG-】键，可使轴以进给倍率旋钮对应的速度正向或负向移动。手动快速移动方式：按【+】或【-】键，可使被选择轴按快速倍率旋钮指定的速度快速移动。

③ 手动返回参考点方式。选择返回参考点的轴，按【+】按钮，可使被选择轴按规定速度自动返回参考点。

④ MDI 方式。用于手动输入几段程序指令，按自动运行按钮起动运行。

⑤ 程序编辑方式。用于程序输入、编辑。

⑥ 自动运行方式。用于执行加工程序。

2）手动操作开关有以下方式。

① 手动轴选择开关用于选择手动方式、手动快速方式、手动返回参考点方式下的手动轴。

② 超程解除按钮。当机床任一轴超出行程范围，该轴的硬件超程开关被触发，机床进入紧急停止状态，此时按下超程解除按钮，反方向手动将其移出超程区域，然后再按【RESET】键解除超程报警。

3）倍率旋钮说明如下：

① 自动进给/手动进给倍率旋钮用于调整在自动方式下进给速度的倍率为 0%～150%，在手动方式下进给速度的倍率为 0%～100%。

② 快速倍率旋钮用于给定 G00 和手动快速倍率，范围为 50%～100%。

③ 主轴倍率旋钮用于主轴转速的调节，范围为 50%、60%、70%、80%、90%、100%、110%、120%。

4）选择功能按键及指示灯说明如下：

① 【单程序段】键。按下此键，相应的指示灯点亮。自动方式下，按【循环启动】键，程序一段一段地执行。

② 【选择跳段】键。按下此键，相应的指示灯点亮。自动方式下，加工程序中有"/"符号的程序段将被跳过不执行。

③ 【选择停止】键。按下此键，相应的指示灯点亮。自动方式下，加工程序中有 M01 指令被认为具有和 M00 指令同样的功能。

④ 【试运行】键。按下此键，相应的指示灯点亮。自动方式下，加工程序中 F 指令定义的速度将以同样的速度进行，由进给倍率旋钮确定。

⑤ 【机床闭锁】键。按下此键，相应的指示灯点亮。在自动、手动方式下，各轴的运动都锁住，显示坐标位置正常变化。

⑥ 【Z 轴闭锁】键。按下此键，相应的指示灯点亮。在自动、手动方式下，Z 轴的运动都锁住，显示坐标位置正常变化。

5）自动操作按键说明如下：

① 【循环启动】键。在自动或 MDI 方式下，按该按键，相应的指示灯点亮，数控系统将执行程序。

② 【进给保持】键。在循环启动执行过程中，按该按键，相应的指示灯点亮，暂停程序的执行并保持数控系统当前状态。再按该按键，相应的指示灯熄灭，可以继续程序的执行。

6）主轴操作如下：

① 主轴正转。在手动方式下使主轴按 S 指令指定的速度正转。

② 主轴反转。在手动方式下使主轴按 S 指令指定的速度反转。

③ 主轴停止。在任何方式下使主轴立即减速停止。

7）【急停】按钮：在紧急情况下，按该按钮可以使机床全部动作立即停止。

4. 程序编辑操作

程序编辑操作均在 EDIT 方式下进行，因而事先应将机床的工作模式选择旋钮置于 EDIT 方式。

（1）创建程序操作

1）按【PROG】键。

2）按地址键【O】。

3）输入要创建的程序号（共四位数字，第 1 位为 0～8，第 2～4 位为 0～9）。

4）按【INSERT】键。

（2）程序检索操作

1）按【PROG】键，显示多个程序。

2）按地址键【O】和要检索的程序号。

3）按【O SRH】。

4）检索结束后，检索到的程序号显示在屏幕右上角。如未找到该程序，则会出现报警。

（3）插入、替换和删除操作

1）按【PROG】键。

2）选择要编辑的程序。

3）用【PGUP】和【PGDN】键及光标移动键找到要编辑的字符。

4）执行插入、替换和删除等操作。

（4）删除一个程序的操作

1）按【PROG】键，显示程序界面。

2）输入地址键【O】。

3）输入要删除的程序号。

4）按【DELETE】键，则该程序被删除。

（5）手持脉冲发生器操作　手持脉冲发生器也称手轮，其顺时针、逆时针方向转动时，对应轴的移动方向，具体操作如下：

1）将机床的工作模式选择旋钮置于手轮方式。

2）在电子手轮（手摇电子脉冲发生器，简称 MPG）上旋转轴选择旋钮，选择要移动的轴（X、Y、Z）。

3）在电子手轮上旋转轴移动速度倍率旋钮，选择要移动轴的速度倍率（×1、×10、×100）。

4）旋转电子手轮即可移动所选择的轴。

（6）JOG 进给操作　JOG 方式是在手动方式下使机床坐标轴移动，方法如下：

1）将机床的工作模式选择旋钮置于手动位置。

2）将轴选择旋钮置于要移动的轴的位置上。

3）按下【JOG +】或【JOG -】键，则被选轴会按照快速倍率旋钮设定的速度连续移动。

4）松开【JOG +】或【JOG -】键，则被选轴停止移动。

（7）MDI 方式操作　MDI 方式是手动输入程序段，机床自动按照输入的程序段指令运行，方法如下：

1）将机床的工作模式选择旋钮置于数据输入位置，此时屏幕显示为 MDI 界面。

2）在命令行输入程序段，例如，"G90　G01　G54　X0　Y0　F1000;"后按【INSERT】键插入。

3）按下【自动循环启动】按钮，此时机床按照输入的指令运动。上例中，机床将运动到 G54 指令指定的坐标系原点，用这种方式可以验证对刀设定的工件坐标是否正确。

（8）机床回参考点　机床坐标系是机床上固有的坐标系，机床制造商已经设定好坐标系原点。对于由配置相对编码器的伺服电动机驱动的数控机床来说，每次上电后机床各数控轴需要返回一固定参考点来重新标定机床坐标系原点，该参考点可以和机床坐标系原点重合。回参考点后，由于各轴实际位置的坐标数值显示为零，所以机床返回参考点也称为"回零"。通常机床各个数控轴的工作行程在坐标轴的负半轴，因而返回机床参考点是向正方向回零。

1) DXK45 数控铣床在以下四种情况下必须进行返回参考点操作：一是开机后，二是急停后，三是电网突然断电后，四是机床闭锁解除后。

2) DXK45 数控铣床返回参考点操作的方法与步骤。

① 用手动方式或手轮方式将各个坐标轴先移至"-50"左右的位置。

② 将机床的工作模式选择旋钮置于回零位置。

③ 旋转轴选择旋钮，选择轴名称（注意，先使 Z 轴返回参考点，然后操作其他轴）。

④ 按【JOG +】键。

注意：各轴回参考点未完时，不可进行其他操作。

六、DXK45 数控铣床实操

1) 机床上电，进行关机训练。

2) 进行机床回参考点操作训练，理解回参考点的意义和注意事项。

3) 在 MDI 方式下，进行主轴起动、停止训练。

4) 用电子手轮移动 X、Y、Z 轴训练，掌握进给倍率旋钮对进给速度的控制。

5) 手动轴移动操作训练，感知轴移动方向、速度。

6) 手动输入下列程序并进行编辑，认识、理解各个按键和旋钮的功能。

O0001；
N10　G54　G90　G40　G49　G80；
N20　T01　M06；
N30　M03　S800；
N40　G00　X0　Y0；
N50　Z10；
N60　G01　Z-5　F100；
N70　X50　F200；
N80　Y50；
N90　X-50；
N100　Y-50；
N110　X50；
N120　Y0；
N130　X0；
N140　G00　Z100；
N150　M05；
N160　M30；

七、DXK45 数控铣床实操评价

DXK45 数控铣床实操评价可参考表 4-3。

表 4-3　DXK45 数控铣床实操评价表

评价项目	评价内容	分值	自我评价	小组评价	教师评价	总评
理论知识	1. 车间环境下的安全认知	10				
	2. DXK45 数控铣床基本组成	5				
	3. 数控铣床坐标系命名	5				
实操技能	1. MDI 操作	5				
	2. 回参考点操作	10				
	3. 电子手轮操作	5				
	4. 手动模式操作	5				
	5. 程序输入编辑操作	10				
文明生产	1. 正确开、关机	10				
	2. 设备维护	5				
	3. 环境卫生	5				
工作态度	1. 出勤情况	10				
	2. 车间纪律	10				
	3. 团队协作精神	5				

思 考 题

1. 简述单立柱数控铣床坐标定义的方法。
2. 对于配置相对编码器伺服电动机驱动的数控铣床来说，开机回参考点的作用是什么？
3. 数控铣床的日常维护包括哪几项内容？

课题二　DXK45 数控铣床编程

一、实训教学目标与要求

1）了解数控铣削加工走刀路线选定的原则和 DXK45 数控铣床常用指令。
2）掌握 DXK45 数控铣床程序编制和程序校验的方法。

二、DXK45 数控铣床程序编制内容

1. 工艺分析

根据零件图，对零件材料、形状、尺寸、精度及热处理要求进行分析，根据数控铣床技术参数和指令功能，合理选择加工方案，确定加工顺序和加工路线，确定装夹方案和夹具，选择刀具、量具及切削参数等。

（1）铣削加工路线的确定原则　数控铣削加工中，用刀具上某一特殊的点描述刀具移动轨迹，如铣刀端面圆心、球头铣刀球心，这些点称为刀位点。刀位点相对于工件运动的轨迹称为加工路线。编程首先应确定加工路线，加工路线不同，加工效率、精度都会受到影响。确定加工路线的主要原则如下：

1）加工路线应以保证加工精度和表面质量为前提。
2）加工路线应以程序运行时间短、空走刀时间短、加工效率高为目标。
3）加工路线应利于简化和优化数值计算，减少编程工作量。

（2）凸台工件铣削加工路线　刀具切入工件时，应避免在工件外轮廓上法向切入，因为法向力过大及程序段间停顿会产生刀痕，所以刀具应沿外轮廓延长线切向或外切圆弧切入，保证零件轮廓表面宏观质量。

刀具切出工件时，如果在工件轮廓上直接退刀，同样会由于刀具弹性变形恢复和程序段间停顿等因素，使工件轮廓表面出现刀痕。因此，刀具切出时，也应该沿工件轮廓延长线的切向或外切圆弧切离工件，如图 4-2 所示。

（3）封闭内腔工件铣削加工路线　铣削封闭内腔轮廓时，当内轮廓曲线允许延长时，应沿切线方向切入、切出；当内轮廓曲线无法延长时，刀具应沿轮廓曲线的内切圆弧切入、切出，如图 4-3 所示。

（4）夹具校正及工件装夹

1）机用平口钳校正。数控铣床常用的夹具是机用平口钳。在工作台上安装机用平口钳时，应将钳口定位平面与 X 轴移动方向平行，并校正。校正时，先把机用平口钳固定在工作台上，将磁力表座固定在主轴箱体

机用平口钳的装夹与校正

上,用杠杆百分表测头接触机用平口钳定位钳口,移动数控铣床 X 轴,根据表的示值调整钳口,使之与 X 轴方向的平行度公差小于 0.02mm/100mm 即可。

2)工件装夹。采用机用平口钳装夹工件时,为了使工件表面与工作台面平行,可在工件下面垫标准垫铁,垫铁的宽度不宜超过工件宽度的 1/2,预夹紧后,用橡胶锤敲击工件,使之可靠地与垫铁接触,再夹紧工件。

铣床上工件的装夹方法

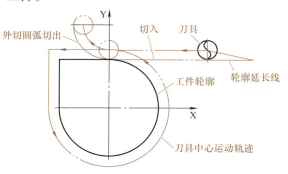

图 4-2 凸台工件铣削加工路线　　图 4-3 封闭内腔工件铣削加工路线

(5)切削用量的确定　切削用量主要包括背吃刀量、主轴转速(切削速度)和进给速度(进给量)。

1)背吃刀量。背吃刀量应根据机床、夹具、刀具和工件的刚度来确定。在刚度许可的范围内,应以提高生产率为主,选择较大的背吃刀量。精加工时,主要考虑保证加工质量,选择较小的背吃刀量。

2)主轴转速。根据允许的切削速度 v 选取,计算公式为

$$n = \frac{1000v}{\pi d}$$

式中　d——铣刀直径;

n——其值由 "M03 S_" 指令在程序中给出。

3)进给速度。根据主轴转速 n、刀齿每转进给量 f_0 和刀具齿数 z 而定,计算公式为 $F = f_0 z n$。f_0 值参照表 4-4 选取。机床操作面板上,有主轴和进给速度的倍率旋钮,可在加工过程中随时对其进行调整。

表 4-4　刀齿每转进给量 f_0 参照表　　　　　　　　　　(单位:mm)

工件材料	粗铣		精铣	
	高速钢铣刀	硬质合金铣刀	高速钢铣刀	硬质合金铣刀
钢	0.1~0.15	0.1~0.25	0.02~0.05	0.1~0.15
铸铁	0.12~0.2	0.15~0.3		

2. 数值计算

根据零件图的几何尺寸确定工艺路线并设定工件坐标系,计算工件坐标数值,同时按照工艺要求计算粗加工、精加工时的工艺参数。

工件坐标系是编程时设定的坐标系，它与前面所述的机床坐标系无关，只与零件图上的几何形状和标注的尺寸有关。针对零件图，工件坐标系原点的确立是任意的，但为了编程和加工需要，在建立工件坐标系时，应注意以下几点。

1）工件坐标系的建立应使设计基准和工艺基准（即工件安装基准）重合，以利于保证加工精度。

2）建立工件坐标系时应尽可能采用对称中心作为工件坐标系原点，以简化坐标数值计算，便于数值处理。

3）建立工件坐标系时应尽可能利用机床夹具上的对刀基准，以便于大批量生产。

3. 加工程序的编制

加工路线、工艺参数及工件坐标系确定后，就可以按照数控系统规定的功能指令和程序格式，逐段编写程序。对于零件形状复杂、编程量大的程序，也可以使用 CAM 软件进行自动编程。初学者应从简单的轮廓开始，练习手工编程。

4. 程序输入与程序校验

将编制好的程序以人工或通信的方式输入或传输到机床数控系统的程序存储器中，经过程序校验后，才能进行试加工。

程序校验是利用数控系统提供的图形模拟功能，动态地描述走刀路线和轨迹。编程者通过观察屏幕上的刀具轨迹，确认走刀路线是否与所加工工件几何形状一致或相似，判断程序的正确性。

DXK45 数控铣床程序图形模拟校验操作步骤如下：

1）程序编辑完成后，在编辑状态下按【RESET】键，使光标置于程序前端。

2）按下【机床闭锁】键（机床闭锁指示灯点亮），按下【试运行】键（此时试运行指示灯点亮）。

3）旋转【方式选择】旋钮至【自动】位置。

4）按【GRAPH】键，显示图形界面。

5）按下【循环启动】绿色按键，程序校验开始，机床坐标系会正常显示坐标数值的变化，而机床实际轴不动，同时图形显示界面显示刀具轨迹。

三、DXK45 数控铣床常用指令

1. 程序名称格式

格式：O 1 2 3 4

其中，第 1 位数字 0~8，第 2~4 位数字 0~9，按照指令格式编程。

2. G 指令的应用

（1）坐标系指令　G90 指令为绝对坐标指令，G91 指令为相对坐标指令，G92 指令为坐标系设定指令；G54~G59 指令为坐标系选择指令；G17、G18、G19 指令为坐标平面选择指令。

（2）快速移动指令 G00　其格式如下：

格式：G00　X＿　Y＿；

（3）直线插补指令 G01　其格式如下：

格式：G01 X＿　Y＿　Z＿　F＿；

（4）圆弧插补指令　包括顺时针圆弧插补指令和逆时针圆弧插补指令。

1) G02 顺时针圆弧插补指令。

格式：G02　X_　Y_　F_　R_；

或 G02　X_　Y_　I_　J_　F_；

2) G03 逆时针圆弧插补指令。

格式：G03　X_　Y_　F_　R_；

或 G03　X_　Y_　I_　J_　F_；

(5) 刀尖圆弧半径补偿指令　其格式如下：

格式：G17　G41（或 G42）　G00（或 G01）　X_　Y_　D_；

……

G00（或 G01）　G40　X_　Y_；

(6) 注意事项　DXK45 数控铣床调用刀尖圆弧半径补偿指令的注意事项如下：

1) 初始建立刀尖圆弧半径补偿，只能在 G00 或 G01 指令中建立。

2) 刀补建立得是否正确、合理，与下段程序指令指定的运动方向有直接关系，所以应尽可能避免刀具路径出现锐角。

3) 建立刀尖圆弧半径补偿的过程中，移动指令只能在 G17 指令指定的平面中，也就是说只能移动 X、Y 或其中之一。

4) 建立刀尖圆弧半径补偿后，Z 轴不能连续移动两次以上，否则会使刀尖圆弧半径补偿丢失。

5) 建立刀尖圆弧半径补偿后，应尽可能避免在 G00/G01 指令下来回移动，因为即使 Z 轴抬起也有可能出现过切或不可预知的路径错误。

6) 刀尖圆弧半径补偿建立后，刀尖圆弧半径补偿注销指令 G40 也应在移动 G00 或 G01 下进行。

7) 刀尖圆弧半径补偿应在起刀点和切入点之间建立完成。

8) 圆弧退刀切出工件时，设定的圆弧半径 R 值应该大于刀尖圆弧半径补偿地址中给定的最大补偿值，否则会出现过切。

9) 刀尖圆弧磨损后，可以在刀具磨耗中填入磨耗量。

3. M 指令

M 指令功能及说明见表 4-5。

表 4-5　M 指令功能及说明

指令	功能	说明
M00	程序停止	用 M00 指令停止程序的执行，按【循环启动】键后程序继续执行
M01	程序有条件停止	与 M00 指令一样，但仅在按下【选择停止】功能键后才生效
M02	程序结束	在程序的最后一段被写入
M03	主轴正转	
M04	主轴反转	
M05	主轴停止	
M08	切削液开	
M09	切削液关	
M30	程序结束并回到程序起点	

4. S 指令应用

格式：M_　S_；

S 后应指定主轴转度（r/min）。程序段中只能含一个 S 指令。

四、DXK45 数控铣床编程实训

按照图 4-4 所示的零件形状、尺寸和技术要求，根据所学的指令进行编程、输入、编辑程序，并进行模拟校验。

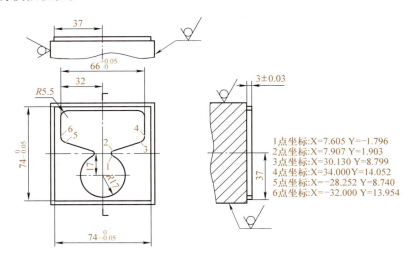

图 4-4　数控铣削编程实训件

五、DXK45 数控铣床编程实训评价

可参考表 4-6 对 DXK45 数控铣床编程实训进行评价。

表 4-6　DXK45 数控铣床编程实训评价表

评价项目	评价内容	分值	自我评价	小组评价	教师评价	总评
理论知识	1. 指令格式及加工路线	5				
	2. 基础知识融会情况	5				
	3. 图样分析	5				
	4. 加工工艺	5				
	5. 程序编制	5				
实操技能	1. 指令格式正确性	10				
	2. 加工路线合理性	5				
	3. 程序编制	10				
	4. 程序输入编辑操作	5				
	5. 程序模拟校验	5				

（续）

评价项目	评价内容	分值	自我评价	小组评价	教师评价	总评
文明生产	1. 正确开、关机	10				
	2. 设备维护	5				
	3. 环境卫生	5				
工作态度	1. 出勤情况	10				
	2. 车间纪律	5				
	3. 团队协作精神	5				

思 考 题

1. 确定铣削加工走刀路线的一般原则是什么？
2. 在应用刀尖圆弧半径补偿指令时应注意哪些问题？

课题三 孔加工循环指令应用

一、实训教学目标与要求

1）掌握孔加工循环指令格式。
2）掌握一般孔加工动作方式。
3）熟练应用孔加工固定循环指令编程。

二、基础知识

孔加工是数控加工中最常见的加工工序，数控铣床通常具有钻孔、镗孔、铰孔和攻螺纹等功能，其动作包括孔位平面定位、快速引进、工作进给、快速退回等。一系列典型的加工动作已经被预先编好程序，存储在内存中，调用固定循环的一个 G 代码即可完成。该类指令为模态指令，使用这些指令编程加工孔时，只需给出第一个孔的加工参数，接着加工的孔凡是与第一个孔相同的参数均可省略，这样可极大地提高编程效率。

三、孔加工固定循环指令

孔加工固定循环由六个顺序动作组成，如图 4-5 所示：动作 1，刀具定位；动作 2，快速移动到 R 点；动作 3，工进孔加工；动作 4，刀具在孔底的动作；动作 5，刀具返回到 R 点；动作 6，刀具快速返回到孔加工循环初始位置。

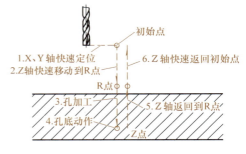

图 4-5 孔加工固定循环

常见指令如下：
1）G81 钻孔循环指令。
格式：G81 X_ Y_ Z_ R_ F_;
2）G73 高速排屑钻孔循环指令。
格式：G73 X_ Y_ Z_ R_ Q_ F_;
3）G83 排屑钻孔循环指令。
格式：G83 X_ Y_ Z_ R_ Q_ F_;
4）G80 取消固定循环指令。
5）G98 固定循环返回到初始点指令。
6）G99 固定循环返回到 R 点指令。

G90/G91 指令

四、G90/G91 和 G98/G99 对孔加工循环指令执行的影响

在孔加工循环指令执行中主要有 G90/G91 和 G98/G99 指令，会对孔加工循环指令执行过程中的刀具返回产生影响。

G90/G91 指令对钻孔循环的影响体现在对循环指令中参数 Z 和参数 R 数值的影响。

G90 指令绝对值方式下，孔加工参数 Z 表示 Z 向孔底的位置，参数 R 表示 Z 方向 R 点的位置。

G91 指令增量方式下，孔加工参数 Z 表示指定从 R 点到孔底的距离，参数 R 指定从初始点到 R 点的距离。

G90/G91 指令对孔加工固定循环的影响如图 4-6 所示。

G98 模态指令下，孔加工完成后，Z 轴返回起始点，该起始点是由上一个距离钻孔循环指令最近的程序段中的 Z 坐标来确定的；G99 模态指令下，孔加工完成后，Z 轴返回 R 点，如图 4-7 所示。

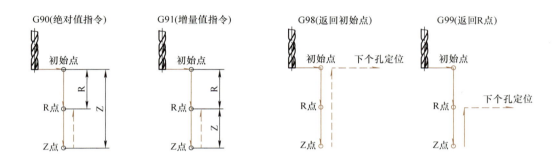

图 4-6　G90/G91 指令对孔加工固定循环的影响　　图 4-7　G98/G99 指令对孔加工固定循环的影响

一般如果被加工的孔在一个平整的平面上，R 点设定非常靠近工件表面，可用 G99 指令，让前一个孔加工完成后刀具返回 R 点，进行下一个孔的加工，这样可缩短加工的非切削时间，提高加工效率。但当被加工的孔所在表面有凸台或台阶等时，使用 G99 指令可能使刀具和工件表面碰撞，这时可使用 G98 指令，使 Z 轴返回初始点后再进行下一个孔的定位，这样会比较安全。

五、孔加工固定循环指令参数

1. 被加工位置参数 X、Y

以增量方式或绝对值方式指定被加工孔的位置。此时，刀具向被加工孔位置运动的轨迹和速度与 G00 指令相同。

2. 参数 Z

在绝对值方式下指定沿 Z 方向孔底的位置，增量方式下指定从 R 点到孔底的距离。

3. 参数 R

在绝对值方式下指定沿 Z 方向 R 点的位置，增量方式下指定从初始点到 R 点的距离。

4. 参数 Q

用于指定深孔钻削循环 G73 和 G83 指令中的每次进刀量，精镗循环 G76 指令和反镗循环 G87 指令中的偏移量（无论 G90/G91 是否模态，总是增量指令）。

5. 参数 F

用于指定固定循环中的切削进给速率，在固定循环中，从初始点到 R 点及从 R 点到初始点的运动为以快速进给的速度进行；从 R 点到 Z 点的运动以 F 指定的切削速度进行，而从Z点返回R点的运动则根据固定循环的不同，以F指定的速率或快速进给速率进行。

六、孔加工编程实训

图4-8所示为孔加工编程实训件。

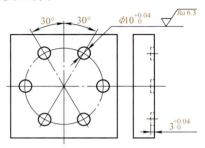

图4-8 孔加工编程实训件

七、DXK45数控铣床孔加工编程实训评价

可参考表4-7对用DXK45数控铣床孔加工编程实训进行评价。

表4-7 DXK45数控铣床孔加工编程实训评价表

评价项目	评价内容	分值	自我评价	小组评价	教师评价	总评
理论知识	1. 孔加工循环指令理解情况	5				
	2. 基础知识融会情况	5				
	3. 孔加工切削参数选择	5				
	4. 加工工艺	5				
	5. 程序编制	5				
实操技能	1. 指令格式正确性	10				
	2. 加工路线合理性	5				
	3. 程序编制正确性	10				
	4. 程序输入编辑操作	5				
	5. 程序模拟校验	5				
文明生产	1. 安全操作	10				
	2. 设备维护、运行记录	5				
	3. 环境卫生	5				
工作态度	1. 出勤情况	10				
	2. 车间纪律	5				
	3. 团队协作精神	5				

思 考 题

1. 简述孔加工固定循环指令G81执行的动作过程。
2. 钻孔固定循环指令中，在G90指令下，参数R与参数Z的值关系怎样？各自的含义是什么？

课题四　建立工件坐标系并对刀

一、实训教学目标与要求

1）掌握对刀建立工件坐标系的方法。
2）掌握试切法对刀的方法。

二、数控铣床对刀

程序编制完成后，要把程序和机床联系起来，就要进行对刀。对刀是数控铣床加工的重要技能，其实质是测量编程时设定的工件坐标系原点与固有的机床坐标系原点之间的偏移距离，并以刀具上特定的点为参照，设置工件坐标系原点在机床坐标系中的坐标，使工件在机床上有确定的位置，使所编制的程序中的坐标与机床坐标建立关系，也就是把工件坐标系原点确定在机床坐标系中。

刀具上特定的点称为刀位点。如圆柱立铣刀，刀位点指切削刃端面中心；球头铣刀，刀位点指刀具球头部分的球心；钻头的刀位点指钻尖或钻头底面中心。

在大批量生产中，当工件夹具在工作台上的位置确定后，工件在工作台上的位置就确定了。由于建立工件坐标系是以夹具上的定位元件作为编程原点的，所以在对刀时，即可直接以夹具的定位元件为对刀基准进行对刀操作。

三、对刀操作前应进行的工作

1）确认工件夹具在机床上已经校正。
2）将工件或毛坯准确装夹在夹具上，并保证切削时刀具不会与夹具或工作台等发生干涉。
3）确认机床闭锁解除。
4）确认机床已经进行了回参考点操作。

四、数控铣床对刀常用工具

常用的数控铣床对刀工具有寻边器、Z轴设定器、机内对刀仪、对刀块、标准芯轴、塞尺、百分表（千分表），以及试切刀具等。使用各种工具对刀的思路与方法基本相同，可根据工件形状、工件坐标系原点位置、加工精度、现场条件等选择不同的工具或其组合来完成对刀操作。

对于 X、Y 轴，若工件坐标系原点设在毛坯对称中心，常用磁座式百分表、寻边器对刀；当毛坯表面是加工面时，可用试切刀具、标准芯轴及塞尺组合等进行对刀；工件坐标系原点设在基准孔中心的工件，则用杠杆百分表或寻边器对刀较为方便。

对于 Z 轴，通常使用 Z 轴设定器、塞尺或对刀规来完成对刀。

五、数控铣床对刀操作

FANUC 系统对刀操作

数控铣床对刀的准确程度直接影响加工精度,因此对刀操作一定要仔细,对刀方法一定要与零件加工精度要求相适应。当零件加工精度要求高时,可用千分表找正对刀,使刀位点与对刀点一致(一致性好,对刀精度就高),用这种方法对刀需要的时间长、效率低。目前数控铣床或加工中心采用光学或电子装置对刀。

1. 杠杆百分表对刀

工件原点设定在基准孔或外圆中心时,采用杠杆百分表(或千分表)对刀,如图 4-9 所示。

1)安装工件,将工件或毛坯装夹在工作台夹具上,用手动方式使 Z 轴回参考点。

2)对 X、Y 轴的原点。将百分表安装在刀柄上或卸下刀柄,将百分表的磁力表座吸附在主轴套筒上,移动工作台使主轴中心(即刀具中心)大致对准工件的中心,调节磁力表座上伸缩杆的长度和角度,使百分表的测头接触工件的内孔表面(或外圆面)并沿圆周移动,观察百分表的指针偏移情况,慢慢移动工作台的 X 轴和 Y 轴,反复多次后,待转动主轴时百分表的指针基本指在同

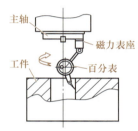

图 4-9 杠杆百分表对刀

一位置,其指针的跳动量在允许的对刀误差内,如 0.02mm,此时可认为主轴旋转中心与被测孔或外圆中心重合。这时的 X 轴、Y 轴坐标就是工件坐标系原点。

3)保持 X、Y 坐标不动,按下操作面板上的【OFFSET SETTING】键,接着按下显示屏下方显示中对应的【坐标】软键,移动光标至 G54(或 G55\G56\G57\G58\G59)的 X 坐标处,输入 X 0,再按显示屏下方的对应软键【测量】,此时 G54 中 X 坐标即变为当前机床坐标的 X 值;同样,移动光标到 G54 中的 Y 坐标上,输入 Y 0,再按显示屏下方的对应软键【测量】,此时 G54 中 Y 坐标即变为当前机床坐标的 Y 值。至此,工件坐标系原点在机床坐标系中的坐标就被写到 G54 中了。

这种操作方法比较复杂,效率低,但对刀精度高,对被测孔的精度要求也较高,对粗加工后的孔不宜采用。

2. 试切法对刀操作

当工件坐标系原点设置在工件对称中心,且对刀精度要求不高时,为方便操作,可以采用加工时使用的刀具直接进行试切对刀,如图 4-10 所示。

1)将工件或毛坯准确装夹在工作台的夹具上。

2)手动返回参考点。

3)在刀柄上安装好要使用的铣刀并使主轴中速正转。

4)手动移动铣刀沿 X 方向靠近工件被测边,直到铣刀周刃轻微接触工件侧表面,此时可听到切削刃与工件表面的摩擦声(但没有切屑),如图 4-10a 所示。

5)保持 X 坐标不变,在综合坐标显示下,按下字母键【X】,此时显示屏显示的相对坐标 X 闪烁,按下显示屏下方【起源】软键,则相对坐标 X 的值被置 0;再按下字母键【Z】,此时显示屏显示的相对坐标 Z 闪烁;之后按下显示屏下方【起源】软键,则相对坐标

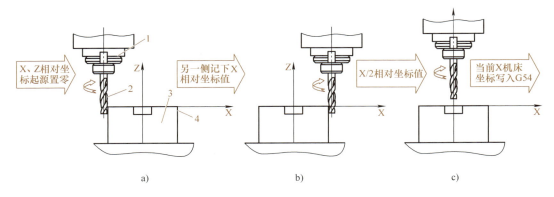

图 4-10 试切法对刀

a) X、Z 相对坐标起源置零　b) 刀具沿 X 值移动到右侧　c) 刀具沿 X/2 值移动到工件中心

1—主轴　2—刀具　3—工件　4—对刀纸

Z 的值被置 0。

6) 将铣刀沿 +Z 向退离工件。

7) 使刀具沿 X 方向移动到工件另一侧，下移铣刀到 Z 相对坐标为 0 处，再移动 X 向，直到铣刀周刃轻微接触工件另一侧表面，此时可听到切削刃与工件表面的摩擦声（但没有切屑），如图 4-10b 所示。

8) 保持 X 坐标不变，将铣刀沿 +Z 向退离工件，记下当前的 X 相对坐标值。

9) 将铣刀移动到相对坐标显示的 X 值 1/2 处，保持 X 坐标，如图 4-10c 所示。

10) 按下操作面板【OFFSET SETTING】键，接着按下显示屏下方显示中对应的【坐标】软键，移动光标至 G54（或 G55\G56\G57\G58\G59）的 X 坐标处，输入 X 0，再按显示屏下方对应【测量】软键，此时 G54 中的 X 坐标即变为当前机床坐标的 X 值。

11) 改变方向，针对 Y 轴，重复以上操作，对 Y 坐标。

这种对刀方法比较简单，适用于熟练的操作者，但对刀精度不够高。为了避免刀具在工件侧面留下刀痕，可在工件对刀的侧面贴上同样厚度的小纸片，会起到与芯轴和塞尺同样的对刀效果。

3. 采用寻边器对刀

其操作步骤与采用试切法对刀相似，只是将刀具换成了寻边器。在坐标计算时，应注意寻边器的球头半径值。这种对刀操作简便，对刀精度较高，具体操作方法可参考试切法。

4. 刀具 Z 向对刀

刀具 Z 向对刀数据与刀具在刀柄上的安装长度及共建坐标系的 Z 向零点位置有关，它确定工件坐标系原点在机床坐标系中的位置。可以采用刀具直接碰刀对刀，也可利用 Z 向设定器进行精确对刀。对刀时，将刀具的端刃与工件上表面或 Z 向设定器的测头接触，利用机床坐标的显示来确定对刀值。当使用 Z 向设定器时，要将 Z 向设定器的高度考虑进去。

5. 对刀注意事项

1) X、Y、Z 轴对刀顺序可以任意选择。

2) 当采用试切法进行 X、Y 方向对刀时，如果毛坯尺寸精确，当工件坐标系原点设置在工件对称中心时，可以只采用铣刀触碰一侧，通过计算得出工件坐标系原点与当前刀具中心的距离 L，在存入 G54（或 G55\G56\G57\G58\G59）中时，输入 X ± L（或 Y ± L，刀具中心在工件坐标轴正方向时为 + L，在工件坐标轴负方向时为 – L）。

3）工件坐标系在机床坐标系中建立好后，刀具和工件的相对位置已被系统记忆，当工件在工作台上的位置变化后，或者刀具在主轴上的相对长度变化后（如重新换刀），必须重新对刀建立工件坐标系。

4）工件坐标系在机床坐标系中建立好后，用 G54～G59 指令设定的工件坐标系原点位置不会因机床断电而消失。

5）程序指令中应用的工件坐标应与 G54～G59 指令设定的一一对应，即通过对刀可将工件原点与机床坐标的偏置值输入到 G54～G59 六个不同的存储器中，也可以认为在机床坐标系中可建立六个不同的工件坐标系。

6）可以在 NO.00 处设定六个坐标系的外部总偏置值。

7）工件坐标系原点在机床坐标系中的 X、Y、Z 坐标存放在 G54～G59 中，G54/G55/G56/G57/G58/G59 为模态指令，可以相互注销。

格式：G54　G90　G00（G01）　X_ Y_ Z_ F_；

六、数控铣床加工实训

1）熟悉机床操作面板及按键功能。
2）按图 4-11 所示工件编写加工程序。
3）输入程序，编辑、修改程序，并进行模拟校验。
4）按图 4-11 所示要求，建立工件坐标系并加工工件。

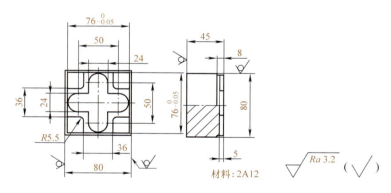

图 4-11　建立工件坐标系并加工练习件

七、建立工件坐标系并加工实训评价

建立工件坐标系并加工实训评价见表 4-8。

表 4-8　DXK45 数控铣床建立工件坐标系并加工实训评价表

评价项目	评价内容	分值	自我评价	小组评价	教师评价	总评
理论知识	1. 加工路线	5				
	2. 基础知识融会情况	5				
	3. 图样分析	5				
	4. 切削参数合理选择	5				
	5. 程序编制	5				

(续)

评价项目	评价内容	分值	自我评价	小组评价	教师评价	总评
实操技能	1. 主要尺寸正确性	5				
	2. 加工路线合理性	5				
	3. 试切加工步骤完整性	10				
	4. 切削参数合理选择	5				
	5. 对刀操作正确程度	10				
文明生产	1. 安全文明生产	10				
	2. 设备维护、运行记录	5				
	3. 环境卫生	5				
工作态度	1. 出勤情况	10				
	2. 车间纪律	5				
	3. 团队协作精神	5				

思 考 题

1. 对刀操作有什么作用？对刀方法有哪些？
2. 简述试切法对刀的步骤。
3. 在机床坐标系中可建立哪几个不同的工件坐标系？

课题五　凸台类工件加工实训

一、实训教学目标与要求

1）掌握凸台类工件数控铣削加工指令。
2）掌握凸台类工件数控铣削加工程序编制和程序校验的方法。

二、凸台类工件加工实例 1

用数控铣床加工凸台类工件，如图 4-12 所示。

1. 数控铣床加工凸台工件分析

工件基本形体为正方体，凸台高度为 $(5±0.05)$ mm，长、宽尺寸为 $(74±0.1)$ mm × $(74±0.1)$ mm，四个角有 $R10$mm 的圆弧，表面粗糙度值为 $Ra3.2\mu$m。

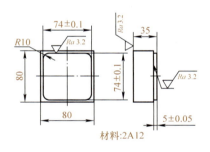

图 4-12　数控铣削凸台工件 1

2. 数控铣床加工凸台工件的加工方案

拟采用先粗铣、再精铣的方法完成凸台加工。在轮廓粗、精铣时，可利用数控系统刀具补偿功能，通过 D01 和 D02 中的刀具补偿值实现补偿。毛坯材料为 2A12，可以不加注切削液。

粗加工：铣深 4.5mm，轮廓铣削 75mm×75mm 周边。
精加工：铣深 0.5mm，轮廓铣削 74mm×74mm 周边。

3. 工件装夹

该工件毛坯为型材方料，要求加工出 74mm×74mm 并有圆弧过渡的方凸台，可采用机用平口钳装夹毛坯，毛坯高出机用平口钳 10mm。

4. 刀具、切削用量的选择

根据工件材料和精度要求，选择直径为 $\phi 10$mm 高速钢键槽铣刀。由于毛坯尺寸余量不大，所以粗、精铣进给速度 F 值不变；由于深度尺寸要求较高，可通过设置总体坐标系偏移中的 Z 值来控制。工艺顺序见表 4-9。

表 4-9 铣削加工凸台工件的工艺顺序

工序内容	刀具名称	刀补号	主轴转速 /(r/min)	进给速度 /(mm/min)	切削深度 /mm
粗铣	φ10mm 键槽铣刀	D01 = 6	800	100	4.5
精铣		D02 = 5	1000		0.5

5. 工件坐标系的设定及点坐标计算

如图 4-13 所示，以对称中心为 X、Y 轴原点，毛坯表面为 Z 轴原点。

6. 数控铣削加工路线的确定

从毛坯面加工开始，采用逆铣较为合理，所以起刀点设在（100,37）处，在起刀点与切入点（50,37）之间的中间点（80,37）施加刀具右补偿。

7. 数控铣削加工程序的编制

凸台工件 1 数控铣削加工程序见表 4-10。

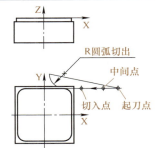

图 4-13 对称中心为 X、Y 轴原点

表 4-10 凸台工件 1 数控铣削加工程序

程 序	说 明
O1234；	主程序
G90 G54 G80 G40 G49 G17；	初始化程序段
G00 Z100；	刀具抬起
G01 X100 Y37 F1000；	刀具定位于起刀点
Z50 M03 S800；	主轴正转，刀具下至工件表面 50mm 处
Z-4.5 F300；	刀具缓慢移动至粗铣削深度 4.5mm
G42 X80 D01 F1000；	中间点建立刀补，粗铣轮廓 D01=6
M98 P1000；	调用子程序
M03 S1000；	主轴转速提高至 1000r/min
Z-5 F1000；	精铣深度 0.5mm
G42 X80 D02 F1000；	中间点建立刀补，精铣轮廓 D02=5
M98 P1000；	调用子程序
G00 Z100 M05；	主轴停，抬刀至起始高度
G91 G28 Y0；	Y 轴回参考点，使工作台靠近操作者
M30；	程序结束
O1000	子程序
X50；	刀具到达切入点
X-27 F100；	
G03 X-37 Y27 R10；	
G01 Y-27；	
G03 X-27 Y-37 R10；	
G01 X27；	
G03 X37 Y-27 R10；	
G01 Y27；	
G03 X27 Y37 R10；	
G02 X7 Y57 R20；	切出大圆弧，避免直接退刀留刀痕
G00 Z50；	抬刀至工件表面 50mm 处
G01 G40 X100 Y37 F2000；	取消刀补，返回起点
M99；	子程序结束并返回

三、凸台类工件加工实例 2

用数控铣床加工凸台工件，如图 4-14 所示。

1. 工件分析

工件基本形体为长方体，凸台形状如扇形，由 R50mm、R20mm、R30mm 三段圆弧组成，高度为 5mm，长、宽尺寸为 85mm×105mm，表面粗糙度值为 $Ra1.6\mu m$。

2. 工艺分析

1）工件加工要素为外凸台。

2）利用刀具半径补偿功能完成工件的粗、精加工。

3）加工工艺的确定。

① 加工刀具：直径 $\phi 12mm$ 的立铣刀。

② 切削用量：选择主轴转速为 600r/min，进给速度为 200mm/min。

③ 加工路线如图 4-15 所示。

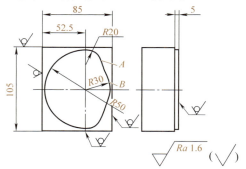

图 4-14 数控铣削凸台工件 2　　图 4-15 铣削凸台工件的加工路线

④ 工件的装夹、定位：采用机用平口钳装夹。

3. 加工程序的编制

（1）确定工件坐标系　如图 4-14 所示，选择凸台大圆的圆心为工件坐标系 X、Y 轴原点，工件表面为 Z 轴原点，建立工件坐标系。

（2）数学处理　在编制程序之前要计算每一圆弧的起点坐标和终点坐标，有了坐标值才能正式编程。通过计算，基点坐标分别为 $A(18.856,36.667)$、$B(28.284,10.000)$。

（3）工件加工程序编制　根据算得的基点坐标和设定的工件坐标系，编制工件加工程序，参考程序见表 4-11。

表 4-11　凸台工件 2 数控铣削加工程序

程　　序	说　　明
%2000;	主程序
N01　G54　G90　G40　G49　G80;	初始化程序段
G01　Z100　F1000;	刀具抬起
N02　G00　X80　Y50;	刀具定位于起刀点
N03　M03　S600;	主轴正转，转速为 600r/min
N04　G00　Z10;	

(续)

程　　序	说　　明
N05　G01　Z－5　F200；	
N06　G01　G42　D01　X50　F1000；	建立刀补 D01＝18，去除余量
M98　P1000；	
G01　G42　D02　X50　F1000；	粗加工 D02＝6.5，留 0.5mm 加工余量
X45；	
Z－5　F500；	
M98　P1000；	
G01　G42　D03　X50　F1000；	粗加工 D03＝6，精加工
X45；	
Z－5　M03　S800　F500；	主轴转速为 800r/min
M98　P1000；	
Z100　M05；	
G91　G28　Y0；	Y 轴返回参考点，即工作台前移
M30；	
％1000；	子程序
X0　F100；	轮廓切线切入
N07　G03　X0　Y－50　R50；	半圆加工
N08　G03　X18.856　Y－36.667　R20.0；	
N09　G01　X28.284　Y－10.0；	
N10　G03　Y10.0　R30.0；	
N11　G01　X18.856　Y36.667；	
N12　G03　X0　Y50　R20；	
N13　G02　X－20　Y70　R20；	圆弧切出
N15　G00　Z50；	
G00　G40　Y80；	
X80　Y50；	
M99；	

4. 输入程序并校验后进行加工

略。

四、凸台类工件加工实例 3

用数控铣床加工凸台工件，如图 4-16 所示。

1. 数控铣床加工凸台工件分析

工件基本形体为长方体，凸台形状是正六边形，高度为 5mm，长、宽尺寸为 70mm × 70mm，表面粗糙度值为 $Ra1.6\mu m$。

2. 数控铣床加工凸台工件工艺分析

1）工件加工要素为外正六边形凸台。

2）利用刀具半径补偿功能完成粗、精加工。

3）加工工艺的确定。

① 加工刀具：直径为 φ10mm 的立铣刀。

② 切削用量：选择主轴转速为 800r/min，进给速度为 100mm/min。

③ 加工路线：选择轮廓边延长线为切入、切出点。

④ 工件装夹、定位：采用机用平口钳装夹。

⑤ 测量工具：0~125mm 游标卡尺。

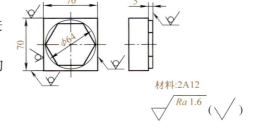

图 4-16 数控铣削凸台工件 3

3. 确定工件坐标系

1）选择正六边形中心为工件坐标系 X、Y 轴原点，工件表面为 Z 轴原点，建立工件坐标系。

2）设在 XOY 平面上，起刀点为（60，27.713），中间建立刀补点为（50，27.713）。

3）计算出轮廓延长线切出终点坐标（10，38，105）；正六边形棱边第一象限点坐标为（16，27，713）。

4. 工件加工程序编制

根据计算出的坐标点和设定的工件坐标系，编制工件加工程序，见表 4-12。

表 4-12 凸台工件 3 数控铣削加工程序

程 序	说 明
%2001；	主程序
N01 G54 G90 G40 G49 G80；	初始化程序段
G01 Z100 F1000；	刀具抬起
N02 G00 X60 Y27.713；	刀具定位于起刀点
N03 M03 S800；	主轴正转，转速为 800r/min
N04 G00 Z10；	
N06 G01 G42 X50 Y27.713 D01 F1000；	建立刀补 D01=15，去除余量
M98 P1001；	调用子程序
G01 G42 X50 Y27.713 D02 F1000；	粗加工 D02=5.5，留 0.5mm 加工余量
M98 P1000；	
G01 G42 X50 Y27.713 D03 F1000；	粗加工 D03=5，精加工
M98 P1000；	
Z100 M05；	
G91 G28 Y0；	Y 轴返回参考点，即工作台前移
M30；	
%1001；	子程序
X45 F1000；	
Z-5 F500；	
X-16 F100；	轮廓延长线切入
X-32 Y0；	
X-16 Y-27.713；	
X16；	
X32 Y0；	
X10 Y38.105；	轮廓延长线切出
G00 Z10；	
G40 Y60；	
X60 Y27.713；	
M99；	

5. 输入程序并校验后进行加工

略。

五、数控铣削凸台工件实训评价

数控铣削凸台工件实训评价见表 4-13。

表 4-13 数控铣削凸台工件实训评价表

评价项目	评价内容	分值	自我评价	小组评价	教师评价	总评
理论知识	1. 加工路线	5				
	2. 基础知识融会情况	5				
	3. 图样分析	5				
	4. 切削参数合理选择	5				
	5. 程序编制	5				
实操技能	1. 主要尺寸正确性	5				
	2. 加工过程完整性	5				
	3. 试切加工步骤完整性	10				
	4. 切削参数合理选择	5				
	5. 加工零件要素正确性	10				
文明生产	1. 安全文明生产	10				
	2. 设备维护	5				
	3. 环境卫生	5				
工作态度	1. 出勤情况	10				
	2. 车间纪律	5				
	3. 团队协作精神	5				

思 考 题

1. 简述铣削凸台类工件的方法与步骤。
2. 简述铣削凸台类工件的工艺步骤。
3. 简述铣削凸台类工件的编程步骤。

课题六 内腔工件及孔系加工实训

一、实训教学目标与要求

1) 了解内腔及孔系工件数控铣削加工指令。
2) 掌握内腔及孔系工件数控铣削加工程序编制和程序校验的方法。

二、内腔工件加工实例

用数控铣床加工内腔工件，如图4-17所示。

1. 内腔工件分析

工件基本形体为长方体，凸台是 $\phi48$mm 的圆柱，内腔是一个三角形，圆角半径为 $R5.5$mm，宽度为5mm；长、宽尺寸为70mm×70mm，表面粗糙度值为 $Ra1.6\mu$m。

2. 数控加工内腔工件工艺分析

1) 工件加工要素为外正三角形内腔和 $\phi48$mm 圆柱凸台。

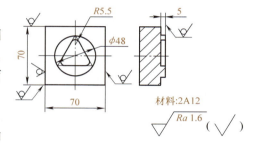

图4-17 数控铣床加工内腔工件

2) 利用刀尖圆弧半径补偿功能完成三角形内腔的粗加工及精加工。

3) 确定加工工艺如下：

① 加工刀具：由于受 $R5.5$mm 尺寸限制，应选择直径小于 $\phi11$mm 的立铣刀，可选用 $\phi8$mm 的键槽铣刀。

② 切削用量：选择主轴转速为 1000r/min，进给速度为 100mm/min；当刀具直接向下切入时，进给速度选择 60mm/min。

③ 加工路线：选择内轮廓边圆弧切入、切出，如图4-18所示。

④ 工件装夹、定位：采用机用平口钳装夹。

⑤ 测量工具：0~125mm 游标卡尺。

3. 确定工件坐标系并计算坐标值

1) 选择圆台中心为工件坐标系 X、Y 轴原点，工件表面为 Z 轴原点，建立工件坐标系。

2) 设在 XOY 平面上，起刀点为（8，60），中间建立刀补点为（8，50）。

3) 圆弧切入切出半径设定为 $R8$mm，圆弧切入起点及切出终点坐标分别为（8，-4）、（-8，-4）；正三角形第四象限顶点坐标为（20，784，12）。

4. 工件加工程序编制

根据计算出的点的坐标和设定的工件坐标系编制工件加工程序，

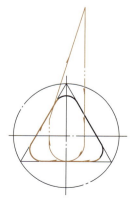

图4-18 数控铣削内腔工件加工路线

输入程序并效验后进行加工。参考程序见表 4-14。

表 4-14　数控铣削内腔工件加工程序

程　　序	说　　明
%2002；	主程序
G54　G90　G40　G49　G80　G17；	初始化程序段
G01　Z100　F1000；	刀具抬起
G00　X8　Y60；	刀具定位于起刀点
Z5；	
M03　S800；	主轴正转，转速为 800r/min
G42　Y50　D01；	建立刀补 D01 = 4.5，粗加工
M98　P1123；	调用子程序
G42　Y50　D02；	粗加工 D02 = 4，精加工
M03　S1000；	主轴正转，转速为 1000r/min
M98　P1123；	调用子程序
Z100　M05；	
G91　G28　Y0；	Y 轴返回参考点，即工作台前移
M30；	
%1123；	子程序
X8　Y45；	
Y2.5；	
G01　Z-5　F60；	
Y-4　F100；	
G02　X0　Y-12　R8；	圆弧切线切入
G01　X-20.784　Y-12　R5.5；	
X0　Y24　R5.5；	
X20.784　Y-12　R5.5；	
X0；	
G02　X-8　Y-4　R8；	圆弧切线切出
G01　Y2.5；	
G00　Z5；	
G40　X8　Y60；	
M99；	子程序结束并返回

三、孔系工件加工实例

用数控铣床加工孔系工件，如图 4-19 所示。

1. 孔系工件分析

工件基本形体为长方体，需加工 25 个内孔，直径为 $\phi 10$mm，孔深为 3mm，孔距为 12mm×12mm，表面粗糙度值为 $Ra3.2\mu$m 的孔，毛坯长、宽尺寸为 80mm×80mm。

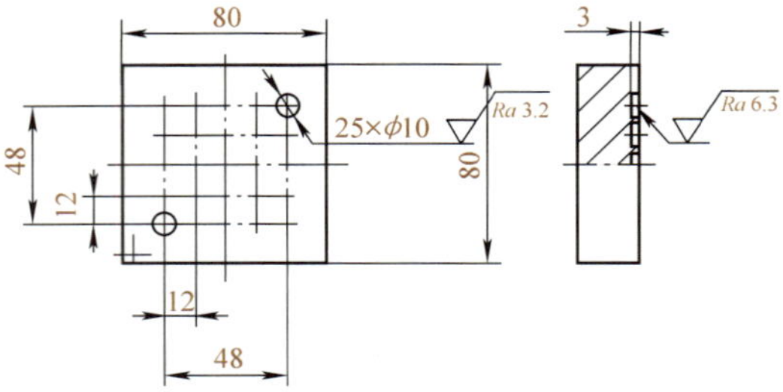

图 4-19 数控铣床加工孔系工件

2. 数控加工孔系工件工艺分析

该工件孔加工是不通孔加工,且为平底孔,可选用 φ10mm 的键槽铣刀直接铣削,铣削时注意进给速度,主轴转速选择 800r/min。采用机用平口钳装夹工件。用试切法对刀建立工件坐标系。

3. 工件坐标系原点的设定

选择工件对称中心为编程坐标原点,既便于对刀,也可使孔系沿毛坯中心分布。

4. 程序编制

孔的分布是矩形阵列,应用钻孔固定循环结合子程序编程,可大大减轻编程工作量。参考程序见表 4-15。

表 4-15 数控铣削孔系工件加工程序

程　　序	说　　明
%2003;	主程序
G54　G90　G40　G49　G80　G17;	初始化程序段
G01　Z100　F1000;	刀具抬起
G00　X-36　Y-36;	刀具定位于起刀点
Z50;	
Z10　M03　S800;	主轴正转,转速为 800r/min
M98　P1223　L5;	
M05;	
M30;	
%1223;	调用子程序
G91　Y12;	
M98　P2223　L5;	
G00　X-36;	
M99;	子程序结束并返回
%2223;	子程序
G91　G99　G81　X12　Y0　Z-3　R8　F80;	
G90;	
M99;	子程序结速并返回

四、数控铣内腔、孔系工件实训评价

数控铣内腔、孔系工件实训评价见表 4-16。

表 4-16　数控铣内腔、孔系工件实训评价表

评价项目	评价内容	分值	自我评价	小组评价	教师评价	总评
理论知识	1. 加工路线	5				
	2. 基础知识融会情况	5				
	3. 图样分析	5				
	4. 切削参数合理选择	5				
	5. 程序编制	5				
实操技能	1. 主要尺寸正确性	5				
	2. 加工过程完整性	5				
	3. 试加工步骤完整性	10				
	4. 切削参数合理选择	5				
	5. 加工零件要素正确性	10				
文明生产	1. 安全文明生产	10				
	2. 设备维护	5				
	3. 环境卫生	5				
工作态度	1. 出勤情况	10				
	2. 车间纪律	5				
	3. 团队协作精神	5				

思 考 题

1. 简述铣削内腔工件的方法与步骤。
2. 简述铣削孔系工件的方法与步骤。
3. 简述铣削内腔工件的编程步骤。
4. 简述铣削孔系工件的编程步骤。

课题七　凸台、内腔工件综合加工实训

一、实训教学目标与要求

1）了解凸台、内腔工件数控铣削加工指令。
2）掌握凸台、内腔工件数控铣削加工程序编制和程序校验的方法。

二、DXK45 数控铣床综合加工实训 1

用数控铣床加工综合类工件 1，如图 4-20 所示。

1. 综合类工件分析

工件基本形体为长方体，长、宽尺寸为 80mm×80mm，凸台基本外形尺寸为 74mm×74mm，有两个 R17mm 的圆弧，高度为 7mm；内腔是两个 R7mm 的封闭圆弧槽，深度为 7mm；零件中心是内腔，直径为 $\phi 34^{+0.05}_{0}$ mm，深度为 7mm，表面粗糙度值为 Ra3.2μm。

2. 数控加工综合类工件工艺分析

对于加工要素多、形状复杂的凸台、内腔综合工件来说，应划分不同的工步。划分工步时应注意：同一表面按粗加工、半精加

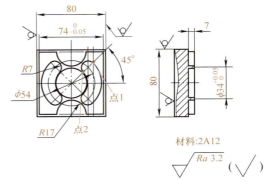

图 4-20　数控铣床加工综合类工件 1

工、精加工一次完成，整个表面加工按先粗后精分开进行；对于既有面又有孔的工件，一般应先铣面，后加工孔。

图 4-20 所示工件加工要素较多，在加工时应按照先凸台外轮廓、再内腔轮廓的加工思路进行。首先加工 74mm×74mm 的凸台和 R17mm 的圆弧，接着加工两个封闭的圆弧槽，最后再加工工件中心的内腔。本实例中仅给出精加工时的程序设计。

3. 加工工艺的确定

（1）加工刀具　分析外轮廓 74mm×74mm 凸台和 R17mm 的圆弧，当刀具半径小于 17mm 时均可以加工。加工两个 R7mm 封闭圆弧槽的刀具半径应小于 14mm。因此，为了减少手动换刀次数和对刀次数，本例采用 φ10mm 键槽铣刀，可满足图样各要素的铣削加工要求。

（2）切削用量　选择主轴转速为 800r/min，进给速度为 100mm/min。当刀具直接向下切入时，进给速度选择 60mm/min。

（3）加工路线　把图 4-20 所示加工要素按照简单的凸台工件和内轮廓工件分开处理，分别进行加工，将凸台工件加工程序与内腔工件加工程序组合，可使加工路线简单化。

（4）工件装夹、定位　采用机用平口钳装夹。

（5）测量工具　选取 0~125mm 游标卡尺。

4. 确定工件坐标系并计算坐标值

选择 $\phi34_{\ 0}^{+0.05}$ mm 内腔圆中心为工件坐标系 X、Y 轴原点，工件表面为 Z 轴原点，建立工件坐标系；设在 XOY 平面上，每个加工要素的起刀点、中间点、切入点可根据各要素不同而不同，也可以将起刀点设在一处。

坐标点计算：点 1（24.042，24.042）、点 2（14.142，14.142），其余点不需要计算。

5. 工件加工程序编制

根据计算出的点的坐标和设定的工件坐标系，编制工件加工程序，输入程序并校验后进行加工。参考程序见表 4-17。

表 4-17　数控铣削综合工件加工程序

程　序	说　明
%2004；	外轮廓加工主程序
G54　G90　G40　G49　G80　G17；	初始化程序段
G01　Z100　F1000；	刀具抬起
G00　X18　Y50；	刀具定位于起刀点
Z10；	
M03　S800；	主轴正转，转速为 800r/min
Z-5　F80；	
G42　X17　Y45　D01　F100；	建立刀补
Y37；	
G02　X-17　Y37　R17；	
G01　X-37　Y37　R3；	
Y-37　R3；	
X-17；	
G02　X17　Y-37　R17；	
G01　X37　Y-37　R3；	
Y37　R3；	
X0；	
G00　Z100；	
G40　Y45；	
M05；	
M30；	
%3000；	
G90　G80　G40　G49　G17　G54；	
G00　Z100；	
X20　Y60；	
Z10；	
M03　S1000；	
G41　X20　Y50　D01；	
Y7；	
G01　Z-5　F60；	

（续）

程　序	说　明
Y0　F120;	
G02　X14.142　Y-14.142　R20;	
G03　X24.042　Y-24.042　R7;	
G03　X24.042　Y24.042　R34;	
G03　X14.142　Y14.142　R7　F120;	
G02　X20　Y0　R20;	
G01　Y-7;	
G00　Z10;	
G40　X20　Y-20;	
X-20　Y-20;	
G41　X-20　Y-15　D01;	
Y-7;	
G01　Z-5　F60;	
Y0　F120;	
G02　X-14.142　Y14.142　R20;	
G03　X-24.042　Y24.042　R7;	
G03　X-24.042　Y-24.042　R34;	
G03　X-14.142　Y-14.142　R7;	
G02　X-20　Y0　R20;	
G01　Y7;	
G00　Z100　M05;	
G40　X-20　Y20;	
Y60;	
X20;	
M30;	

三、DXK45 数控铣床综合加工实训 2

用数控铣床加工综合类工件 2，如图 4-21 所示。

1. 综合类工件分析

工件基本形体为长方体，长、宽尺寸为 80mm×80mm，凸台外形尺寸为 $76_{-0.05}^{0}$mm × $76_{-0.05}^{0}$mm，呈十字形，高度为 8mm，四角半包围台圆角半径为 R5.5mm，深度为 5mm，内腔是十字形槽，宽度为 24mm，圆角半径为 R12mm，深度为 5mm；表面粗糙度值为 Ra3.2μm。

2. 数控加工综合类工件工艺分析

该工件加工要素以凸台和内腔为主，在加工时，应按照先凸台外轮廓、再内腔轮廓的加工思路进行。首先加工 76mm×76mm 的凸台,再加工四角半包围台,最后加工十字内腔。本实例中仅给出精加工时的程序设计,去余量程序另行编制。

3. 数控加工综合类工件加工工艺的确定

(1) 加工刀具 内圆角 R5.5mm 限制了铣刀半径,为了减少手动换刀次数和对刀次数,本例采用 φ10mm 键槽铣刀,可满足图样各要素的铣削加工要求。

(2) 切削用量 选择主轴转速为 800r/min,进给速度为 100mm/min;内腔刀具直接向下切入时,进给速度选择 50mm/min。

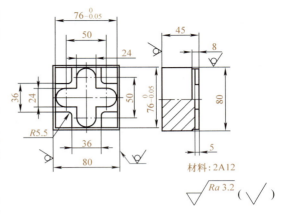

图 4-21 数控铣床加工综合类工件 2

(3) 加工路线 根据工艺分析,按照分步加工的原则,把这些加工要素按照简单的凸台工件和内轮廓工件分开处理,分别进行加工,可使加工路线设定简单明了,此处略。

(4) 工件装夹、定位 采用机用平口钳装夹。

(5) 测量工具 0~125mm 游标卡尺。

4. 确定工件坐标系并计算坐标值

选择毛坯中心为工件坐标系 X、Y 轴原点,工件表面为 Z 轴原点,建立工件坐标系。坐标计算略。

5. 工件加工程序编制

根据计算出的点坐标和设定的工件坐标系,编制工件加工程序,输入程序并校验后进行加工。参考程序见表 4-18。

表 4-18 数控铣床加工综合类工件 2 的加工程序

程　　序	说　　明
%1002;	外轮廓加工主程序
G54　G90　G40　G49　G80　G17;	初始化程序段
G01　Z100　F1000;	刀具抬起
G00　X60　Y38;	刀具定位于起刀点
Z10;	
M03　S800;	主轴正转,转速为 800r/min
G01　Z-2　F1000;	
G42　X50　D01　F500;	建立刀补
Y45　F100;	
X-38;	
Y-38;	
X38;	
Y45;	
G00　M05　Z100;	
G40　Y100;	

(续)

程　序	说　明
M30;	
%2005;	
G54　G90　G40　G49　G80　G17;	
G01　Z100　F1000;	
G00　X60　Y18;	
Z10;	
M03　S800;	
G01　Z-1　F1000;	
G42　X50　D01　F500;	
X18　Y18　R5.5　F100;	
Y45;	
G00　X-18;	
G01　X-18　Y18　R5.5　F100;	
X-45;	
G00　Y-18;	
G01　X-18　Y-18　R5.5　F100;	
Y-45;	
G00　X18;	
G01　X18　Y-18　F=R5.5　F100;	
X45;	
G00　M05　Z100;	
G40　X60;	
M30;	
%3001;	
G54　G90　G40　G49　G80　G17;	
G01　Z100　F1000;	
G00　X60　Y12;	
Z10;	
M03　S800;	
Z5　F100;	
G41　X25　Y12　D01;	
X0;	
Z-1　F50;	
X-25　F100;	
G03　X-25　Y-12　R12;	
X25;	
G03　X25　Y12　R12;	
G01　X12;	
Y25;	
G03　X-12　Y25　R12;	
G01　Y-25;	

(续)

程　　序	说　　明
G03　X12　Y-25　R12；	
G01　Y0；	
G00　M05　Z100；	
G40　Y12；	
X60；	
M30；	

四、数控铣削综合工件实训评价

数控铣削综合工件实训评价见表4-19。

表4-19　数控铣削综合工件实训评价表

评价项目	评价内容	分值	自我评价	小组评价	教师评价	总评
理论知识	1. 加工路线	5				
	2. 基础知识融会情况	5				
	3. 图样分析	5				
	4. 切削参数合理选择	5				
	5. 程序编制	5				
实操技能	1. 主要尺寸正确性	5				
	2. 加工过程完整性	5				
	3. 试加工步骤完整性	10				
	4. 切削参数合理选择	5				
	5. 加工零件要素正确性	10				
文明生产	1. 安全文明生产	10				
	2. 设备维护	5				
	3. 环境卫生	5				
工作态度	1. 出勤情况	10				
	2. 车间纪律	5				
	3. 团队协作精神	5				

参 考 文 献

[1] 王兰萍. 机械制造技术实训［M］. 北京：电子工业出版社，2005.
[2] 聂建武. 金属切削与机床［M］. 西安：西安电子科技大学出版社，2006.
[3] 贺小涛. 机械制造工程训练［M］. 长沙：中南大学出版社，2003.
[4] 赵玉奇. 机械制造基础实训［M］. 3版. 北京：机械工业出版社，2018.
[5] 朱明松，朱德浩. 数控车削编程与加工（FANUC系统）［M］. 2版. 北京：机械工业出版社，2021.
[6] 朱明松，王翔. 数控铣床编程与操作项目教程［M］. 3版. 北京：机械工业出版社，2019.
[7] 汪哲能. 钳工工艺与技能训练［M］. 3版. 北京：机械工业出版社，2019.
[8] 郑光华. 机械制造实践［M］. 合肥：中国科技大学出版社，2005.
[9] 黄克进. 机械加工操作基本训练［M］. 北京：机械工业出版社，2004.
[10] 徐小国. 机加工实训［M］. 北京：北京理工大学出版社，2006.
[11] 金福昌. 车工（中级）［M］. 2版. 北京：机械工业出版社，2012.
[12] 周湛学. 铣工（高级工）［M］. 北京：化学工业出版社，2005.
[13] 技工学校机械类通用教材编审委员会. 车工工艺学［M］. 5版. 北京：机械工业出版社，2014.
[14] 朱明松，朱德浩. 数控车床编程与操作项目教程［M］. 3版. 北京：机械工业出版社，2019.
[15] 祝战科. 数控机床实训［M］. 西安：西安电子科技大学出版社，2013.
[16] 李银涛. 数控车床编程与职业技能鉴定实训［M］. 北京：化学工业出版社，2009.
[17] 嵇宁. 数控加工编程与操作［M］. 北京：高等教育出版社，2008.
[18] 沈建峰，虞俊. 数控车工［M］. 北京：机械工业出版社，2006.